MISSION PAVIE

INDO-CHINE

1879-1895

ÉTUDES DIVERSES

I

RECHERCHES SUR LA LITTÉRATURE

DU CAMBODGE, DU LAOS ET DU SIAM

CHARTRES. — IMPRIMERIE DURAND, RUE FULBERT.

MISSION PAVIE

INDO-CHINE

1879-1895

ÉTUDES DIVERSES

I

RECHERCHES SUR LA LITTÉRATURE

DU CAMBODGE, DU LAOS ET DU SIAM

PAR

AUGUSTE PAVIE

OUVRAGE PUBLIÉ SOUS LES AUSPICES DU MINISTÈRE DES AFFAIRES ÉTRANGÈRES, DU MINISTÈRE DES COLONIES ET DU MINISTÈRE DE L'INSTRUCTION PUBLIQUE ET DES BEAUX-ARTS

AVEC NOMBREUSES ILLUSTRATIONS, 20 PLANCHES EN COULEUR, UNE CARTE ET TEXTES CAMBODGIEN, LAOTIEN ET SIAMOIS

PARIS

ERNEST LEROUX, ÉDITEUR

28, RUE BONAPARTE

1898

ONT ÉTÉ SUCCESSIVEMENT ATTACHÉS A LA MISSION :

MM.

*Biot, surveillant des télégrapes, 1882-1883.

*Launey, commis principal des télégraphes, 1884.

*Combulazier, commis principal des télégraphes, 1884.

Ngin, secrétaire cambodgien, 1885 à 1895.

Gautier, 1887-1888[1].

Cupet, capitaine au 3e zouaves, 1887 à 1892[2].

*Nicolon, capitaine à la légion étrangère, 1887 à 1889.

*Massie, pharm. maj., 1888 à 1892.

Messier de Saint-James, capitaine d'infanterie de marine, 1888.

Vacle, 1888 à 1891[3].

Garanger, 1888, 1889 et 1894[4].

MM.

*Lerède, capitaine d'armement des messageries fluviales du Tonkin, 1888.

*Nicole, publiciste, 1888.

Lefèvre-Pontalis, attaché d'ambassade, 1889 à 1891 ; secrétaire d'ambassade, commissaire adjoint au chef de la Mission, 1894-1895.

Lugan, commis de résidence au Tonkin, 1889 à 1895[5].

*Dugast, lieutenant d'infanterie de marine, 1889 à 1891.

Macey, 1889 à 1891 et 1895[6].

Counillon, professeur, 1889 à 1892.

Molleur, commis de comptabilité, 1889 à 1890[7].

Le Dantec, docteur ès sciences, 1889 à 1890.

*Les noms des membres de la Mission décédés sont précédés d'un astérisque.

1. Consul de France.
2. Chef de bataillon au 145e de ligne.
3. Commandant supérieur par intérim du Haut-Laos.
4. Commissaire du Gouvernement au Laos.
5. Vice-Consul de France.
6. Commissaire du Gouvernement au Laos.
7. Administrateur au Sénégal.

MM.

De Malglaive, capitaine d'infanterie de marine, 1889 à 1892.[1]

Rivière, capitaine au 22e d'artillerie, 1889 à 1891, 1894 et 1895.

Cogniard, capitaine à la légion étrangère, 1889 à 1891.

Pennequin, lieutenant-colonel d'interie de marine, adjoint au chef de la mission, 1889-1890[2].

Friquegnon, capitaine d'infanterie de marine, 1890 à 1892 et 1895.

Donnat, capitaine d'infanterie de marine, 1890.

De Coulgeans, commis principal des télégraphes, 1890 à 1895[3].

Guissez, lieutenant de vaisseau, 1890-1892.

Tostivint, garde principal de milice, 1890 à 1892.

Le Myre de Vilers, lieutenant de cuirassiers, 1893.

MM.

Caillat, chancelier de résidence, secrétaire particulier du chef de la mission, 1894-1895[4].

Oum, lieutenant à la légion étrangère, 1894-1895.

Tournier, chef de bataillon à la légion étrangère, 1894-1895[5].

Seauve, capitaine d'artillerie de marine, 1894-1895.

Thomassin, lieutenant à la légion étrangère, 1894-1895[6].

*Mailluchet, capitaine d'infanterie de marine, 1894-1895.

Sainson, interprète, 1894-1895[7].

Sandré, capitaine d'artillerie de marine, 1894-1895[8].

Lefèvre, médecin de 2e classe des colonies, 1894-1895.

Jacob, lieutenant d'infanterie de marine, 1895.

1. Capitaine au 153e de ligne.
2. Colonel d'infanterie de marine.
3. Vice-consul de France.
4. Vice-résident.
5. Lieutenant-colonel au 146e de ligne, commandant supérieur du Bas-Laos.
6. Capitaine à la Légion étrangère.
7. Vice-consul de France.
8. Commissaire au Laos.

ERRATA

Page						
Page xvii,	29e ligne,	*au lieu de :*	la pensée...	*lire :*	leur pensée...
xlii,	6^{e}	—	—	les précédents...	—	les précédentes...
10,	16^{e}	—	—	toule la...	—	toute la...
15,	23^{e}	—	—	d'un montagne...	—	d'une montagne...
58,	18^{e}	—	—	qu'il les prennent...	—	qu'ils les prennent...
83,	13^{e}	—	—	nous endormons...	—	nous dormons...
101,	17^{e}	—	—	tous deux; Ils...	—	tous deux; ils...
153,	6^{e}	—	—	ses bourreaux...	—	des bourreaux...

MISSION PAVIE

100° Est de Paris — 105°

INDO-CHINE ORIENTALE

Dressée par A. PAVIE

- Régions de civilisation Indoue
- d° d° Chinoise
- d° non civilisées

Échelle de 1 : 8.000.000

0 — 100 — 200 Kil.

E. Giffault, Del.

INTRODUCTION

I

Les principales populations de la presqu'île orientale de l'Indo-Chine, cette seconde partie de l'Inde transgangétique et de la Chersonèse d'or des Anciens, qui, aujourd'hui, renferme la plus belle possession coloniale

Fig. 1. — Premiers élèves Khmers de l'École Cambodgienne de Paris, 1885.

de la France, sont soumises aux lois, très opposées, de deux antiques et grandes civilisations.

Les habitants du Cambodge, ceux du Laos et du Siam suivent les grandes lignes de la civilisation de l'Inde.

Le peuple du Tonkin, de l'Annam et de la Cochinchine observe les règles de celle de la Chine.

Au Cambodge, les Khmers (fig. 1 et 18) sont les conservateurs fidèles et respectueux de la civilisation indoue, apportée aux époques lointaines encore mystérieuses, caractérisée à nos yeux par les religions brahmanique et bouddhique que précéda le culte disparu, non oublié, du serpent dont les traces sont là profondes plus qu'en aucun pays.

Fig. 2. — Thaïs du Siam. Le général Surrissak et ses officiers, 1887.

Les Thaïs[1] (fig. 2), habitants actuels du Laos et du Siam, descendus des contreforts du Thibet, envahisseurs relativement récents de ces deux régions, dépendances de l'ancien Empire cambodgien, peuples alors primitifs, barbares, n'apportant pas d'éducation particulière, ont, peu à peu, subi l'influence de la civilisation des premiers maîtres et l'ont adoptée.

1. Se prononce Taïl.

Les Annamites (fig. 3), conquérants du royaume du Kiampa et du Bas-Cambodge, ont, au contraire, au fur et à mesure des progrès de l'envahissement, implanté la civilisation chinoise, depuis longtemps leur, sur les restes de celles des anciens occupants absorbés ou refoulés.

Entre ces populations différemment civilisées, les séparant pour ainsi dire le plus souvent, un troisième groupe n'appartient, lui, à aucune civilisation.

Fig. 3. — Annamites du Tonkin. Famille d'un ancien Vice-Roi, 1888.

Il comprend les autochtones, des épaves peut-être de peuples disparus et d'autres peuplades provenant de migrations moins anciennes.

Pris entre des poussées envahissantes venant des côtes ou descendant les vallées, ceux qui le composent se sont réfugiés dans les forêts et sur les montagnes, s'y maintenant à peu près isolés lorsqu'elles sont vastes ou d'accès difficile, tandis qu'ailleurs où elles sont plus étroites, plus abordables, ils se sont fondus avec les nouveaux venus, ou, ne sont restés parmi eux qu'en groupes épars, souvent insignifiants, à peine suffisants pour fournir pendant quelque temps encore, de faibles bases d'étude, d'incertains points de repère à l'observateur et à l'ethnographe.

Considérées par leurs voisins civilisés comme étant à l'état sauvage, ces populations, dont une partie vit réellement à un degré très inférieur,

Fig. 4. — Sauvages du Sud-Ouest de l'Indo-Chine (Tchiongs).

comportent des types singulièrement différents provenant principalement des origines : négritos (fig. 4), malaise (fig. 5) et thibétaine (fig. 6).

Elles sont généralement confondues dans leur ensemble sous les noms de Stiengs ou de Penongs par les Cambodgiens, de Khas par les Thaïs et de Moïs par les Annamites, dénominations que nous traduisons par celle, cependant rarement justifiée, de « sauvage ».

C'est donc entre les trois grandes divisions : Khmère-Thaïe, Annamite et Sauvage que sous le rapport de l'éducation se répartissent les habitants de l'Indo-Chine[1].

Fig. 5. — Sauvages du Sud-Est de l'Indo-Chine (Sedangs)

Les deux premières en de nombreux points absorbent lentement la

1. On doit cependant considérer comme plus qu'un vestige du passé les débris du peuple de l'ancien Kiampa, illustre par des siècles de grandeur.

Aujourd'hui, dispersés en groupe encore nombreux par les vicissitudes de la vie de vaincu dans les différentes parties du Sud de l'Indo-Chine : Annam, Cochinchine, Cambodge, Siam, les Kiams offrent un saisissant exemple du courage et de l'énergie que peut apporter un peuple à conserver sa nationalité, à prolonger son existence au milieu des plus dures épreuves quand, surtout, son passé resplendit à ses yeux nimbé d'éblouissantes légendes, de traditions de gloire propres à remuer les cœurs, à y entre-

troisième ; le mélange des races est partout extrême : il est fréquent de rencontrer dans un groupe de gens d'un même pays des types de la plupart des autres.

Fig. 6. — Sauvages du Nord de l'Indo-Chine (Khas Khos).

II

Les deux groupes civilisés ont chacun leur littérature gardant la marque particulière de la civilisation d'origine avec des qualités propres bien caractérisées.

C'est sur celle du premier groupe que portent les présentes recherches.

Faites au début de mes missions au Cambodge et au Siam, de 1879 à 1885, elles étaient après la marche du jour, la distraction du soir.

tenir l'espoir des fiers réveils qui, si les événements semblent en annoncer l'heure, éclatent parfois ensoleillant son agonie de surprenantes actions.

Elles comprennent l'analyse de trois romans et la traduction d'un quatrième, sélection faite sur une foule d'autres, écoutés aux veilles, au cours de cette longue période dans les villages de toutes les vastes régions de ces deux grandes contrées.

Les deux premières analyses sont l'exposé rapide de romans historiques :

« Néang Roum Say Sock »,

« Les douze jeunes filles »,

se rapportant aux bouleversements, supposés, de la nature dans le passé légendaire du Cambodge.

La troisième est celle d'un roman de mœurs,

« Néang Kakey ».

La traduction du quatrième manuscrit,

« Vorvong et Saurivong »,

donne, complet, le roman de mœurs et d'aventures le plus populaire du Cambodge.

Suivant l'usage bouddhique, les auteurs montrent dans le héros du drame la personnification du dernier Bouddha dans diverses de ses nombreuses incarnations. Il est par suite inutile de dire combien grande est la place que dans leurs récits tient le surnaturel.

Quoique très répandues dans les trois parties de l'Indo-Chine procédant de la civilisation indoue, ces œuvres appartiennent toutes quatre à la langue Khmère.

Aussi bien, cette origine est-elle celle de la plupart des livres peuplant les bibliothèques des temples de la région Khmère-Thaïe qui n'ont pas celle de l'Inde même.

En publiant ce travail en français et en cambodgien j'ai à la fois pour but :

1° de faire œuvre de vulgarisation et de montrer sous un jour plus exact des populations extrêmement intéressantes :

2° de donner au Cambodge, en lui apportant le premier ouvrage imprimé pour lui dans sa langue, un témoignage de la gratitude vouée à ses

Rois, à ses chefs, à ses prêtres, à son peuple pour l'aide inappréciable reçue, les services sans nombre rendus au cours d'une vie de voyages.

III

Dans les désastres qui marquèrent le déclin de la suprématie khmère, l'antique civilisation que les constructions d'Angkor avaient pour ainsi dire résumée, ne succombait pas entièrement; dans l'effondrement de ce centre, le plus étonnant de l'Asie, elle achevait de conquérir les Thaïs envahisseurs, autant par l'incorporation qu'ils faisaient chez eux des populations enlevées que par l'adoption de ce qu'elles leur apportaient de raffiné et de supérieur.

Les traditions de l'art architectural développé à un degré incomparable au Cambodge ne purent être maintenues par les Khmers, ni chez eux, ni chez leurs adversaires dans l'état presque constant de guerre et de trouble qui marqua cette période longue de plus de huit siècles : mais, avec les mœurs, les usages, la religion, pieusement conservés, un souvenir nébuleux du passé magique endormi dans la nature resta au fond de leurs cœurs vivant dans des restes de littérature et de théâtre, de vagues idées de dessin et de musique.

Ces épaves violemment transportées au Siam, entretenues au Laos, sont pour ainsi dire inséparables dans l'éducation et l'esprit des populations aussi bien de ces deux régions que du Cambodge, point de départ de leur civilisation.

La littérature et le théâtre y sont surtout étroitement unis. La poésie et le roman, sans parler d'un peu d'histoire, forment l'expression littéraire et sont, presque sans modifications dans leurs textes, adaptés au théâtre.

La peinture et le dessin à peu près réduits à l'étude et à la reproduction des figures de personnages de la mythologie indoue, des scènes de ses épopées et de celles de romans ayant trait au Passé légendaire, sont le complément de la littérature. Ils ornent les murailles des Temples et des palais avec les principaux épisodes de ces épopées et romans et souvent illustrent des ouvrages manuscrits qui, alors, au lieu d'être écrits sur feuilles de palmier, sont transcrits sur cette sorte de papier fait d'écorce de mûrier, replié en album, en usage pour les actes judiciaires. Ils contribuent surtout ainsi à conserver la tradition des costumes, des gestes et attitudes.

On ne saurait comparer ce qui reste de cet art à ce qu'il a pu être. Les œuvres des peintres et dessinateurs d'aujourd'hui se distinguent par

Fig. 7. — Une répétition de danse théâtrale cambodgienne à Battambang.

un caractère de naïveté originale tout à fait local bien plus que par des qualités marquées.

La musique, aimée passionnément, n'est point écrite. Le répertoire, par suite limité, se compose de morceaux transmis de mémoire.

Compagne obligée du théâtre, elle y intervient entre les actes et scènes et pendant certains des passages mimés des pièces, tels que : voyages, batailles, danses, etc.

A part la flûte, une sorte de hautbois et un orgue à main fait d'un assemblage de légers bambous, connu sous le nom de flûte laotienne, les orchestres se composent d'instruments à cordes et de deux espèces de xylophone ou harmonica, l'un formé de petits gongs en bronze, l'autre de lames de bois ou de métal. Des variétés de tambours, gongs et cymbales en sont l'accompagnement obligé.

Fig. 8. Acteurs remplissant les rôles de géant.

Les danses sont surtout une mimique spéciale employée dans les rôles muets, des marches lentes avec séries de poses. Deux particularités les rendent originales : le balancement en arrière du pied avant qu'il pose à

Fig. 9. — Actrices remplissant des rôles d'hommes.

terre, imitation curieuse du même mouvement familier à l'éléphant et qui contraste par sa légèreté avec l'apparence lourde de l'énorme pachyderme, et un assouplissement des bras qui va jusqu'à la dislocation du coude et des phalanges des doigts, en permet le renversement et facilite des ondulations considérées comme le comble de la grâce (fig. 7).

Au théâtre, les acteurs évoluent dans une salle ordinairement carrée, longue, que les spectateurs entourent sur trois faces, l'autre étant réservée à l'entrée des personnages, à l'orchestre et au chœur.

Les artistes dans une même troupe sont du même sexe, généralement

Fig. 10. — Une répétition théâtrale à Battambang.

des femmes. Cependant les troupes ambulantes sont quelquefois formées d'enfants des deux sexes. Dans les pièces qui comportent des géants, des ogres, des animaux, ces rôles sont le plus souvent tenus par des hommes (fig. 8).

Les actrices ont les cheveux coupés courts, les pieds nus : elles portent des ongles factices, se blanchissent comme nos pierrots avec du talc calciné et emploient aussi le jaune du curcuma. Les perruques sont exigées par la plupart des rôles de femmes.

Les costumes fort beaux rappellent ceux des bas-reliefs anciens. Au théâtre du Roi Norodom à Pnompenh, ils sont riches et véritablement remarquables. Dans les troupes de second ordre ou celles ambulantes, ils laissent plutôt à désirer mais restent néanmoins dans la tradition (fig. 9).

De l'adaptation presque sans modification des œuvres littéraires au théâtre, découlent des longueurs infinies dans les spectacles ; rarement une nuit suffit au déroulement d'une épopée.

Les monologues et dialogues sont dits par les personnages en scène. Le chœur raconte le fond de la pièce pendant que les acteurs exécutent la mimique qui convient ou gardent une posture d'attente ou de repos (fig. 10).

Ces « Recherches » ne sont pas le seul travail dans lequel la littérature de la région Khmère-Thaïe sera montrée au cours de cet ouvrage : le deuxième volume des présentes « Études », consacré aux « Recherches historiques » donne des traductions de Chroniques du Laos qui, écrites à Luang-Prabang par des auteurs Khmers et Laotiens, rappellent sous les rapports de la forme et de la rédaction les romans présentés ci-après.

Aussi bien j'ai plus d'une fois remarqué dans des écrits divers chez les peuples de ces contrées où toute œuvre littéraire doit, en vue de la reproduction, forcément manuscrite, être réduite au minimum de texte : une simplicité, une clarté de style remarquables jointes souvent à une allure vive et entraînante, forçant l'attention, gagnant le cœur par l'expression de sentiments naturels point soupçonnés.

Rien ne contribuera mieux à donner une idée sous ce rapport que les quelques lettres et récits de mes collaborateurs indigènes reproduits dans les différents volumes. Sans doute plusieurs d'entre eux ont séjourné en France ou ont été instruits par nous, mais il se trouve dans l'indication de la pensée en général une note particulière qui ne saurait être méconnue.

L'immigration chinoise mêle aujourd'hui davantage en toutes choses sa manière à la tradition Khmère. Seule depuis plusieurs siècles à avoir une action sensible dans la constitution des populations de la région de civilisation indoue, il semble qu'elle a beaucoup plus d'influence sur leur éducation qu'elle ne peut en avoir eu aux temps de l'Art supérieur.

On remarque plus particulièrement l'impression de la civilisation chinoise dans les pays thaïs de l'Ouest. Elle y donne, en ce qui concerne la littérature et le dessin, un genre dont la caractéristique est plutôt l'amphigourique et le grotesque, résultat dû à l'instruction inférieure des nouveaux venus.

IV

Dans ces temps, déjà loin, où campé en forêt, installé dans les plaines, abrité dans le temple ou la case commune d'un village cambodgien ou siamois, j'en étais aux premières de mes années de marche, les moments de repos pour l'esprit après le travail de la carte mis au net, le repas du soir pris, étaient les heures de causerie avec les guides, ceux souvent nombreux qui marchaient avec moi, les prêtres de la pagode, enfin parfois le hameau tout entier.

C'était toujours avec un véritable plaisir que les vieux et les jeunes se groupaient, pressés, les uns pour parler, les autres pour nous entendre sous les grands arbres des bois, ou sur les nattes des temples, au clair des étoiles ou à la lueur des torches doublement parfumées d'écorce de Smach[1] et de résine de Klong[2].

On me faisait causer, d'abord le plus que l'on pouvait (car ils aimaient m'écouter bien plus que dire eux-mêmes), j'obtenais ensuite qu'on fit des récits abrégés des contes locaux aimés, des romans populaires dont la mémoire des plus âgés est presque toujours pleine.

J'étais à peine dans un village que la foule arrivait, accueillante au possible, surtout quand il était formé de Cambodgiens captifs de guerre

1. Melaleuca cacheputi.
2. Dipterocarpus magnifolia.

au Siam. On s'approchait discrètement du campement où mes deux serviteurs cuisinaient et rangeaient le bagage. Hommes et femmes, tout de suite, presque bas, commençaient les questions ; eux répondaient presque toujours ainsi :

« Mais oui, c'est un Français ! Nous deux, nous sommes tout comme vous des Khmers et venons avec lui de votre vieux Cambodge.

« Vous le voyez, là-bas, au bord de la rivière : grand chapeau, veston blanc, sampot Khmer[1], les pieds nus, écrivant sur sa petite table les renseignements que lui donnent les guides et les chefs du village.

« Ce qu'il fait, c'est la carte.

« Depuis cinq ans nous sommes à son service et nous nous y plaisons parce qu'il est très bon et qu'il aime les Khmers.

« Venez ensemble le voir après votre repas, vous lui ferez plaisir, il vous rendra contents ; il sait bien notre langue et vous entretiendra du Cambodge mieux que nous. »

Je les voyais s'éloigner satisfaits ; les femmes rapidement pour hâter leur besogne, les hommes plus lentement, tous jetant des regards curieux de près sur le bagage, de loin sur ma personne.

J'étais, la plupart du temps, le premier homme d'Europe venu au milieu d'eux et j'éprouvais un sentiment d'intime joie à constater quand, levant la tête, nos yeux se rencontraient, qu'ils devinaient en moi un ami résolu.

Et le soir arrivé, dans la case de repos ou bien dans la pagode, les anciens entraient, la foule suivait, espérant, c'était ainsi le plus souvent, assister à la fin de mon frugal dîner.

Tous s'asseyaient sur les nattes, les hommes d'un côté, les femmes de l'autre, les vieillards le plus près.

Chacun était tout de suite très, à l'aise car j'avais pour souci qu'auprès de moi on se sentît tranquille ; des regards accueillants, en me reculant pour agrandir la place, suffisaient pour les mettre presque au ton qu'ont les grands enfants avec un bon grand-père.

1. Pièce d'étoffe de soie ou de coton disposée en forme de pantalon.

Lorsque tous assis, le silence régnait, les vieillards saluant en s'inclinant, les mains levées au front, parlant à l'unisson comme dans une prière, disaient en des paroles scandées avec des mots sonores que j'entendrai toujours :

« Nous, vieillards, hommes, femmes, enfants de ce village, tous ensemble pauvres Khmers transportés au loin de leur pays, avons de la joie plein le cœur de voir parmi nous un des Français qui travaillent au bonheur du Cambodge vers où vont nos pensées. Nous vous souhaitons longs jours et toutes prospérités. Simples gens des champs, nous ne sommes pas au courant des usages, vous nous pardonnerez donc si dans notre empressement, tout du cœur près de vous, les uns ou les autres venions à les enfreindre. »

Je leur disais alors combien depuis longtemps j'étais en pays Khmer, quelle aide sans réserve dans toutes ses régions y recevait ma tâche utile pour l'avenir, toute ma sympathie pour son peuple droit, généreux, bon et combien je l'aimais. Quand j'avais remercié de l'accueil et des souhaits, je voyais tous les yeux s'éclairer de plaisir, toutes les bouches s'épanouir prêtes pour les questions.

On laissait d'abord parler le plus ancien :

« Comment se porte le Roi, Maître des existences ?

« Et le Prakéo-Fa, prince que chérissent les Khmers, aujourd'hui Second-Roi ?

« Nous les avons connus lorsque, enfants, gardés par les Siamois, ils étaient tous les deux en otage à Bangkok.

« Leur souvenir et celui du pays, c'est tout ce qui nous reste · nous aimons le redire à ceux qui vont vers eux.

« Enlevés à nos champs sous prétexte de guerre, nous avons tout perdu par l'abandon forcé, par le pillage ; récoltes, éléphants, chevaux, bœufs, tous nos biens.

« Entraînés jusqu'ici, marchant de longues semaines, le jour, la nuit, sous les coups, sans riz, nous avons laissé la plupart de nos vieux, presque tous nos enfants, mourants ou morts dans les sentiers des bois, sans pouvoir aider leur misère jusqu'au bout, honorer leurs dépouilles.

« Maintenant nous parlons sans nous plaindre, seulement pour vous instruire, nous avons tant souffert et pleuré que le calme est venu.

« Parqués dans des marais nous les avons transformés en ces rizières fertiles qui sont à d'autres maîtres.

« Nous savons par ceux de nous qui peuvent de loin en loin s'enfuir, que nos anciens champs du Cambodge sont exploités par de nouveaux villages.

« Nous ne les réclamons pas, ne demandons vengeance ni représailles, simplement, qu'on ait pitié de notre sort : nos frères sont Français, nous souhaiterions le devenir aussi. »

Et pendant qu'un murmure louangeur approuve ces paroles :

« Parlez-nous un peu des lieux où nous naquîmes? Moi je suis de Pursat, ma femme de Kangméas, ce sont des pays riches et beaux, sont-ils toujours bien cultivés?

« Mon frère qui s'enfuit dans les bois lors de notre enlèvement est devenu depuis gouverneur de Babaur, une autre jolie province, le connaîtriez-vous ? »

La foule alors interrogeait aussi :

« Nous trois sommes de Bati. Nous : de Kampot, de Prey-krebas, d'Oudong ; y récolte-t-on toujours : poivre, coton, mûrier, riz ?

Les femmes aussi parlaient : les hommes plaisantaient ce qu'ils appelaient leur audace, elles restaient demi-confuses sans être découragées. Tous s'enhardissaient ; les questions étaient courtes, discrètes, doucement faites, je les entendais toutes et ne pouvais répondre qu'en les interrompant, je n'osais pas le faire avant qu'ils eussent fini. Dans cette confusion, les voir était un charme : chacun avait un tel désir d'avoir du voyageur rien qu'un tout petit mot, que les regards parlaient encore plus que les voix.

Quand on s'était tu :

« Écoutez, mes amis, pour vous contenter tous, je vais parler à tous » ; et c'était comme un petit discours que je leur débitais dans cette langue que j'étais encore loin de connaître très bien. On s'amusait des fautes, l'ancien expliquait, comme il le comprenait, ce qui était mal dit, enfin, ils sentaient que je mettais mon cœur à leur être agréable et que s'il dépendait de moi, un jour, d'aider à leur bonheur, je n'y manquerais pas.

Je demandais alors que le meilleur conteur d'histoires du pays, mit tout son talent à résumer ce qu'il savait de mieux.

Il était de suite indiqué par la foule énumérant en même temps les titres de tout le répertoire qu'elle était accoutumée à lui faire réciter.

V

C'est à Teucthio, important canton au Nord de Battambang, ce principal centre de la région cambodgienne encore aux mains du Siam, que j'ai connu l'histoire de « Roum-Say-Sock ».

On m'y indiqua, quand j'arrivais, Pnom-Kompatt (colline plate), comme étant à voir.

J'aimais à me détourner, un moment, de ma route pour visiter les points intéressants du voisinage, celui-là devait me faire admirer l'ensemble d'une contrée pleine de souvenirs des temps mystérieux.

L'idée d'y monter fut à peine émise, qu'un vieillard, un savant du lieu, vint s'offrir pour guide.

« Moins de cent mètres à escalader », dit-il, « pour voir étalé sous vos yeux avant de le quitter, le curieux pays laissé en arrière : la grande plaine herbue, ses îlots, ses rivages ! Le temps est bien clair, on verra très loin ; il n'est pas dans ce canton-ci de plus séduisant but de promenade ».

Je n'hésitai pas ; du reste, la hauteur est en face du village, sur l'autre rive du Stung-Sreng, une des grosses rivières qui vont au Grand-Lac cambodgien. Comme tous les soulèvements de cette plaine, elle est absolument isolée dans l'alluvion. Son ascension est facile. Lorsqu'on fut au sommet, le guide, semblant convaincu que toutes ses paroles avaient grande valeur, s'exprima ainsi :

« Les hauteurs au Nord sont les pnoms Dang-reck, on les nomme aussi, très souvent, pnoms Veng (montagnes longues), et beaucoup, visant l'apparente unité de leur direction les appellent Pontat (règle), comme les Siamois.

« Dang-reck est le nom du bâton flexible qui nous sert à porter, suspendus à ses extrémités, des fardeaux sur l'épaule. C'est à la ressemblance que les Cambodgiens voient entre les courbes de ce bâton et les inflexions du faîte de la chaîne que les hauteurs doivent d'être ainsi dénommées.

« Ce ne sont pas des monts comme les autres : lorsqu'à leur sommet on est parvenu, un plateau immense s'étend vers le Nord couvert de hameaux et de grands villages, coupé de rivières, quelques-unes salées, taché de forêts toutes si épaisses qu'on n'ose les fouiller[1].

« Pour les peuples divers : Laotiens, Khmers, Kouyes qui vivent à leur base ou bien les habitent, elles sont les Kaos-Vong (montagnes cercle) ; ils disent par ces mots que dans son ensemble, le plateau affecte la forme arrondie.

« Si vous ne les aviez sous les yeux, ces différents noms vous les montreraient.

« En les regardant, les gens du pays qui savent le Passé se surprennent parfois prononçant ces mots : Kierang-Sremot (les bords de la mer).

« Autant leur arrive pour les pnoms Krevanh étendues au Sud et dont l'un des groupes, nommé Thma-Angkiang (falaises), dépasse les autres, juste en face de nous.

« Sauf quelques-unes, les collines, les petites hauteurs, soulevées çà et là, semblant les relier, ne se voyaient point.

« La mer, autrefois, avait ses eaux bleues où est l'herbe jaunie entre tous ces monts.

« La puissance d'un saint qui vivait ermite sur des rochers, là tout droit au Sud, maintenant Bam-nân, a tout bouleversé.

1. C'est le Sud du Laos oriental, avec la région de Korat et de la rivière Nam-Moun que le guide indique ainsi.

« C'est une longue histoire, je l'ai vue écrite : son titre : Roum-Say-Sock, est connu de tous ; le livre devient rare, je vais vous en faire un court abrégé, si vous m'écoutez. »

Alors j'entendis, comme on la lira, l'histoire singulière des deux jeunes femmes dont la lutte est, d'après la légende, le motif de la transformation prodigieuse que le sol de ces contrées a subie.

Quant il eut fini, le vieux guide, comme fatigué d'être assis, se leva : ses regards se portèrent sur l'horizon, le parcoururent lentement :

« Mon doigt va vous montrer », reprit-il, « suivez-le, les points restés célèbres depuis l'époque lointaine dont je viens de vous parler. »

De Thma-Angkiang remontant presque droit sur Teucthio, il indiqua successivement Bam-nân avec son temple ruiné : pnom Say-Sock où le solitaire prit l'enfant sur le lotus, et il dit : « il y a, prétend-on, sur cette dernière colline, prolongement de Bam-nân, au lieu même où était le petit asile de l'ermite, une mine d'or qu'on n'exploite plus. »

Se contentant de nommer pnom Sampou (mont du navire) et pnom Krepeuh (mont du crocodile), où Atonn et la barque sont restés, il s'arrêta devant Kompor, extrémité Nord-Est de Sang-Kebal (le mont où la tête de Mika fut exposée), et reprit :

« Les deux tours élevées sur ce mamelon sont œuvre, l'histoire l'ajoute, du fils de Néang Mika. Devenu grand, puis Roi, ayant appris de l'aïeul son malheur, il y vint faire une pieuse fête funèbre.

« On dit aussi qu'il déposa ce qu'il put trouver des restes de sa mère sur la hauteur centrale des montagnes de Sysophôn, raison pour laquelle elle porte le nom de Néang Mika.

« Cependant, au sujet de cette sépulture, je n'ose rien affirmer, les livres siamois prétendant que Say-Sock fit porter les jambes de sa rivale à Kha-Néang (jambes de la jeune femme), la mâchoire inférieure à Bang-Kang (rivage de la mâchoire), et le tronc, partagé en huit morceaux, à Petriou (huit tronçons).

« Le dernier de ces points, situés tous trois dans les pays que régit aujourd'hui le Siam, marque la place d'une ancienne ville de la province de Sasongsao. Les deux autres sont des villages peu éloignés de Pékim ; les gens qui les habitent disent que comme preuve indiscutable, ils ont les reliques sous la main.

« Il est beaucoup d'autres lieux que j'omets volontairement, ne voulant pas surcharger votre mémoire de noms sans grande importance, mais je veux vous faire connaître Buntéay-Néang (camp de la jeune femme), le petit rocher entre Sang-Kebal et nous, où Mika se fortifia avant d'aller au combat ; on l'appelle aussi Kré-Néang (lit de la jeune femme), parce qu'elle avait d'un creux du roc fait sa couche.

« Il s'y trouve une inscription qu'il faut que vous alliez voir ; les savants de votre pays pourront peut-être la lire.

« Ceci n'est-il pas étrange ? La pierre « Kiéram-po » (ventre haché), sur laquelle les entrailles furent hachées (elle est très reconnaissable aux marques qu'y ont laissés les couteaux), se promène vagabonde : tantôt l'un de nous la voit près du Lac ou d'un marais, le lendemain un autre la trouvera sur la route ou sur un mont. »

Suivant le conseil du guide je me rendis au rocher.

Soulèvement de calcaire coquillier, Buntéay-Néang, formé de deux blocs unis, l'un plus haut de moitié que l'autre, a, à peine, 20 à 30 mètres d'élévation ; quelques grands arbres qu'il porte et ceux entourant sa base, lui donnent, dans la plaine nue, des proportions trompeuses.

Les abords sont loin d'être séduisants, une couche croissante de limon couvre le sable que cachait la mer autrefois. Jusqu'aux approches du rocher, des broussailles, des grandes herbes, blanchies de poussière fine sont le seul vêtement du sol.

A la base du côté Sud, un hameau du même nom a ses cases dans des jardins, un gros ruisseau, fangeux pendant la sécheresse, le joint lors de la saison des pluies à la rivière de Mongkol-Borey.

Trois ou quatre prêtres bouddhistes ont leur maison délabrée sur le plus petit sommet que des lézardes profondes, de très larges déchirures, des crevasses, ornent, comme l'est aussi le plus grand, des lianes et des petites plantes nées dans l'humus dont elles sont aux trois quarts pleines.

Des blocs de grès fin, les uns sculptés, les autres simplement polis, gisent çà et là. Près de la case des prêtres, un jeune manguier tient la place d'une ruine disparue qui y chancelait encore, au dire de ces derniers, il n'y a pas bien longtemps.

Dans la muraille que forme la partie haute du rocher en dépassant à pic cette première élévation, une grotte très étroite, sans apparence curieuse, s'enfonce de quelques mètres. Là une anfractuosité du roc qu'on ne remarque qu'autant qu'on vous la montre, est le Kré-Néang, le lit dont parle le roman que le guide a esquissé.

Sur le sol, une douzaine de statuettes, bois ou grès, mutilées, sont adossées aux parois qu'un suintement calcaire fait luire.

Dans les creux et dans les fentes sont placées, en grand nombre, des petites tasses point couvertes : elles sont à demi remplies des ossements calcinés et des cendres des gens que la mort prend au hameau.

Au milieu, isolé des statues, sur une grande pierre taillée plate et jetée horizontalement sur le sol, une stèle de grès fin est debout, soutenue par un caillou.

Devant elle, les restes de petites bougies salissaient son piédestal : elle porte sur une de ses faces une figurine en relief qu'encadre l'inscription dont il a été parlé. J'en pris religieusement l'empreinte, elle fut plus tard traduite, et je sus à mon regret qu'elle n'avait point de rapport avec l'histoire de Say-Sock et de Mika.

Je voulus aussi connaître, non loin de Sysophôn, le petit mont Sang Kebal afin d'y chercher l'autel élevé par le fils à la mémoire de la morte.

Le gouverneur de Mongkol-borey à qui je m'adressai tenta de m'en dissuader :

« Le lieu n'est plus fréquenté, les lianes, les broussailles l'ont totalement envahi, et » ajouta-t-il, voyant que je persistais, « un génie farouche, inconnu l'a choisi pour sa demeure et le garde.

« Il y a six mois à peine, un imprudent chercheur de nids d'abeilles s'étant risqué aux abords, disparut. Après une attente de deux jours, le pays tout entier se mit à sa recherche. Nous le trouvâmes mort, le corps debout contre un arbre ; le visage tuméfié, noir, ne laissait plus voir les yeux, la gorge était machurée, le buste entouré de cercles bleuâtres comme s'il avait été lié à l'arbre avec d'énormes rotins, avait l'écorce dans les chairs.

« Sa famille, épouvantée, a quitté notre pays. »

Il fallut cependant que le pauvre fonctionnaire se décidât à m'y laisser aller : il considérait cette course comme si dangereuse qu'il adjoignit son fils aux guides chargés de me conduire et recommanda à mon compagnon Biot d'emporter son fusil.

Biot, que j'ai eu pour premier collaborateur, était un chasseur d'une adresse remarquable, les indigènes le connaissaient vite dans les pays où nous passions. Dans ces régions de plaines qui entourent le grand Lac où le gibier pullule, il augmentait, tout en faisant sa besogne, notre ordinaire, celui de nos hommes et souvent celui du village, de lièvres ou de plus grosses bêtes. On l'aimait pour sa douceur, sa simplicité, sa droiture, presque autant que je le chérissais moi-même. Il fut de la Mission trois ans. Il succomba plus tard à la morsure d'un singe. Je dirai ailleurs les services qu'il rendit et le bien que j'en pense.

Nous marchions donc tous trois, lui, moi, le fils du Gouverneur, solide garçon de vingt-cinq ans, pénétré de l'importance de sa mission, précédés de deux guides, suivis d'un domestique porteur de ma boîte à insectes. Le sol de la colline, soulèvement calcaire, était par un ardent soleil de midi pénible à parcourir : des cailloux roulant sous les pieds, des broussailles épineuses auxquelles on ne pouvait se raccrocher.

Parvenus au sommet, les guides, sans l'approcher, nous indiquèrent la ruine.

Il y avait là un écroulement de blocs de grès taillés, sculptés avec cette perfection qui vous laisse songeur devant tout reste d'art Khmer. La broussaille avait tout envahi, quelques frangipaniers grillés par le soleil étaient tout l'ornement avec leurs rares bouquets.

Nous étions silencieux, regardant, essoufflés par la montée, épongeant de nos mouchoirs la sueur ruisselant de nos fronts. Biot allongea le bras pour tâter quelque chose de luisant dans une cavité sombre, il eut un recul électrique : « J'ai touché un serpent. »

On le distinguait bien. Il dormait enroulé, pelotonné comme un chat, mieux comme une panthère.

Ce n'était pas un boa, ce n'était pas un python, je ne le connaissais pas. Je regardai interrogateur notre compagnon indigène.

Le calme l'avait abandonné, blême, suppliant, évitant de parler, il tirait nos vêtements cherchant à nous faire faire, sans bruit, retraite.

Les guides à dix pas en arrière semblaient épouvantés. Notre petit domestique s'était approché curieux de voir de près.

Biot arma son fusil, c'était un Lefaucheux.

« Cassez-le » dis-je « sans abîmer la tête ! »

Le coup partit. La bête manquée se dressa en sursaut, droite comme une barre, la tête à un mètre du sol, effrayée, furieusement menaçante, la gueule étonnamment ouverte.

Le fils du Gouverneur et les guides s'étaient rapprochés à la décharge, n'imaginant pas que le coup n'eût pas porté : brusquement rejetés en arrière ils jetaient des cris désespérés, tentant de nous arracher à un danger dont ils se disaient responsables, nous criant le nom : « Pos-veck-pnom », du serpent, que nous entendions pour la première fois, comme s'il devait suffire à nous dire le péril et cassaient, affolés, des branches pour s'en faire des armes.

Biot, interdit d'avoir à bout portant été si peu heureux, arme son second coup pendant que la bête donne à sa tête le balancement précurseur de l'élan qui la jettera sur celui de nous deux qu'elle croira l'assaillant.

Je répétai : « n'abîmez pas la tête. »

Réaction étrange qui met subitement aux cœurs terrorisés la fureur de celui qui les glace et brusquement succombe ! nos hommes entendant après le feu, la crosse du fusil tomber au repos sur le sol et l'ironique « voilà » de Biot se retournant vers eux, s'approchent timidement, voient le serpent mort, se jettent sur lui, et sans me donner le temps d'arrêter leur folie, le mettent en pièces à grands coups de bâtons.

Je pus tout juste sauver la tête pour notre Muséum.

On rapporta la dépouille au village. Le fils du Gouverneur et les guides racontaient leur exploit montrant à la foule le corps, long de sept coudées royales. C'était comme une délivrance, chacun était joyeux. De l'avis général le serpent fut reconnu pour l'auteur de la mort du pauvre chasseur d'abeilles.

Nous avions, chance rare, trouvé un des derniers Najas, ces mêmes serpents sans doute autrefois objets du culte aujourd'hui légendaire[1].

Ma visite avait donc, pour seul résultat, détruit ce point de la légende d'après lequel la ruine était gardée.

VI

J'entendis pour la première fois parler de l'histoire des « douze jeunes filles » en visitant le petit mont Bakeng, près d'Angkor la Grande. Le guide, en me montrant la citerne qui s'y trouve, me dit :

« Rothisen, le Bouddha notre Maître, est né là : sa mère et ses onze tantes furent jetées dans ce puits après qu'on leur eut, à toutes, crevé les yeux. »

C'était là tout ce qu'il savait.

1. Ophiophagus élaps. C'est probablement le plus gros des serpents venimeux existants. Par sa taille, qui peut dépasser 4 mètres, il se place au-dessus de toutes les espèces connues en Indo-Chine et dans les deux mondes. Fort heureusement il est rare, je n'ai pu voir qu'un ophiophagus vivant. J'ai pu examiner récemment une tête énorme de serpent rapportée par M. Pavie, appartenant à cette espèce.

On a trouvé des ophiophagus sur toute l'étendue de l'Inde, de l'Indo-Chine, de la Malaisie, des Philippines et de la Nouvelle-Guinée. Ils paraissent plutôt rares partout.

Les Cambodgiens le nomment Pos-veck-phnom, naja des montagnes, d'après M. Pavie. (Note sur les reptiles de la Cochinchine et du Cambodge, par le docteur Tirant. Saïgon, 1885.)

L'ophiophagus élaps a également été rencontré dans cette région par M. Aymonier.

Plus tard, à l'entrée des Lacs, demandant l'explication des noms des villages de : Kompong-Hao (rivage des appels), Kompong-Leng (rivage de l'abandon) et de la montagne de Néang-Kangrey à côté, j'appris que de même que la tradition cambodgienne attribue, ainsi qu'on le voit dans le roman de Roum-Say-Sock, le retrait, la disparition finale des eaux de la mer de cette partie du pays khmer à un soulèvement du sol entre les monts Dangreck et les monts Krevanh, de même, elle donne à un affaissement de date plus récente la formation du Grand Lac.

Ce fait que ces idées sont en accord avec nos théories scientifiques a contribué à me faire choisir pour les conter ces deux premiers romans de préférence à plusieurs autres ayant aussi un intérêt très vif.

Néang-Kangrey, c'était le nom de l'héroïne du roman, le rivage des appels et celui de l'abandon, qui n'indiquent pas comme c'est l'habitude des points habités, sont les lieux où la jeune femme courant sur les traces de son mari, l'aperçut, et l'ayant appelé en vain, se voyant abandonnée, se coucha pour mourir au pied d'un arbre.

J'ai écrit cette histoire telle que je la reçus alors. Quand, plusieurs années après, je parvins à Luang-Prabang, je ne fus pas peu surpris d'apprendre que les collines, sur la rive droite du fleuve, devant la ville, portaient les noms de Rothisen et de Néang-Kangrey, en souvenir d'un passé presque ignoré. Comme je laissais voir le plaisir éprouvé à entendre ces noms familiers, le prince laotien qui m'accompagnait me dit :

« Je viendrai tantôt quand le soleil baissera vous prendre pour une promenade aux jardins de Néang Moeri [1], la mère de Néang-Kangrey. Ce sont les plus fertiles du pays. Les Durions, ces fruits vraiment divins, mûrissaient seulement là : le sol des jardins recevait comme engrais les entrailles des humains que dévorait la Reine des Yacks. »

Il me raconta le soir quand j'allai sous les ombrages m'asseoir au bord de la plus grande des pièces d'eau embellissant les jardins, comment dans une existence suivante, Rothisen, récompensé par le ciel de sa piété

1. Santhoméa dans le texte cambodgien.

filiale et de sa courageuse abnégation, retrouva Néang-Kangrey, née dans un grand royaume, fille d'un Roi très puissant.

La manière charmante dont cette exquise petite histoire me fut dite vaut que j'essaie de la rapporter :

« Je ne vous dirai pas le roman tout entier », conta-t-il, « mais un simple épisode montrant comment se réalisa, pour une vie entière, l'union si tristement rompue des deux jeunes époux dont l'histoire vous charma.

« Nous ne doutons pas, dans tous nos pays laotiens, qu'elle est bien véridique, vous l'entendrez partout, au Nord, au Sud, au Cambodge et au Siam, et, dans nos vieilles chroniques vous verrez ces noms cités tout au début, pour que leur souvenir par le peuple soit gardé.

Le Prince Rothisen sous un nom différent, dans une nouvelle vie, instruit de toutes choses, marchait pour trouver le bonheur.

Heureux quand il pouvait se rentre utile, dédaigneux des séductions des plaisirs passagers, il plaisait à tous ceux qui l'approchaient par la douceur de son regard, miroir de l'âme, par sa bonté naturelle, sa simplicité, enfin par ces mille dons du ciel qui font aux êtres prédestinés à rendre les peuples meilleurs comme une invisible auréole d'aimant appelant tous les cœurs.

Il était arrêté au bord d'un ruisseau à l'onde transparente et cherchait à cueillir une feuille de lotus pour en faire une tasse et se désaltérer.

Vint une jeune esclave, une cruche sur les bras.

« Charmante enfant, permettrez-vous que je boive? Où portez-vous cette eau? »

Elle puisa au ruisseau, lui tendit le vase (fig. 11).

« Je viens remplir ma cruche pour baigner ma maitresse, la fille cadette du Roi, Princesse incomparable que tout le peuple chérit, qu'adorent ceux qui l'approchent. »

Ayant bu, Rothisen remercia.

La jeune enfant, versant l'eau sur la tête de sa maîtresse disait :

« Quand j'ai puisé cette eau, un Prince étranger, la perfection humaine, arrêté sur le bord, m'a demandé à boire, il s'est abreuvé à ma cruche, je n'avais jamais vu un regard aussi doux ! »

Et tandis qu'elle parlait, l'eau coulait sur le corps et la jeune Princesse sentit dans ses cheveux un tout petit objet, le prit, et voyant que c'était une bague, la cacha dans sa main, puis dit :

« Retourne remplir ta cruche, vois si le Prince est encore sur le bord, dis-moi ce qu'il y fait ? »

Et pendant que l'esclave allait vers Rothisen, la Princesse pensait :

« Ce bijou sans pareil est sûrement la bague du jeune Prince, je saurai, par ce que va me dire ma suivante, si c'est un audacieux qui l'a volontairement glissée dans la cruche, ou, si par le vœu du ciel, tandis

Fig. 11.

qu'il soutenait de sa main le vase et buvait, elle est tombée de son doigt pour venir vers le mien m'annoncer le fiancé que Pra-En me destine. »

« J'ai », dit la jeune fille, à son retour, « trouvé le Prince, en larmes, cherchant dans l'herbe une bague précieuse entre toutes pour lui, don de sa mère exauçant tous les souhaits ; il m'a prié de revenir l'aider à la trouver. »

La Princesse pensait en l'entendant :

Si c'était un audacieux, il eût simplement attendu l'effet d'une ruse grossière, je vois, au contraire, la volonté du ciel dans ce qui, là, arrive, et crois devoir aider à son accomplissement; je sens d'ailleurs mon être tout entier sous une impression non encore éprouvée :

« Va vers le jeune Prince et dis-lui ces seuls mots :

« Ne cherchez plus, Seigneur, la bague que vous perdîtes; vous l'aurez retrouvée quand le puissant Roi, maître de ce pays, vous aura accordé la main de sa fille, la Princesse Kéo-Fa. Faites donc le nécessaire et taisez à tous ma rencontre, mes paroles. »

Le Roi, quoiqu'elle fût en âge de choisir un époux, ne pouvait se résoudre à accorder la main de sa jeune fille à aucun des prétendants sans nombre qui s'étaient présentés. Pour les décourager il leur posait des

Fig. 12.

questions impossibles à résoudre ou bien leur demandait l'accomplissement d'actions point ordinaires. Aussi bien, la Princesse n'avait montré penchant pour nul d'entre eux.

Lorsque Rothisen parut devant la Cour, eut exposé au Roi le but de sa démarche, le regard animé d'une absolue confiance, séduisant par les charmes que le courage, la volonté, le cœur mettaient sur son mâle visage, en toute sa personne, chacun parmi les Grands, parmi les Princes, se dit : « Voici enfin celui que nous souhaitons. »

Et le Roi pensa : « Je n'ai pas encore vu un pareil jeune homme, sûrement il plaira de suite à mon enfant. Ne le lui laissons donc pas voir dès à présent et soumettons-le à une épreuve qui éloigne encore la séparation que tout mon cœur redoute. »

Alors il demanda qu'on apportât un grand panier de riz et dit à Rothisen :

« Tous ces grains sont marqués d'un signe que tu peux voir, ils sont comptés : en ta présence ils vont être jetés par les jardins, par les champs, par les bois d'alentour, si, sans qu'il en manque un, tu les rapportes ici demain, je reconnaîtrai que ta demande vaut qu'elle soit examinée. »

Et ainsi il fut fait.

Rothisen, emportant le panier vide, retourna au bord du ruisseau, là, s'étant agenouillé :

Fig. 13.

« O vous tous les oiseaux, les insectes de l'air, les fourmis de la terre, ne mangez pas les petits grains de riz qui viennent de pleuvoir sur le sol, secondez l'amour qui me gagne, ne mettez pas obstacle au plus cher de mes vœux.

« O vous les Génies protecteurs du pays, si vous croyez que mon union à la Princesse pour qui je suis soumis à cette difficile épreuve doive être de quelque bien pour les peuples, faites que les êtres animés que j'invoque, entendent ma prière.

« Et toi, puissant Pra-En, si la belle Kéo-Fa est ma compagne des existences passées, si tu me la destines, inspire-moi pour que je réussisse et qu'il me soit donné de réparer en cette vie les torts que j'ai pu avoir envers elle autrefois. »

Tandis qu'il parlait, des gazouillements joyeux éclatèrent dans les branches, il était entendu ; les oiseaux de toutes sortes apportaient au panier les grains de riz dispersés sur le sol (fig. 12).

Rothisen les caressa doucement en leur disant merci.

Étonné devant le résultat, le Roi le lendemain fit porter le panier jusqu'au bord du Grand-Fleuve, les grains y furent jetés à la volée (fig. 13), il dit ensuite à Rothisen :

« Je les voudrais demain. »

Fig. 14.

Comme les oiseaux, les poissons servirent le protégé du Ciel.

Mais quand le compte fut fait, le Souverain dit :

« Il manque un grain de riz, retourne le chercher. »

Assis sur le rivage, Rothisen appela les poissons :

« Se peut-il, mes amis, qu'un grain soit égaré? Veuillez l'aller trouver dans les sables ou les vases, partout où il peut être, même au corps d'un des êtres peuplant ces eaux fougueuses qui n'ayant pas entendu ma prière aurait pu, par hasard, s'en nourrir. Je ne saurais croire qu'un méchant l'ait voulu dérober et le garde. Le bonheur de ma vie tient à ce petit grain. Soyez compatissants, faites que je sois heureux. »

Tous les poissons se regardaient surpris, quand l'un d'eux caché derrière les autres s'approcha :

« Je demande le pardon car je suis le coupable, voici le dernier grain, je l'avais dérobé croyant que le larcin passerait inaperçu. »

Rothisen lui donna, du bout du petit doigt, un coup sur le museau (fig. 14).

Subitement celui-ci se courba chez tous ceux de l'espèce.

A ce poisson mauvais envers le Saint qui plus tard devait devenir notre Maître, on donna le nom de « nez courbé ».

Fig. 15.

Combien de siècles se sont écoulés depuis ce jour où Rothisen frappa le poisson !

Son pardon, le « nez courbé » ne l'a pas depuis obtenu !

Cependant chaque année sa race tout entière, quand viennent les pluies indice de la crue, se donne rendez-vous à Kierouil-Kianva, près de Pnom-Penh dans notre Grand-Fleuve, pour aller en masse vers le temple d'Angkor saluer la statue du puissant Bouddha et y demander oubli de l'offense.

Mais au même endroit viennent se réunir pour l'empêcher d'atteindre le but, les hommes du pays : Khmers, Youns, Chinois, jusqu'aux

Kiams qui, musulmans, ne suivent pas les lois du très-saint Pra-Put. Tous se liguent si bien pour barrer le Fleuve avec leurs filets que pas un poisson n'arrive à Angkor. Ils ont beau choisir un jour favorable, fondre brusquement en une seule colonne pour franchir l'obstacle, efforts inutiles ! Huit jours à l'avance ils sont attendus, tous sont capturés. La population rit de leur malheur, ils servent à nourrir le Cambodge entier.

Rothisen portant le dernier grain de riz au grand Souverain, s'excusa avec tant de grâce de l'avoir trop longtemps cherché, que le Roi charmé lui parla ainsi (fig. 15) :

« Je ne désire plus, Prince aimé du ciel, que te voir trouver, entre une foule d'autres, le petit doigt de la main de celle-là que tu me demandes.

Fig. 16.

« Pour cela, demain, avant le repas, toutes les jeunes filles des Princes et des Grands, toutes celles vivant au Palais passeront le doigt par des petits trous perçant la cloison de la grande salle ; tu seras conduit devant toute la file des doigts allongés, si en le prenant, tu indiques celui de ma chère enfant, le repas sera celui des fiançailles, elle sera à toi, mon royaume aussi, car afin d'avoir toujours près de moi ma fille adorée, je te garderai t'offrant ma couronne et toutes mes richesses. »

Rothisen, tremblant, la prière au cœur, sans paroles aux lèvres, passait devant les petits doigts, jolis, effilés, plus les uns que les autres : il y en avait des cents et des cents.

Bientôt il s'arrête devant l'un d'entre eux. Il a aperçu entre ongle et chair, un grain de millet. Vite il s'agenouille, le presse et l'embrasse (fig. 16) : à ce même moment la cloison s'entr'ouvre, Rothisen se voit devant sa fiancée, reconnaît à l'un de ses doigts, sa bague perdue et pendant qu'heureux doucement il pleure, se sent relevé par le Roi lui-même

Fig. 17.

au bruit harmonieux d'une musique céleste, aux acclamations de la Cour en fête (fig. 17).

VII

En 1880, je parcourais en compagnie de M. Aymonier les montagnes séparant le bassin du Mékong de celui du golfe de Siam. Les guides nous conseillèrent d'aller visiter le mont Vorvong-Saurivong, sis dans la partie méridionale de la chaîne.

« Il contenait, nous disaient-ils, l'emplacement d'une ancienne capitale. » Nous nous y rendîmes.

Dans le compte rendu du voyage publié dans les « Excursions et Reconnaissances de Cochinchine », disant ce que j'avais appris sur ces noms, je m'exprimais ainsi :

« Le mont Vorvong-Saurivong est connu de nom dans tout le Cambodge, et même au delà. A son sommet, dit un manuscrit très répandu, des rochers forment un rempart circulaire naturel qui fut autrefois une forteresse redoutable. D'après la légende, un usurpateur nommé Vey-Vongsa y eut sa résidence, les princes Vorvong et Saurivong, fils du Roi légitime, l'ayant vaincu et mis à mort, donnèrent leur nom à la montagne.

« Des roches presque alignées se soulèvent en effet sous les pins, mais elles sont basses, espacées, et ne forment pas d'enceinte.

« Le guide montre le lieu où la belle Montéa, la mère de Vey-Vongsa, fut conduite pour mourir et, en racontant ce qu'il sait, fait faire le tour du rocher sous lequel fut placée la tête du vaincu et plus loin l'énorme bloc qui recouvre son corps. »

Ces quelques détails m'avaient donné le désir de savoir l'histoire toute entière.

Ce fut un soir de l'année suivante que je la connus.

La pluie à torrents subitement tombée m'avait empêché de rejoindre le petit village où mon compagnon Biot m'attendait pour le repas et pour le couchage.

J'étais réfugié avec Kol, un jeune interprète, dans une case pour les voyageurs construite sur la route dans le pays cambodgien de Somrong-tong.

Quand la pluie cessa, la nuit était noire, je me résolus à m'endormir là. Kol fut au plus proche hameau dire mon embarras.

Ce n'était pas loin. Des femmes arrivèrent apportant sur des plateaux : du riz, du poisson, du thé et des fruits, puis, reparties, elles revinrent bientôt avec des nattes et des oreillers, s'assirent regardant avec complaisance combien celui qu'elles servaient paraissait heureux de leur gracieuseté.

Parlant gentiment elles disaient entre elles pour que j'entendisse :

« L'oncle Nop est venu ce soir, du village voisin, dîner au hameau. Il va nous lire après le repas l'histoire des deux frères Vorvong Saurivong. Si nous proposions à M. Pavie de venir chez nous entendre le conteur? »

Comme j'étais heureux de ces bonnes paroles et avec quelle joie je suivis leurs pas ?

On me fit asseoir tout près du vieillard. Il semblait joyeux de me voir venu. Ses larges lunettes ajoutaient une grande bonhomie à son regard doux : je le vois encore disant, quand je serrais sa main amaigrie : « vous m'excuserez si ma voix chevrotte ».

A ce moment Biot nous arriva avec l'interprète apportant des vivres. Tout le monde riait de son air surpris. On lui faisait place, je disais à Kol : « vous lui traduirez tout bas sans rien déranger ».

L'histoire commença. Je jetais, tout en écoutant, les yeux sur ceux groupés près de nous. Tous bien attentifs donnaient leurs oreilles au vieux, avaient les yeux vers moi. Content auprès d'eux, j'étais recueilli.

L'oncle Nop disait les vers cambodgiens nasillant un peu mais avec un charme qui touchait le cœur. Aussi bien, le texte tenait l'auditoire ému, silencieux.

Il s'interrompit aux sanglots subitement entendus derrière un rideau où je devinai qu'étaient les jeunes filles.

C'était à ce passage du prologue où, avant de mourir, les deux petits princes, héros du roman, priaient les génies des bois pour leur mère, tombée sur le sol devant les bourreaux.

Chacun en même temps dit son impression, l'un admirait le beau caractère des enfants chéris de la Reine, l'autre complimentait le si bon lecteur tandis que la plupart demandaient la suite.

Mais, sans doute, s'arrêter un peu, aux passages poignants, c'était sa manière de prendre son public car, après une tasse de thé bue, il demanda la boîte au bétel, rappelant à tous qu'il avait déjà, il y a dix ans, lu la même histoire dans cette même maison.

« Les jeunes d'aujourd'hui », lui répondait-on, « étaient trop petits pour avoir gardé l'exact souvenir de votre récit ; excusez-nous donc si nous vous pressons, rafraîchissez-vous, prenez votre temps, mais que l'histoire entière nous soit lue ce soir. Aussi bien notre hôte vous prie avec nous ; vous ne sauriez pas le laisser partir sans l'avoir achevée ».

Je joignais, moi-même saisi par l'attrait du touchant roman, mon désir à toutes leurs instances,et le bon vieillard, heureux de nous voir ainsi sous le charme, continua, ne s'arrêtant plus qu'à la fin des actes pour prendre une gorgée de thé refroidi et pour m'expliquer les passages qui lui paraissaient difficiles à comprendre pour un homme dont l'éducation différait si profondément de celle du pays.

J'entendis ainsi sa manière de voir sur ce dogme sage et généreux, la métempsycose qui, là-bas, laisse le calme dans les plus grands maux, donne le courage, adoucit les mœurs, rend les peuples bons.

« Vous voyez combien la pensée que tous leurs malheurs sont l'expiation de fautes même les plus petites dans une vie passée, aide Vorvong et Néang Kessey à en supporter le poids écrasant, sûrs, en même temps, que leur achèvement marque le pardon.

« Et quel sentiment d'intime bonheur ajoute à l'amour de deux jeunes époux la pensée que cette existence n'est pas la première ensemble vécue.

« Seul, un point donne un vrai regret : la mémoire se perd entre chaque vie ! »

Il acheva ainsi de lire toute l'histoire. En le remerciant je lui demandai de me confier le vieux manuscrit sur feuilles de palmier qu'il nous avait lu.

« Simplement », disais-je, « le temps juste d'en prendre copie. J'ai le vif désir d'avoir en mes mains une si charmante œuvre pour la reproduire, si je puis plus tard, par nos procédés faciles d'impression et en répandre dans tous vos villages beaucoup d'exemplaires. »

Il me le tendit, le recommandant comme un trésor cher à lui, aux gens du pays.

Tous avec le vieillard lisaient dans mes yeux. mieux que mes paroles ne savaient le dire, combien j'appréciais cette marque de confiance, et mon grand désir de mener un jour à la fin voulue le souhait né près d'eux.

Aujourd'hui, dix-sept ans se sont écoulés, quelle joie je ressens de l'accomplissement !

« O cher pays Khmer, comme je revis dans tout ce passé ! »

VIII

Ainsi que pour les romans de « Roum-Say-Sock » et des « Douze jeunes filles » j'ai résumé celui de « Néang Kakey » après l'audition du récit.

Dans cette petite histoire, très connue au Cambodge, au Laos et au Siam, est mis en scène un personnage de la mythologie indoue, le Krouth, ou Garouda, l'oiseau céleste qui n'a pas de rôle dans les précédents.

Lorsque j'en rédigeai le court exposé j'étais à l'époque où j'allais trouver dans la traduction des chroniques laotiennes une occupation qui me prendrait, toutes entières, mes heures libres.

Je n'eus pas dans la suite l'occasion de me faire conter le roman en détail pour le présenter sous une forme plus complète.

« Néang Kakey » termine une étude dans laquelle, comme dans celles qui la suivront, je retrouve une vie d'activité et d'entraînement semée d'inoubliables épisodes, au milieu de populations. sympathiques à l'extrême, à qui j'ai l'ardent désir d'intéresser tous ceux qui me liront.

IX

Le texte français des « Douze jeunes filles » et de « Néang Kakey » m'a servi à rédiger les textes cambodgien, laotien et siamois. J'ai été aidé dans ce travail par deux de mes compagnons Khmers, les secrétaires Ngin et Som.

Le texte français de « Vorvong et Saurivong » est, au contraire, la traduction du texte en vers du manuscrit du vieil oncle Nop, de Somrontong.

Afin de pouvoir rendre sans retard le précieux livre, je le fis copier à Battambang où je passai quelques jours après.

Les illustrations dont les originaux sont tous en couleur sont la copie de fresques ornant des temples de cette dernière région.

Les dessins des trois autres romans ont été faits d'après les textes : ceux de « Roum Say-Sock » à Bangkok, ceux des « douze jeunes filles » à Sysophôn, ceux de « Kakey » à Pnompenh ; ils donnent donc une idée générale de la manière dont le dessin est compris dans l'ensemble du pays.

La traduction de « Vorvong et Saurivong » a été faite par lambeaux aux moments de loisir, de 1889 à 1894, avec l'aide successive de quatre de mes collaborateurs cambodgiens : MM. Oum à qui revient la plus grande part, Takiat, Tchioum et Chiaup.

La rédaction du texte français n'est pas une œuvre de linguistique elle est toute de vulgarisation, on n'y cherchera donc pas le mot à mot.

Je viens de citer quelques-uns de mes compagnons cambodgiens, il me paraît bien que dans ce livre, écrit pour leurs compatriotes, je fasse connaître que nombreux sont ceux qui ont aidé au succès de mes missions.

En août 1885, le général Bégin, alors gouverneur de la Cochinchine et du Cambodge, satisfait de ma collaboration dans ce dernier pays, me demanda comment en récompense il pourrait m'être agréable, ayant confiance que ce que j'indiquerais serait surtout utile.

Je venais précisément de recevoir de M. Félix Faure, alors Sous-Secrétaire d'État des Colonies, l'approbation de mes propositions relatives à la poursuite de l'œuvre à laquelle je m'étais attaché en même temps que ses félicitations pour mes missions précédemment accomplies.

Depuis onze ans je n'avais pas revu la France, le moment était venu d'y aller faire provision de santé.

J'avais souvent eu l'occasion de reconnaître que ce qui fait le plus défaut aux missionnaires de mon genre c'étaient les collaborateurs indigènes, sorte de disciples aptes à toutes les fatigues.

J'avais par ailleurs reconnu chez les Khmers les qualités de cœur qui rendent capable de tous les dévouements.

D'autres voyageurs avaient eu aussi l'occasion de constater tout ce que vaut le tempérament cambodgien, en particulier M. Aymonier, dont les collaborateurs Khmers, venus me rejoindre quand il quitta le pays, furent, avec ceux qui m'avaient suivis jusqu'alors, la base de la milice cambodgienne quand des troubles éclatèrent.

Je soumis au général mon idée d'emmener en France un groupe de jeunes Khmers que j'y laisserais en la quittant.

« Ils y apprendront », lui dis-je, « à connaître notre pays. Quand ils se seront un peu familiarisés avec notre langue, nos idées, le moment sera venu pour eux de me rejoindre dans les régions que j'aurai étudiées. »

Il fut fait ainsi.

Treize jeunes gens partirent avec moi. Je les avais recrutés en quelques jours dans les bonnes familles du Cambodge, et de préférence choisis parmi ceux parlant la langue thaïe et pouvant ainsi servir au Laos dès leur retour en Indo-Chine.

Leur groupe, grâce à l'accueil bienveillant de deux Sous-Secrétaires d'État des Colonies, successifs, MM. Armand Rousseau et de La Porte, forma, sur la proposition du général, l'École Cambodgienne de Paris transformée depuis en École Coloniale (fig 1).

J'avais obtenu avant mon départ, de M. Le Myre de Vilers, ancien Gouverneur de la Cochinchine, qui avait le plus favorisé mes débuts d'explorateur et à qui je devais mes premières missions, qu'il se chargeât de la haute direction de ceux que je quittais, en attendant l'organisation définitive de l'École.

Retournant en Indo-Chine après trois mois de séjour en France, j'emmenais les deux plus âgés.

Trois ans plus tard en juin 1888, le général Bégin, commandait en chef le Corps des troupes de l'Indo-Chine ; j'avais, sur notre commune demande, été mis à sa disposition par le département des Affaires Étrangères pour la pacification des territoires de la Rivière Noire.

Je lui demandai de mettre à ma disposition les Cambodgiens déjà revenus de France qui voudraient marcher avec moi et ceux instruits au Cambodge également désireux de me suivre.

Quinze jours après, M. Jammes, directeur de l'École de Pnompenh, m'amenait à Hanoï onze jeunes gens, avec lesquels je prenais, le mois suivant, congé du général (fig. 18).

Pas un n'a manqué à la tâche rude acceptée en suivant les Membres de la Mission. La plupart n'ont, depuis, pas revu leurs familles, Douith et Seng ont été emporté par la fièvre au cours d'explorations pénibles,

Fig. 18 [1].

Chann est mort des blessures reçues lors du massacre de M. Grosgurin qu'il accompagnait, Kiéen a succombé aux suites d'une longue captivité.

Leur rôle souvent de dévouement, quelquefois héroïque auprès de

1. Les figures ont été exécutées d'après des photographies de MM. Pavie (1 et 2), Messier de Saint-James, capitaine d'infanterie de marine, membre de la mission (3 et 18), Stoecklin, commis principal des télégraphes (4), Docteur Yersin (5), Docteur Lefèvre (6), Brien, inspecteur des postes et télégraphes (7, 8, 9, 10).

moi et de mes compagnons français, aura sa place au cours de cette publication ainsi que celui de beaucoup de leurs compatriotes, de précieux auxiliaires annamites, laotiens et chinois et de leurs camarades morts au devoir : qu'aujourd'hui, dispersés dans les divers centres de ces territoires qu'ils ont aidé à faire français, ils reçoivent ce premier témoignage de leur mérite.

Les points géographiques, historiques et légendaires cités dans ce volume figurent tous sur la petite carte physique de l'Indo-Chine orientale qui y est jointe.

NÉANG ROUM-SAY-SOCK

Fig. 1. — ..... conduisirent leur fils à un ermite célèbre.

NÉANG ROUM-SAY-SOCK

Riches marchands de Thma-Angkiang ayant du sang royal, les parents de Réachkol conduisirent leur fils à un ermite célèbre, pour qu'il l'élevât dans la sagesse et les sciences et en fit un homme capable de marcher de bonne heure dans la vie (fig. 1).

Le religieux n'était pas seul dans sa retraite, Néang Roum-Say-Sock (la jeune fille aux cheveux dénoués), qu'il avait, petite, trouvée sur une fleur de lotus fraîche éclose, y grandissait sous sa garde.

Retournant au pays, son éducation terminée, l'élève emmène Roum-Say-Sock, à laquelle, en la lui donnant pour femme, le vieillard a fait présent d'un incomparable bijou, pour maintenir ses longs cheveux.

Réachkol quitte, peu après, parents et compagne, et, vers les rivages de Korat, va vendre le chargement d'un navire que son père lui équipe.

Là, en abordant, il voit et aime Néang Mika, plus jeune fille d'un vieux roi, qu'il surprend, se baignant.

Ce n'est qu'après leur mariage, que Réachkol ose lui avouer qu'il a en son pays une épouse, complètement oubliée du reste.

Ils sont ainsi heureux trois ans; puis la jeune femme devenant mère, croit, comme son mari le lui démontre, qu'il serait bon qu'il s'en allât, pour donner richesses à l'enfant, aux côtes de l'Est, échanger sa grande barque pleine de marchandises.

Bientôt le navire chargé part. Mika, fort occupée à l'encombrer de provisions, toute aux dernières caresses, tout entière aux adieux, songe seulement, l'ancre levée, qu'il se pourrait qu'elle soit trahie.

Elle court, par une angoisse subite étreinte, vers un très haut édifice d'où l'on domine au loin la mer, et en atteint le sommet, à l'instant même où Réachkol, ne se croyant pas surveillé, abandonne le chemin de l'Est pour courir à toutes voiles au pays où son retour rendra le bonheur à sa famille et à Say-Sock.

De grosses larmes coulent de ses yeux sur son enfant. Voilà donc tous ses rêves d'heureux avenir détruits ! Tandis qu'elle pleure le passé, la plus farouche colère vient s'emparer de sa raison.

Sûrement, elle va bien savoir empêcher celui-là qui brise sa vie, d'avoir joie quand elle a peine.

Atonn, le crocodile que depuis l'enfance elle nourrit, la vengera rapidement et beaucoup mieux que personne.

Incontinent elle lui crie : « Pars, poursuis, atteins, dévore Réachkol qui, pour une autre, me laisse avec mon petit enfant. »

L'absence longue de Réachkol a mis une morne tristesse sous le toit de Thma-Angkiang ; Roum-Say-Sock seule ne croit pas que les flots ont pu lui prendre son mari. L'ami de ses jeux d'enfance reviendra, elle en est sûre, et sera le compagnon des vieux ans.

Chaque jour elle se rend, pour s'y baigner, sur la plage où ont eu lieu les adieux, interrogeant l'horizon ardemment, captivée et longuement arrêtée, au grand ennui des suivantes peu discrètes, par toute voile, qui, dans le lointain, blanchit, s'approchant.

Ce fut par un très beau jour, air pur et vent frais, qu'elle s'écria toute troublée : « Le voici ! ne reconnaissez-vous pas la barque ? à la finesse de sa coupe personne ne saurait douter. »

Sa joie éclate délirante ; on accourt.

« Oh ! c'est bien lui ; voyez-le à l'arrière !

Fig. 2. — ..... on jette à l'eau les cages où sont poulets et canards.

« Mais pourquoi ses matelots sont-ils agités ainsi ? Pourquoi, par ce « temps superbe, grimper aux mâts, redescendre, courir à droite et à « gauche affolés ? Est-ce que d'un danger quelconque le navire a la « menace ? La crainte vient chasser ma joie, j'ai très peur !

« Voilà abandonnés les bateaux à la remorque ; maintenant on jette à « l'eau les cages où sont poulets et canards (fig. 2) !

« Mon cœur, que l'inquiétude tourmente depuis si longtemps, se « brise : j'aperçois dans le sillage, le monstre, cause de leur trouble. J'ai « cru voir venir le bonheur, c'est la mort ! »

Dès qu'Atonn a paru, Réachkol a crié :

« Cesse de me poursuivre, Atonn ; tu ne reconnais donc pas le mari « de ta maîtresse ? »

— « J'obéis à celle qui me nourrit, je ne connais qu'elle. »

Réachkol comprend. Pour accélérer la marche, il laisse au gré des flots les petites barques remorquées, puis, espérant que le saurien s'attardera à manger, lui fait jeter la cage qui tient les poulets, ainsi que celle des canards.

Ces efforts pour échapper ont mis Atonn en fureur ; il ne lui faut plus qu'un bond pour atteindre le navire. Se tournant vers le rivage où il reconnaît sa femme, Réachkol, résigné, fait de la main à Say-Sock un signe de dernier adieu.

Elle, désespérée, cherche machinalement une arme ; faisant crouler en manteau ses cheveux sur ses épaules, elle leur arrache le bijou, stylet d'or, lourd de diamants, don du vieil ermite, et invoquant tout en pleurs son père adoptif, lance vers la bête monstrueuse le précieux joyau.

A vingt pas en avant d'elle, le stylet tombe dans la mer.

Alors, inoubliable prodige ! sa pointe, au fond à peine a touché le sable que le sol, chassant les eaux, se soulève et de Thma-Angkiang aux Dang-Reck, se montre nu.

En même temps, la foule attroupée sur le rivage, voit Réachkol accourir vers Say-Sock du haut d'un bloc de rochers où son navire est resté.

Non loin sur un autre monticule, Atonn, foudroyé, expire, s'écriant : « Maîtresse, je meurs ; vengez-moi ! »

Néang Mika a levé une troupe d'hommes considérable : à sa tête elle est partie (fig. 3) et, à mi-chemin de Korat, aux monts Krevanh, dans l'immense plaine que la mer vient de quitter, au rocher appelé Bunteay-Néang, elle a planté son étendard, s'est fortifiée, puis a expédié à Réachkol courrier porteur d'un message appelant Say-Sock au combat.

Le défi est accepté : la jeune femme a réuni des combattants en grand nombre : Réachkol la laisse aller, disant : « Adieu et succès ».

Tha-Mocun, guerrier vieux mais plein de feu, va en avant reconnaître les forces et la position de Mika.

Celle-ci veille : elle le chasse, le poursuit, ne s'arrête qu'en vue du camp de Say-Sock.

Ce début rend inquiète la troupe de Thma-Angkiang ; il faut toute la fermeté de Tha-Kray, autre chef d'une grande valeur, pour la mener au combat.

Ce que voyant, Roum-Say-Sock se rappelle le solitaire :

« Fais que je sois le vainqueur, » s'écrie-t-elle, « je te promets pour prier, un temple sur la montagne ! »

Puis, couverte de ses bijoux, montée sur un beau cheval comme Mika, elle prend des mains des suivantes, les armes superbes qu'elles lui tendent ; sabre et lance, et se jette dans la mêlée pour y joindre sa rivale (fig. 4).

Si braves qu'ils soient, les guerriers sous les bannières des deux femmes, n'ont point leur ardeur, il s'en faut ; aussi, dès qu'elles sont aux prises, s'écartent-ils, songeant, presque tous, à fuir, si leur chef a le dessous.

Fig. 3. — ..... à sa tête elle est partie.

Fig. 4. — ..... et se jette dans la mêlée.

Ce qu'elles se disent d'injures, tout en se portant des coups, après s'être regardées (et elles ont été surprises de leur mutuelle beauté, Réachkol ayant à chacune fait un laid portrait de l'autre), ne se peut imaginer.

La fatigue semble sur Say-Sock n'avoir pas le moindre effet : on dirait en la voyant, qu'elle se croit invulnérable. Mika, au contraire, blessée, sent ses forces la trahir. Si ses gens, reprenant le combat, la couvraient un instant, un peu de repos (pense-t-elle) la ferait ensuite quasi sûre de l'emporter.

Elle jette un furtif regard sur les chefs et leurs soldats, devine de l'hésitation, les appelle. Eux, loin de prendre l'offensive et de lui faire un rempart de leurs corps, s'enfuient, non vers le camp où ils pourraient se défendre, mais dans toutes les directions.

Si d'avance la vaincue ne le savait, les cris féroces que la victoire fait pousser à Say-Sock, lui diraient qu'elle n'a point à espérer de merci.

Succombant, près de périr, voilà qu'elle songe à l'enfant laissé au grand-père! Elle veut le revoir encore! Jetant ses armes, elle s'élance, poursuivie, au grand galop du cheval vers les monts (fig. 5).

Il n'était point facile de se cacher dans ce pays neuf, vierge alors de végétation. Roum-Say-Sock atteignit sa rivale dans le Véal-Néang-Ioum (plaine de la jeune femme en larmes).

Elle l'emmena enchaînée à son camp (fig. 6), l'y tortura à loisir (fig. 7), fit ensuite tomber sa tête, qu'au bout d'un fort long bambou, on éleva au sommet d'un montagne rapprochée, qui prit pour nom Sang-Kebal[1].

Puis, arrachant elle-même au ventre de la morte ses entrailles, les fit hacher très menu par des hommes, et jeter au loin sur le sol (fig. 8).

1. Élévation de la tête.

Après quoi s'en retourna triomphante au pays (fig. 9), où elle trouva Réachkol sur le trône, le roi étant mort sans enfants.

Tous deux se rendirent en pompe aux pieds du vieux solitaire et, pour tenir la promesse faite au moment du danger, édifièrent sur la colline, dès lors appelée Bam-nân (vœu), le superbe temple à neuf tours qu'on y voit.

Depuis cet événement, le nom de Mika est devenu au Cambodge synonyme de concubine.

Fig. 5. — Jetant ses armes, elle s'élance.

Fig. 6. — Elle l'emmena enchaînée.

Fig. 7. — ..... l'y tortura.

Fig. 8. — ..... arrachant elle-même au ventre de la morte ses entrailles.

Fig. 9. — ..... s'en retourna triomphante.

LES DOUZE JEUNES FILLES

LES DOUZE JEUNES FILLES

Fig. 1.

Un pauvre bûcheron, père de douze filles, jumelles deux par deux, poussé par une affreuse misère, soumit à sa femme cette idée (fig. 1):

« Nous ne pouvons voir plus longtemps nos enfants souffrir avec nous les tortures de la faim ; si j'allais les perdre dans les bois, les génies, j'en suis sûr, écoutant nos prières, les prendraient sous leur garde. »

Fig. 2.

Et quelques jours après, la femme ayant cédé, il mena ses filles vers la forêt pour chercher du bois mort et les abandonna (fig. 2).

Conduites par Néang-Pou, la plus jeune, elles retrouvèrent leur route et revinrent à la case ; le père les perdit de nouveau.

Une reine de Yack[1] les rencontra mourantes, leur montra son palais, leur offrit un asile (fig. 3).

Cette reine se nomme Santhoméa, elle est veuve et a une fille tout enfant.

Elle ordonne qu'on s'empresse autour du troupeau humain qu'elle amène, veut qu'on y veille de près, se promettant de succulents repas après quelque temps de bons soins.

Fig. 3.

Au bout d'un séjour assez long pendant lequel elles ont grandi, sont devenues d'admirables jeunes filles, Santhoméa commande qu'on égorge l'aînée, et, pour se mettre en appétit, monte sur son éléphant et va se promener.

1. Yack, Yacksas, Mythologie de l'Inde; monstres se nourrissant de chair humaine. Les ogres de nos contes de fées.

Un génie sous la forme d'un rat blanc creuse un trou sous la muraille du palais, prévient les douze sœurs du sort qui les attend et, au moment où l'ogresse passe la grande porte, les fait fuir et leur indique un chemin sûr.

Fig. 4.

Santhoméa, à son retour, en proie à une furieuse colère, roue de coups ses gardes, et, lance, mais en vain, ses serviteurs à la poursuite des enfants du bûcheron (fig. 4).

Plus tard, elle apprend qu'un matin, les esclaves du roi d'Angkor, venant à la fontaine pour y puiser de l'eau, les ont vues endormies sur les branches d'un grand arbre, où, harassées de fatigue, elles ont passé la nuit (fig. 5) ; que le Roi, prévenu, épris de leur beauté, leur a ouvert toute grande la porte de son harem, qu'elles sont ses favorites (fig. 6).

Fig. 5.

Fig. 6.

La reine des Yacks confie son enfant à ses gens, prend la forme d'une éblouissante princesse et vient s'asseoir près de la même fontaine (fig. 7).

Elle est, comme les douze jeunes filles, conduite devant le prince, supplante sans peine les naïves favorites et obtient du monarque inconstant qu'elles seront descendues dans une citerne abandonnée (fig. 8).

A l'insu du roi, elle exige des gardes chargés d'exécuter l'ordre qu'avant de les descendre dans le caveau, on leur arrachera les yeux (fig. 9, 10, 11).

Fig. 7.

Puis, ne les perd pas de vue dans le tombeau où elles vivent.

Toutes y sont entrées enceintes.

Santhoméa veille à ce qu'on ne leur donne qu'une nourriture insuffisante; elle les en prive même totalement pendant la période des couches, et, les malheureuses dévorent, à mesure qu'ils naissent, les enfants les unes des autres (fig. 12).

Fig. 8.

Fig. 9.

Seule Néang-Pou, la plus jeune, parvient à sauver le sien : elle déclare qu'il est venu au monde mort et présente comme preuve, à ses sœurs affamées, des restes en putréfaction qu'elle avait mis de côté (fig. 13).

Fig. 10.

Soit par ruse, soit par oubli des bourreaux, Néang-Pou a conservé son œil droit ; elle rend mille services aux aveugles ; aussi, lorsqu'un peu de subsistance arrive, Santhoméa se croyant sans doute débarrassée des enfants, toutes au comble de la joie, se privent pour élever l'enfant, dont leur sœur leur fait connaître l'existence (fig. 14).

Fig. 11.

Fig. 12.

Elles le nomment Rot-thi-Sen. Adolescent, il parvient à sortir à volonté du caveau et y rentre sans être vu.

En jouant avec les autres enfants, il gagne ce qu'il faut pour acquérir un superbe coq de combat qui, toujours vainqueur, donne à son maître, par ses succès, le moyen de revenir le soir, courbé sous les provisions (fig. 15).

Depuis longtemps déjà, l'abondance est dans l'abominable prison, quand un jour Santhoméa, attirée à sa fenêtre par le bruit que fait la

Fig. 13.

foule autour d'un combat de coqs, examine Rot-thi-Sen et lui trouvant une ressemblance qu'elle ne peut pas s'expliquer, le fait suivre, puis le lendemain appeler à son palais (fig. 16).

Elle a, lui dit-elle, un écrit important pour une région lointaine et le choisit pour courrier. Si le résultat montre son intelligence, sa fortune sera grande.

Fig. 14.

Fig. 15.

On le couvre d'habits princiers ; il part à cheval et seul.

Un jour, harassé, Rot-thi-Sen dort sous un arbre ; un ermite passe, s'approche, prend au cou du cheval le tube de bambou dans lequel se trouve la lettre, enlève le sceau et lit l'écrit.

Fig. 16.

Adressé par la reine des Yacks à sa fille, il ne contient que ces mots : « Sitôt ce jeune homme arrivé, fais-le tuer. »

Le solitaire déchire la missive et la remplace par celle-ci :

« Sitôt ce prince arrivé, épouse-le. »

Et replaçant habilement le sceau, il continue son chemin (fig. 17).

Néang-kang-Rey, gardée par les Yacks dans le palais de sa mère, est une adorable enfant à l'étroit dans ses jardins.

Elle éprouva un grand trouble le matin où le bruit fait par Rot-thi-Sen à la porte dont on refusait l'entrée, l'amena en face de lui (fig. 18).

Celui-ci de son côté, à sa vue, se sent tout interdit; descendant de cheval, il salue, met l'écrit sur le plateau qu'on présente et suit vers la grande salle son incomparable guide.

Fig. 17.

Assis en face l'un de l'autre, très émus, ils attendent le contenu de la lettre que, devant tous, un vieux serviteur va lire (fig. 19).

La lecture est à peine faite qu'un tumulte joyeux éclate; en un instant, à l'exemple de la jeune fille, le palais tout entier est aux pieds du nouveau maître.

Les longues cérémonies terminées, le gracieux couple s'échappe, disparait sous les grands arbres : Nang-Kang-Rey veut montrer à son mari ses jardins immenses, leurs pièces d'eau, les édifices sans nombre dont ils sont tout parsemés (fig. 20).

Leur promenade va s'achever lorsque la compagne de Rot-thi-Sen s'arrête indécise, très inquiète, devant la porte close d'une petite case isolée.

« La dernière fois que ma mère est venue ici me voir, elle m'a dit :

Fig. 18.

« S'il t'arrive de révéler le secret enseveli sous ce toit, le malheur et la « mort seront sur nous. »

La clef tremble dans sa main ; Rot-thi-Sen la rassure :

« N'ouvre pas, contente-toi de me dire ce que cache la maison. Si j'avais été ici, lorsque ta mère t'a quittée, elle m'en eût, bien sûrement, aussi confié la garde. »

Elle se rapproche de lui ;

« Sur une table, dans un vase d'argent doré, les yeux de douze jeunes femmes sont pêle-mêle ; un flacon à côté contient le remède pour les faire revivre et les remettre à leurs places.

« Entre le vase et le flacon, le bâton magique de ma mère sépare les yeux du remède. »

Le visage de Rot-thi-Sen subitement s'inonde de larmes.

« Qu'as-tu, maître », lui dit-elle, « aurais-je donc dû me taire ? (fig. 21). »

Fig. 19.

Surmontant son émotion, il l'entraîne.

Et, le soir, en mangeant, l'enivre, l'endort, s'empare de la clé, puis des yeux, du remède et du bâton, et, s'enfuit après avoir déposé un baiser sur le front de l'innocente fille de la reine Santhoméa (fig. 22, 23, 24 et 25).

Fig. 20.

Fig. 21.

Fig. 22.

Fig. 23.

Fig. 24.

Fig. 25.

A son réveil, Néang-Kang-Rey monte à cheval et suivie d'une foule de serviteurs, court sur les pas de son mari (fig. 26, 27).

Celui-ci, dès le début de sa fuite, a rencontré l'ermite qui, une fois à son insu, s'est intéressé à lui.

« Marche à ton but, » fait le solitaire, « si ta femme vient à te joindre, souviens-toi que le bâton de Santhoméa permet de franchir l'espace. Si tu crois utile d'arrêter toute poursuite, jette sur le sol le petit rameau que voici. »

Fig. 26.

La jeune femme fit une telle diligence qu'elle ne tarda pas à atteindre Rot-thi-Sen.

Lui, l'apercevant, saisit le bâton de la main droite, lance son cheval dans l'air, puis l'arrête, se retourne et dit un dernier adieu à celle qu'il veut oublier.

Fig. 27.

Fig. 28.

Néang-Kang-Rey le supplie de l'emmener : s'il refuse, elle marchera sur sa trace.

Rot-thi-Sen, sans répondre, reprend sa course et, les yeux humides, le cœur brisé, laisse tomber sur la terre le petit rameau de l'ermite.

Au même moment, jusqu'aux pieds de la jeune femme, le sol s'affaisse sur une immense étendue ; en un instant l'eau d'innombrables rivières fait un lac du bassin ainsi créé (fig. 28).

Fig. 29.

Rot-thi-Sen arrive au palais du roi son père, se fait connaître, démasque la reine des Yacks, lui donne sa forme première, grâce au bâton magique et la tue (fig. 29).

Puis court rendre la vue aux douze sœurs et les ramène triomphantes au harem où elles retrouvent la faveur d'autrefois (fig. 30 et 31).

Fig. 30.

Fig. 31.

Les instances du roi pour garder son fils unique furent inutiles : il quitta tout pour se faire religieux.

Fig. 32.

Tant qu'elle aperçut son mari, Néang-Kang-Rey l'appela du bord du lac : lorsqu'il eut complètement disparu à l'horizon, elle renvoya ses serviteurs et se coucha pour mourir sur la rive, au pied d'un arbre (fig. 32).

VORVONG ET SAURIVONG

VORVONG ET SAURIVONG

I.

Il y avait autrefois un Roi nommé Sauriyo; son pays était le royaume de Créassane (fig. 1).

La Reine sa femme était si belle qu'on pouvait la comparer aux anges célestes : elles s'appelait Tiéya.

Une nuit, elle eut un songe extraordinaire: un anachorète tenant une boule de cristal, toute rayonnante de feux variés, descendait du ciel vers elle, disant :

« Incomparable princesse, recevez ce joyau, il permet à celui qui le tient à la main, de parcourir les airs et vaut plus qu'un royaume; vous le conserverez en étant pieuse, si vous en souhaitez un second, votre désir va être exaucé. »

Presque aussitôt, il plaçait une autre boule dans la main de la Reine et, en s'élevant dans l'espace, ajoutait :

« Celle-ci est plus précieuse encore que la première. »

Néang[1] Tiéya, très heureuse en recevant ces deux merveilles, les mit au-dessus de sa tête.

A son réveil, elle raconta le rêve au Roi. Plein de joie, le prince

1. Néang, appellatif des femmes.

conclut qu'ils auraient deux enfants, dont l'un surpasserait en qualités tout ce qu'on pouvait imaginer.

Peu après, la Reine se trouva enceinte : entourée des attentions de son époux, elle eut un premier fils après dix mois[1].

L'année suivante, elle donna également, après dix mois, le jour à un second garçon sur les traits duquel les devins reconnurent qu'il était déjà en sagesse, l'égal des prêtres.

Lorsque les princes eurent grandi, le Roi leur donna les noms de Saurivong et de Vorvong. Il les aimait beaucoup. Les chefs et le peuple les avaient aussi en grande affection.

Le Roi avait une seconde femme, Néang Montéa. Il arriva qu'elle eut après dix mois un garçon, Vey-Vongsa.

Le Roi aima cet enfant comme les premiers : il se plaisait à procurer à ses trois fils toute sorte de jouets, pour leur amusement.

Vey-Vongsa parvint ainsi à sa cinquième année.

Néang Montéa avait un cœur détestable, elle ne pouvait supporter que quelqu'un fût au-dessus d'elle ; l'idée que la Reine avait deux enfants qui, grands, auraient le trône, la rendait comme folle.

Elle songeait qu'en cas de guerre ils se soutiendraient tous deux. » Quand l'un combattra », se disait-elle, « l'autre construira des forteresses. » Son unique enfant ne pourrait jamais lutter contre eux.

Cette méchante femme cherchait constamment le moyen de faire périr Saurivong et Vorvong.

Un jour les deux frères se promenaient dans le palais, l'aîné avait alors sept ans, le second six. Ils passent en vue de Néang Montéa.

Celle-ci se réjouit de la rencontre, elle veut de suite assurer leur perte.

1. C'est une vieille croyance cambodgienne qu'un enfant est d'autant mieux doué qu'il a été longtemps dans le sein de sa mère.

Fig. 1. — ..... son pays était le royaume de Créassane.

« Venez, chers enfants, je suis heureuse de vous voir, venez vite que je vous embrasse. »

Entendant ces paroles aimables de leur seconde mère, tous deux s'approchent respectueusement.

Elle les embrasse, elle les caresse, puis tout à coup elle les presse entre ses genoux et appelle au secours.

« Venez me délivrer de ces jeunes gens unis pour faire violence à la femme de leur père !

« O Roi Sauriyo qui m'aimiez, pourquoi me détestez-vous maintenant et me rendez-vous malheureuse à ce point? Pourquoi laissez-vous vos enfants se jeter ainsi sur moi et me brutaliser? Si vous n'avez plus d'amitié pour moi, chassez-moi, mais ne me laissez pas déshonorer ainsi!

Ses appels rassemblent tout le monde. le Roi descend de son trône, il aperçoit le groupe de ses fils et Néang Montéa : dans sa colère, il se frappe le corps, il s'écrie :

« Comment si petits peuvent-ils commettre une aussi abominable action? Certainement quand ils seront grands ils se révolteront contre moi ; je ne puis les laisser vivre ! »

Et comme sa fureur augmente, il oublie que ce sont ses enfants, il appelle les bourreaux : il ordonne qu'il les prennent. les lient, les entraînent au loin. les décapitent et les enterrent aussitôt.

Les bourreaux reçoivent l'ordre du Roi et vont prendre les deux frères (fig. 2).

« Combien les petits princes sont à plaindre pour l'affreux sort que leur fait subir Néang Montéa ! »

Ils appellent leur mère en pleurant.

« O mère chérie, ayez pitié de nous qui sommes si jeunes. nous n'avons pas commis de faute, pourquoi le Roi nous condamne-t-il? Allez lui demander notre grâce, ô chère mère ! »

Les bourreaux n'osent d'abord pas brusquer les petits princes, cependant songeant qu'ils ont l'ordre du Roi, ils les lient et les entraînent vers un bois solitaire.

En entendant les appels de ses fils, la Reine s'est évanouie : bientôt relevée, elle court à leur suite vers la forêt.

Elle les rejoint, tombe en pleurant sur le sol, va vers eux, les embrasse tout en larmes.

« O mes enfants, vous voici captifs, une peine mortelle est dans mon cœur! Depuis votre naissance, vous ne m'avez pas quittée, vous n'avez jamais subi les ardeurs du soleil! En vous couchant tous les soirs votre mère ne craignait rien pour vous, elle vous serrait dans ses bras !

« Maintenant le malheur arrive, on veut vous tuer tous deux, vous enterrer après, ô mes petits !

« Sitôt qu'elle a vu qu'on vous accablait, votre mère est venue vous rejoindre : ô chers enfants, ma poitrine est en feu! lorsque je vous voyais tous les jours, les chagrins me semblaient moins lourds : je crois maintenant que tout est brisé dans mon cœur !

« Si on vous tue, je veux mourir, pourquoi resterais-je sur la terre après la mort de mes enfants ?

« Mes petits sont les fils d'un Roi et on n'a pas d'égards pour leur naissance illustre ! »

Son visage est tout mouillé de larmes.

« Pourquoi quand vous étiez en moi n'êtes-vous pas morts ? je ne saurais rester et vivre ; c'est à présent que je veux mourir ! »

Son corps est agité de mille mouvements, les larmes coulent sans cesse de ses yeux, elle se frappe la poitrine, elle la noircit de coups. Sa gorge est desséchée : bientôt elle tombe à terre épuisée, toute raidie.

Les deux chéris se mettent à pleurer.

Saurivong parle ainsi :

« O mère qui nous aimez tant et venez nous chercher dans ce lieu, pourquoi, quand nous vous revoyons, mourez-vous ? Nous ne savons pas comment faire, ô mère qui nous avez nourris ; si vous ne vous levez pas et ne nous répondez pas nous allons mourir près de vous !

« Cher frère, prions, demandons que la vie soit rendue à notre mère (fig. 3).

« O Génies qui habitez dans les dix directions et vous tous, les Anges du ciel, nous deux, très fidèles à nos parents, nous vous prions de venir faire renaître notre mère. Exaucez-nous, nos bons seigneurs ! »

Le petit Vorvong, toujours pleurant, serrant sa mère de ses deux mains, dit aussi :

« O bien-aimée mère, vous êtes, par amour pour nous, venue nous suivre jusqu'ici. Votre figure est rouge comme le sang. Vous pensez tant à nous et souffrez tant de notre malheur, qu'après avoir pleuré toutes vos larmes, vous vous êtes évanouie et avez succombé. O notre mère chérie, vos bontés pour nous sont plus grandes que la terre et la mer ensemble. Vos soins nous étaient si doux ! Maintenant nous allons périr au milieu de cette forêt solitaire, nous faisons aux Anges nos dernières prières.

« O Anges qui habitez les ravins, les vallées et les montagnes d'alentour, je vous prie de secourir notre mère chérie, écoutez-moi, ô vous tous qui habitez les grandes régions du ciel, écoutez nos dernières prières !

« Nous deux nous avons toujours été fidèles à notre mère chérie, ayez compassion de celle qui nous a donné la vie, secourez-la, faites qu'elle redevienne vivante comme autrefois ! »

Par la grande bonté du ciel, la vie est aussitôt rendue à la Reine, elle se réveille suivant les vœux de ses enfants.

Aussitôt elle étreint dans ses bras les deux bien-aimés.

« Chers petits, avais-je donc succombé au sommeil ? »

Tous deux lui répondent :

« Vous ne dormiez pas, vous aviez perdu la vie, nous avons prié les Anges du ciel de vous la rendre, et c'est par leur faveur que vous nous pressez ainsi. »

Les entendant, elle dit :

« Il vaut mieux mourir que souffrir la séparation, je ne puis être heureuse que si vous êtes vivants auprès de moi. »

Les bourreaux les entraînent vers un bois solitaire (page 59).

Fig. 2. — ....., vont prendre les deux frères.

Les bourreaux ont assisté à la mort de la Reine, ils ont entendu la prière des petits princes, ils ont vu les Anges l'exaucer : surpris, ils se regardent en hochant la tête, ils ne veulent plus prendre leur vie, ils se mettent à genoux, ils saluent, ils disent :

« O Reine, nous reconnaissons la puissance de vos illustres enfants. Le Roi nous a donné l'ordre de les décapiter, nous ne saurions le faire. Nous allons les laisser échapper, nous dirons ensuite au Roi que tous deux ont été tués, que les cadavres sont brûlés.

« N'ayez pas crainte de nous, nous garderons le secret, mais, ô nos maîtres, fuyez tout de suite, allez vers les pays étrangers. »

Les entendant, la Reine est transportée de joie, le poids de sa douleur est diminué, elle se sent un peu heureuse.

Elle s'adresse aux bourreaux :

« O vous les bourreaux ! mes enfants restent vivants, vous êtes maintenant leurs auteurs ! cette bonne action est incomparable ! Vous êtes les rives de la mer pour le naufragé ! Tant que je vivrai, vous ne manquerez de rien, je vous comblerai de présents, vos désirs seront satisfaits. »

Transportée de joie, la Reine, sans inquiétude, rentre aussitôt dans son palais.

Elle prépare deux bissacs, les remplit de nourriture, puis prend deux bagues d'un travail admirable, chargées de diamants et, retournant vers ses chers petits, les leur remet et dit :

« O mes enfants, je n'ai d'autre fortune que ces bagues, je vous les donne ; les pierres dont elles sont ornées valent un royaume. Quand vous vous arrêterez en route, si vous manquez de lumière ou de feu, prenez-les, leur éclat est égal à celui de la flamme ; réunissez des brindilles et des feuilles sèches, le contact des diamants les allumera, vous n'aurez plus qu'à mettre une branche d'arbre au-dessus pour cuire vos aliments.

« Quand vous marcherez dans les forêts et les vallées, prenez bien garde aux bêtes féroces et aux buffles, ô mes chers aimés.

« Vous aller errer au hasard, mais vous serez sous la protection du ciel et, votre mère en est sûre, vous reviendrez dans dix années à compter

Fig. 3 — ..... que la vie soit rendue à notre mère.

de celle-ci. Pendant ce temps, en proie à la tristesse, elle demandera en vain la mort. »

La Reine, unissant tout son courage à son amour, les serra dans ses bras.

Les deux enfants lui firent leurs adieux et partirent.

Invoquant alors les génies peuplant les sources, les forêts et les montagnes voisines, Néang Tiyéa leur demanda de veiller sur ses fils.

Les bourreaux dirent au Roi :

« Nous avons tué vos enfants, leurs corps sont déjà brûlés. »

Entendant leurs paroles, il fut satisfait et répondit :

« Les brûler était inutile, il suffisait de les enterrer dans la forêt ; qui peut nous reprocher ce qui est arrivé par leur faute? »

Apprenant que la Reine ne cessait de pleurer, il se fâcha contre elle, il l'injuria, disant :

« O femme sans cœur et sans intelligence, dont les enfants m'ont si gravement offensé, pourquoi larmoyer ainsi? ne reste pas dans mon palais, sors ou je te fais entraîner par les gardes. »

Lorsqu'elle entend ce langage, Néang Tiyéa, effrayée, n'ose plus prononcer un mot. Elle va au dehors sans que personne l'assiste, gémissant sur son malheur.

Le Roi, dans sa colère, l'abandonne complètement, il ne cherchera pas à savoir de ses nouvelles, de même qu'elle n'enverra jamais vers lui.

II.

Les jeunes princes étaient partis seuls vers l'horizon lointain.

Accablés de chagrin, marchant tous deux dans le bois solitaire, ils ne pensaient qu'à leur mère, oubliant combien eux-mêmes étaient malheureux.

Ils arrivèrent dans le grand pays de Baskim, dont le Roi se nommait Kiétat Méanok.

Par une faveur du ciel, incomparable, ils avaient accompli en un seul jour un trajet de plus de soixante lieues.

Il y avait là un grand marché : des objets précieux étaient entourés de nombreux acheteurs de tous pays.

En voyant les deux enfants, on les admirait et murmurait : « Qu'ils sont beaux ! »

Les vendeuses parlaient entre elles : « Comme ils se ressemblent et comme ils sont gentils : si on nous les offrait pour être nos enfants nous les accepterions volontiers. »

Quelques-unes, après avoir causé, demandèrent :

« D'où venez-vous, pauvres enfants qui passez ainsi seuls? Vous seriez-vous égarés loin de votre mère, dites-nous-le vite, nous voudrions vous servir?

« Pourquoi ne nous répondez-vous pas?

« Vous semblez ne rien entendre et passez silencieux en suivant le marché. »

Elles les pressaient amicalement dans leurs bras, leur donnaient des gâteaux : les couvraient de leurs écharpes (fig. 4).

Touchés de la bonté des gens de Baskim, ils marchaient les yeux baignés de larmes et se disaient : « Ne nous plaignons pas, ne pensons qu'à notre mère, qui sans doute pleure et étouffe de douleur. »

Au sortir de ce pays, ils entrèrent dans une forêt superbe, peuplée de sources et d'étangs, coupée par de nombreux ruisseaux et une jolie rivière dont l'eau coulait comme endormie.

Après l'avoir dépassée, ils atteignirent les montagnes. Elles étaient entourées de prairies d'un beau vert tendre dans lesquelles paissaient toutes sortes d'animaux.

Ne trouvant plus de chemin, les deux princes, épuisés de fatigue, s'assirent à l'ombre d'un grand figuier.

« Pauvres petits princes qui étiez si heureux ! Séparés de votre mère, éloignés de votre pays, vous subissez cruellement la peine des fautes commises dans une vie antérieure ! »

Jetant les yeux sur les monts, ils eurent, dans la solitude silencieuse, le merveilleux spectacle de la végétation fleurie à ce moment où le soleil, affaiblissant sa lumière, cacha complètement ses rayons derrière les hauts sommets.

Cherchant alors un abri, ils grimpent sur l'arbre, s'attachent à une branche pour dormir, mais le sommeil n'arrive pas, la tristesse est sur leur visage, leur cœur est abattu, leurs yeux sont humides.

Ils répètent en pleurant :

« Que nous sommes malheureux, notre sort est sans pareil, sommes-nous morts ou vivons-nous ?

« En nous quittant, notre mère chérie disait :

Fig. 4. — ..... les couvraient de leurs écharpes.

« O, mes enfants, votre mère vous fait ses adieux, elle vous promet le retour dans dix ans : si, cette date révolue, vous n'arriviez pas, ne pouvant supporter plus longtemps sa douleur, elle mourrait.

« Maintenant vous allez errer dans les forêts, passer les nuits dans les solitudes où vivent des bêtes féroces qui menaceront votre vie ; l'idée qu'elle pourrait mourir sans vous revoir, la torturera sans cesse. »

Ils dirent encore :

« Que le ciel nous protège et nous fasse vivre comme les autres hommes, afin que nous revenions rendre notre mère heureuse. »

On entendait les cris des oiseaux de nuit, les rugissements des bêtes fauves.

Il était minuit lorsqu'ils s'endormirent.

Par une grâce particulière, la connaissance de ce qui s'est passé parvient aux cieux : le puissant Pra En[1] ressent comme les bouffées de la chaleur insupportable que produirait l'embrasement du temple divin.

Devinant que quelque chose d'extraordinaire se passe, Pra En promène ses regards perçants sur la terre, aperçoit les deux petits sur la branche de l'arbre, enlacés dans les bras l'un de l'autre, plongés dans un profond sommeil. Il comprend la cause de leur présence en ce lieu ; prenant le livre des existences, il reconnaît qu'issus du Bouddha ils sont, après de nombreuses transformations, près d'arriver au Nirpéan[2]. « Je dois, » se dit-il, « les secourir et leur rendre le destin favorable. »

Pra En appelle un génie céleste, le Pra-Pusnoka.

« Descendez sur la terre, aidez nos deux enfants afin qu'ils s'élèvent suivant leur rang et que leur passage dans la vie soit marqué par des actions supérieures. »

Entendant ces paroles, le Pra-Pusnoka, rempli de joie, salue, parcourt

1. Indra.
2. Nirpéan, Nirvana, Paradis.

rapidement l'espace, arrive près de la montagne, y voit les deux enfants endormis.

Il se transforme en deux coqs. L'un, noir, chante aussitôt bruyamment sous l'arbre ; l'autre, blanc, arrive de la montagne, perche au sommet des branches, et crie aussi de toute sa force.

Le coq noir, moqueur, interpelle le coq blanc :

« Seigneur, qui êtes-vous, d'où venez-vous, pour oser ainsi percher sur ce figuier ? Moi, qui suis des plus forts je n'oserais monter si haut ! »

Puis, il le provoque :

« Tes parents t'ont bien mal élevé pour que tu me disputes ma royale demeure. Sache cette chose ; celui qui mangera ma chair sera, sept ans après, le roi de deux royaumes. ! Tes cris, le bruit de tes ailes là-haut, m'offensent ; descends montrer ta force et prouver ton courage ? »

Le coq blanc riposte :

« Sans doute vous êtes de basse extraction pour rester ainsi sous cet arbre ? Moi, puissant et fort, j'habite le sommet des montagnes. Sache ceci, qui est mieux : celui qui mangera ma chair règnera, sept mois après, sa vie durant, sur deux royaumes.

« Tu veux te battre, soit ; tâche de me résister ! »

Le Pra-Pusnoka. en se métamorphosant ainsi, veut laisser ignorer aux deux princes que le ciel leur vient en aide.

Éveillé au bruit, comprenant que les coqs vont se battre, Vorvong dit à son frère :

« Choisissez l'un de ces deux coqs. »

Saurivong répond :

« Prenez le noir ou le blanc, comme vous voudrez, nous verrons ensuite lequel aura gagné. »

Mais le petit Vorvong salue :

« Je suis le plus jeune, je dois prendre le noir, il est, bien sûr, très inférieur au blanc. »

Saurivong répond :

« Cela ne fait rien, prenez celui que vous voudrez. »

A cet instant, le coq blanc saute du sommet, le combat commence acharné : quand le jour naît, les coqs succombent tous les deux.

Les enfants ont de tous leurs yeux suivi leurs efforts, les voyant morts ils se pressent, Vorvong prend le noir, Saurivong le blanc.

Ils les plument, les cuisent et apaisent leur faim ; ce qui reste ils le gardent et se remettent en route.

Sept mois se passent ainsi, sans qu'ils rencontrent personne, ayant le souvenir de leur mère toujours présent à l'esprit.

Un soir, dans le royaume de Conthop Borey, ils se trouvèrent devant une maison de repos disposée pour les voyageurs.

Tout y était silencieux, ils entrèrent, se couchèrent et s'endormirent.

C'était le pays du Roi Visot.

Entouré d'une nombreuse armée, aimé du peuple innombrable et des chefs, le Roi Visot avait gouverné jusqu'à l'extrême vieillesse : mort depuis sept mois, il avait laissé à sa femme, la Reine Komol Méléa, une fille unique, parfaite en beauté et en vertu, adorée de ses parents, chérie de tous.

A ses charmes naturels, la petite princesse Sar Bopha joignait une rare intelligence : elle aimait les livres et se plaisait aux jeux de l'esprit les plus compliqués. Les Grands, les Brahmes et les Savants recherchaient le plaisir de la voir et l'entendre, elle leur posait des questions ingénieuses, des énigmes, répondait habilement aux leurs et souvent les obligeait à s'incliner devant sa surprenante subtilité.

Cependant les Principaux du pays avaient en vain tenu de nombreux conseils pour le choix d'un successeur au trône : voyant le peuple éploré, désireux d'un appui, ils recourent aux calculs des astrologues et apportent cette réponse à la Reine :

« O Reine, celui qu'il faut pour bien conduire le peuple, être notre glorieux souverain, se trouve dans le Royaume.

Choisissez l'un de ces coqs (page 69).

« Faites, nous vous en prions, harnacher l'éléphant sacré et laissez le partir à son gré.

« Il ira droit vers le prédestiné à qui notre pays, présent divin, est offert par le ciel. Il s'agenouillera devant lui, le saluera, l'enlèvera respectueusement, le placera sur le coussin royal et l'amènera dans la capitale. »

A peine ont-ils parlé, la Reine donne les ordres.

L'éléphant, comme heureux de sa mission, part, mugissant fièrement : il se dirige au nord.

Au milieu de la forêt, dans la maison de repos solitaire, les jeunes princes dorment d'un sommeil profond, suite des longues fatigues, des dures privations.

Ils ne s'éveillent pas quand tout à coup l'éléphant royal que suit un long cortège, vient, là même, arrêter triomphant sa course tout auprès d'eux.

La bête intelligente salue, s'agenouille, se baisse sur ses quatre pattes, descend à leur hauteur. De sa trompe délicate elle enlace doucement le corps de Saurivong, l'aîné ; sans interrompre son sommeil elle le place avec précaution sur sa tête et rentre, rapide, au palais, comme les savants l'ont dit.

Quelle n'est pas la surprise et l'effroi de Vorvong quand, réveillé au bruit fait par le cortège en se retirant, il ne voit plus son frère auprès de lui et aperçoit la foule des chefs et des soldats non loin de la maison.

Il s'enfuit, il se perd dans la profondeur du bois. Les bruits vagues que le vent porte augmentent sa frayeur, il se cache dans le creux d'un arbre.

Emporté par l'éléphant, Saurivong se réveille dans le palais au milieu des officiers et des serviteurs pressés de lui être agréable.

Ne voyant pas son frère qu'il croit d'abord avoir été amené avec lui, il s'inquiète, des pleurs s'échappent de ses yeux, il interroge :

« O vous, bons seigneurs, dites-moi où est mon frère bien-aimé? Nous dormions l'un près de l'autre, pourquoi m'avez-vous pris sans lui? Écoutez ma prière, rendez-le moi ! »

Tous s'inclinent :

« Nous ne savions pas que vous aviez un frère, illustre Prince, l'éléphant qui nous revient vous a amené seul. »

Devant son désespoir, ils se retirent, ils vont vers la forêt pensant y retrouver Vorvong.

A leur retour, ils ne peuvent que dire :

« La maison dans laquelle l'éléphant vous a enlevé est vide, toutes nos recherches ont été inutiles. »

Saurivong s'abandonne alors pleinement à sa douleur.

Quand la raison enfin l'apaise un peu, voyant qu'on lui présente, à lui qui n'est qu'un enfant, les hommes de guerre, les serviteurs et tous les gens, suite ordinaire des rois, il demande :

« Pourquoi m'avez-vous pris, que voulez-vous faire de moi? »

Tous les grands personnages répondent :

« Nous savons maintenant que vous étiez deux jeunes princes ayant quitté leur famille à la recherche d'un savant ermite capable de les instruire.

« Nous, les chefs de cet ancien pays dont le Roi n'est plus, n'ayant pas parmi nous d'homme apte au pouvoir suprême, formons le vœu et la prière de vous avoir pour Souverain et Maître dans ce palais où une heureuse destinée vous amène.

« La gracieuse princesse Sar Bopha, fille unique de notre Roi, deviendra votre femme et sera notre Reine. »

Cette proposition des Grands du royaume de Conthop-Borey prosternés devant lui, il était impossible de la refuser, Saurivong s'inclina.

Aussitôt la Reine Méléa est prévenue de l'arrivée du prince indiqué par le Ciel. Elle commande qu'on prépare en toute hâte son élévation et celle de la princesse Sar Bopha.

Laissons Saurivong au milieu des grandes cérémonies et revenons à Vorvong (fig. 5).

De sa trompe délicate, elle enlace doucement le corps de Saurivong (page 97).

Fig. 5. — Laissons Saurivong au milieu des grandes cérémonies.

Quand le soleil couchant empourpre les grands arbres, Vorvong dans sa cachette pleure, désespéré, la perte de son frère.

« Peut-être est-il mort ; la vie alors me serait une charge insupportable ; je ne saurais rentrer sans lui dans le Royaume de mon père !

« Enlevés à l'amour de notre mère, unis tous deux, nous supportions le sort ; nous ne saurions être séparés à jamais !

« Qui pourra m'aider à retrouver mon frère ? »

Cherchant et appelant Saurivong, il revoit la maison de repos où il l'a perdu : ses larmes coulent abondamment.

Marchant pieds nus sur le sol sec sans arbres ni gazon, il s'éloigne par le chemin, se retournant à chaque instant, ramenant à sa pensée les longs mois de voyage faits à travers les forêts peuplées des seules bêtes féroces.

Le voici à la porte de la ville où, sans qu'il s'en doute, son frère se désole comme lui :

Il va aux gardes, il leur demande :

« O vous qui ne quittez pas cette place, n'avez-vous pas vu entrer mon frère ? »

Ces hommes grossiers, mécontents d'être importunés, répondent brutalement :

« D'où vient cet enfant qui ose déranger les gardes du Roi ?

« Si son frère était passé, qui aurait pu le reconnaître ne l'ayant jamais vu ?

« Garde-toi, vermine, de revenir la nuit troubler notre sommeil ! »

A ces méchantes paroles, ils ajoutent des injures, des gestes menaçants.

Le petit Vorvong quitte craintivement l'enceinte, il prend un chemin au hasard.

Après sept jours pendant lesquels il a souvent prié les génies de le protéger des bêtes féroces, il se trouve dans le Royaume de Pohoul-Borey.

La capitale est entourée de murailles : le palais aux toits étincelants d'or, de vert, de rouge, de bleu, est celui du Roi Thornit dont la femme favorite, la Reine Kramoth, est morte lui laissant seulement une fille.

Néang Kessey est la plus aimable, la mieux accomplie des princesses, sa beauté surnaturelle, l'incomparable harmonie de son corps svelte, évcillent l'idée des anges célestes. A la plus rare intelligence elle ajoute, malgré son jeune âge, les connaissances les plus variées.

Elevée par les soins de son père, jaloux de son trésor, elle vit, gardée dans une solitude somptueuse, entourée des femmes de la Cour et de suivantes choisies.

Près de son palais une vieille femme cultive des fleurs, qu'elle lui porte en bouquets le matin et le soir.

La nuit est venue, le tonnerre gronde, le ciel, noir de nuages, laisse tout à coup échapper des torrents d'eau.

Vorvong forcé de s'arrêter cherche un abri à la lueur des éclairs.

Il aperçoit la maisonnette de la vieille, il s'approche ; debout près de la porte, il appelle :

« O obligeants amis, permettez-moi d'entrer chez vous pendant la pluie? »

La vieille questionne :

« D'où venez-vous ainsi en pleine nuit? »

— « D'un pays bien lointain. J'ai perdu mon frère dans la route, je grelotte sous l'averse, ayez pitié de moi ! »

— « Je suis une pauvre bouquetière, mon jardin me donne à peine de quoi vivre ; ma maison est si étroite que je n'y ai pas place pour faire ma cuisine, si vous y entrez on n'y pourra remuer ; cependant puisque vous avez froid, abritez-vous. »

Le malheureux Vorvong grimpe par l'échelle, il s'assied transi dans un coin. Une faim douloureuse le torture, il n'y peut résister :

« N'auriez-vous pas un peu de riz, le reste de votre repas, par grâce, faites m'en l'aumône ! »

— « Comment pouvez-vous avoir pareille audace, d'où venez-vous donc? Je vous abrite, n'est-ce pas suffisant, faut-il encore que je vous nourrisse? »

— « O bonne vieille, depuis plus de sept mois j'erre en tous pays, subissant les plus dures privations, je marche sans cesse me nourrissant des fruits des arbres. Je ne connais plus le riz, abattu par la souffrance j'ai osé vous dire ma faim, soulagez-moi je vous en prie! »

— « S'il est ainsi, voyez dans la marmite, auprès de la cloison, les restes de mon repas y sont. »

Pénétré de reconnaissance, Vorvong remercie, il se lève, entre dans la cuisine, l'obscurité l'oblige à demander de la lumière.

Mais la vieille fâchée d'être de nouveau dérangée parle plus durement encore :

« Il vous faut maintenant une torche, je n'en ai pas, vous êtes par trop exigeant et effronté, je vous ai donné abri et nourriture, ne m'empêchez plus de dormir. »

Il songe alors à sa bague, il se dit : la bague que ma bonne mère m'a donnée possède la plus précieuse des pierres, « à défaut de lumière, » m'a-t-elle dit, « il suffit de se la mettre au doigt pour s'éclairer, grâce à elle on peut aussi cuire les aliments très vite. »

Il la place à son doigt, une vive clarté s'en dégage, la vieille croit sa torche allumée, la colère s'empare d'elle.

« Le restant de la torche que je ménageais si soigneusement, il la brûle sans besoin ! »

Elle prend un bâton, court à la cuisine disant :

« Je vais lui donner sur la tête une leçon méritée ! »

Voyant que la lumière jaillit de la bague de Vorvong, elle s'arrête confondue, elle prend le jeune Prince pour un voleur, elle craint d'être arrêtée comme sa complice, elle court vers le palais, parvient jusqu'au Souverain.

« O suprême Maître, dans ma maison s'est réfugié un voleur au doigt duquel brille, de lueurs extraordinaires, une bague merveilleuse qui ne peut appartenir qu'au trésor royal. »

Entendant ces paroles, le Roi ordonne :

« Suivez cette femme, arrêtez le voleur, mettez-lui cangue au cou, fers aux pieds, veillez à ce qu'il ne puisse fuir ! »

Les gardes arrivent devant la cabane: la vieille leur parle bas :

« Il est là, faites attention, saisissez-le vite, conduisez-le au Roi, qu'il soit puni comme il le mérite. »

En se voyant subitement entouré, enchaîné, le pauvre petit, tremblant, tout en pleurs, prie les Anges du ciel de lui venir en aide (fig. 6).

Sans rien écouter, on l'entraîne. Le Roi ne le fait ni interroger, ni juger, on l'enferme dans une cage, on lui laisse au cou la cangue, aux pieds les fers et défense est faite de lui donner aucune nourriture.

Se voyant à ce point atteint par le malheur, Vorvong entrevoit la mort proche. Sa mère, le souvenir de ses doux soins viennent alors emplir son esprit, il songe à toute la reconnaissance qu'il lui doit, sa chère image toujours présente à ses yeux lui rend le courage, l'aide à supporter son sort cruel. Il comprend que les peines qu'il souffre effacent les fautes d'une existence passée.

Pendant six ans, il reste ainsi sans rien manger : ses larmes ont tant coulé qu'il doit enfin inspirer la pitié.

Les Astrologues royaux cherchèrent dans les astres la cause des souffrances ainsi supportées par un si jeune enfant.

L'un d'eux expliqua qu'elles étaient la punition d'un passé coupable :

« Dans une existence antérieure, cet enfant, chasseur avide de la vie des animaux, en fit périr un grand nombre dans les ravins et les montagnes. Un jour, surpris par l'orage, il se réfugie dans un ermitage abandonné. Un beau couple de cerfs, effrayé par les éclats du tonnerre, s'y abrite en même temps. Son cœur s'emplit de joie, il saisit le mâle par ses cornes velues, l'attache pensant retenir auprès de lui la biche, mais elle fuit, il la poursuit, ne peut l'atteindre, revient au cerf, l'emmène, le garde captif en cage. C'est cette faute qu'expie le prisonnier. »

On demande encore au savant :

« Il est devenu maigre comme une feuille depuis si longtemps qu'il est privé de nourriture, pourquoi n'est-il pas mort de faim comme il serait arrivé à tout autre ? »

— « Un coq noir, dont il a mangé la chair, n'était autre que le Pra-Pusnoka métamorphosé ; dix mille ans de nouvelles privations ne lui ôteraient pas la vie. »

Son origine illustre, les mérites acquis en supportant ses maux, surtout la reconnaissance que dans ses pensées, il ne cesse de témoigner à sa mère appellent enfin sur lui l'attention de Pra En.

Le Puissant Souverain des Cieux est soudainement obsédé par l'idée que l'action de sa bonté est urgente sur la terre.

Quittant sa divine demeure, la suprême intelligence aperçoit dans la cage l'enfant issu de la race du Bouddha. Il interroge le livre des existences, reconnaît que les peines qu'il subit ont leur terme très proche, et que la compagne de ses vies passées doit rendre sa liberté plus douce.

« La charmante Kessey, » pense-t-il, « ne se doute pas que son fiancé se trouve aussi près d'elle. Allons la prévenir et finir les misères de notre cher enfant. »

Par la nuit très profonde, il traverse l'espace et vient sur le palais où la jeune fille dort (fig. 7).

Dans un songe, elle le voit, il lui parle, elle l'entend :

« Le compagnon futur de votre vie, prince issu du Bouddha, supporte, tout près de vous, une dure infortune, resterez-vous plus longtemps, ô généreuse Kessey, indifférente à son malheur ? »

Néang Kessey s'éveille, elle s'assied sur sa couche, elle repasse le rêve :

Fig. 6. — ..... enchaîné, le pauvre petit.

« Un saint Brahme m'a parlé, puis il a disparu ! J'ai bien retenu ses paroles !

« Le jeune étranger qui, aux premiers jours, sera depuis six ans dans la cage captif, est le seul dont j'aie ouï raconter le malheur !

« La pensée que c'est lui, émeut déjà mon cœur. Ne dois-je pas aller de suite au pauvre prisonnier, apprendre qui il est et ce qu'il me faut faire ? »

Troublée, elle s'agenouille, envoie vers le ciel une ardente prière, demandant qu'il l'inspire et veuille l'éclairer. Puis se sent résolue.

Elle se remet aux mains du bienveillant Pra En et lui confiant son être, revêt ses vêtements, descend de sa demeure, marche par la nuit obscure.

Dans les appartements, les suivantes sommeillent. Les gardes aux portes se sont tous endormis.

Le regard du prisonnier erre tristement dans l'obscurité, soudain il reste fixe.

La jeune fille approche.

Sa beauté surnaturelle, l'harmonie de son corps svelte, éveillent l'idée des Anges célestes.

Comme une apparition divine elle marche vers la cage.

Cette créature incomparable, Vorvong ne l'a jamais vue passer ; il se croit le jouet d'une illusion, d'un songe, craint de le voir s'évanouir.

Puis il se dit qu'elle est sans doute un envoyé des Cieux pouvant mettre fin à sa misère affreuse. Il tente de se le rendre favorable :

« Bon génie qui venez ainsi seul dans l'ombre de la nuit, pourquoi semblez-vous hésiter ? Écoutez ma prière, permettez que je vous parle, dites-moi qui vous êtes ? »

Souriante et de sa voix d'une douceur sans pareille, elle répond :

« Je suis la fille du Roi !

« Dans le sommeil, il n'y a qu'un instant, un envoyé du Ciel, sous la forme d'un Brahme, m'est apparu, m'a dit :

« Le compagnon futur de votre vie prince issu du Bouddha, supporte

Fig. 7. — ..... vient sur le palais où la jeune fille dort.

tout près de vous une dure infortune, resterez-vous plus longtemps, ô généreuse Kessey, indifférente à son malheur?

« J'ai par une prière remis ma destinée à la garde des Anges, pensant que vous êtes bien le prince de mon rêve, j'ai quitté, confiante, ma couche, le palais, et suis venue vers vous.

« Sur mon passage, j'ai vu les suivantes et les gardes pris d'un profond sommeil, indice que le ciel protège ma démarche.

« Dites-moi donc votre famille, votre pays, votre histoire, je serai bien heureuse si, par votre voix même, j'entends se confirmer l'espoir né dans mon cœur. »

Le prince ému par le bonheur, comprend que cette jeune fille au cœur exquis est sa compagne des vies passées, qu'elle devient sa fiancée :

« O chère sœur, votre rêve réalisé nous ramène l'un vers l'autre, je sens ma délivrance proche ; la nuit, par la bonté des Anges, va prêter son silence au récit de mes peines. »

Elle s'assied, attentive, à légère distance et le captif commence :

« Mon pays est le royaume de Créassane.

Le Roi Sauriyo a sa capitale remplie de palais, une armée innombrable, cinq cents territoires pour tributaires. Il a dans son cortège des rois, des princes, une foule de chefs et d'officiers.

« La Reine Néang Tiéya est entourée d'une nombreuse cour, plusieurs milliers de suivantes journellement se relèvent auprès d'elle.

« L'un et l'autre ne me sont pas étrangers. Le Roi est mon père et la Reine est ma mère.

« Nous sommes deux frères, Saurivong et Vorvong. Saurivong est l'aîné.

« Mon père a une deuxième femme, Néang Montéa : il satisfait tous ses désirs. Elle a un fils, Vey Vongsa.

« Avant cette femme, le Roi n'avait jamais rendu notre mère malheureuse.

« Mais Néang Montéa, ne pouvant supporter l'idée que mon frère et moi régnerions plus tard, cherchait l'occasion de nous perdre.

« Un jour, nous passions auprès d'elle, elle nous appelle, nous prend dans ses bras, nous étreint, crie à l'aide, nous accusant d'un crime contre sa personne même.

Elle s'assied attentive à légère distance (page 82).

« Le Roi sans rien entendre s'abandonne à la colère, donne des ordres aux bourreaux qui, sur le champ, nous emmènent vers la forêt pour nous y mettre à mort.

« Notre mère, avertie par nos plaintes, par nos cris, suit nos traces, nous rejoint, obtient des bourreaux qu'ils contreviennent aux ordres du Roi et réussit à nous faire fuir.

« Elle remet à chacun une bague précieuse, fait les recommandations que son cœur lui inspire, nous embrasse en pleurant et brisée de douleur retourne vers le palais.

« Marchant de longs mois, tendrement unis, supportant nos maux par son souvenir, nous arrivons un soir dans le grand Royaume de Conthop Borey.

« Accablés de fatigue, nous endormons la nuit dans une maison que nous croyons faite pour les voyageurs. Le Roi, au cœur dur, l'apprend, s'en irrite, il fait prendre mon frère pendant le sommeil par des officiers suivis de soldats.

« Au bruit je m'éveille et fuis dans les bois ; n'ayant pu retrouver mon frère bien-aimé je laisse en arrière ce méchant pays.

« J'arrive ici, par la nuit noire, pendant un gros orage, et m'arrête devant la cabane d'une vieille bouquetière. Bien à contre-cœur elle me donne abri et un peu de riz, puis elle me refuse, avec de dures paroles, la lumière d'une torche.

« Me rappelant la précieuse vertu qu'a la bague de ma mère, je la mets au doigt, une lueur éclatante jaillit et m'éclaire ; la vieille l'aperçoit, elle court dire au Roi quel précieux bijou est entre mes mains.

« De suite on m'arrête sans vouloir m'entendre : sans me juger on me jette en cage et depuis six ans, je supporte la faim, la cangue et les fers, sans que personne m'ait montré quelque pitié, n'ayant pour soutien que l'espoir de revoir ma mère chérie et de retrouver mon frère perdu. »

« Maintenant, Princesse, par votre entremise les Dieux viennent m'aider, je confie mon sort à leur sagesse, à votre bonté. »

Néang Kessey suffoquée de pleurs rentre promptement. Elle prépare des mets sans prix, vient les lui servir avec un doux respect, puis lui laissant le cœur plein d'espoir, salue, élevant ses mains jointes au front, et regagne sa demeure d'un pas assuré.

Ce jour là, suivantes et gardes, quand ils se réveillent, se demandent, surpris, la cause d'un sommeil inaccoutumé.

Dans son palais la jeune fille songe désormais à Vorvong, elle se reproche de l'avoir si longtemps cru un homme ordinaire, ses yeux souvent se gonflent, elle s'écrie : « O noble et cher Vorvong, vous aurez un haut rang dans le monde et votre race sera grande par dessus toutes ! »

Interrompons-nous pour parler du grand et prospère royaume de Chay Borey.

Son Roi puissant, juste et bon, se nomme Sotat.

Des chefs sages administrent ses villes, son peuple jouit d'une félicité parfaite.

Le Roi a une jeune fille, Rot Vodey, belle, intelligente et d'une bonté incomparable : aimée de tous ceux qui l'approchent, elle est entourée de soins sans pareils.

Sotat est l'ami et l'allié du Roi Thornit, constamment leurs ambassadeurs ou des envoyés sont en route de l'un vers l'autre.

Un jour, un Géant, ignorant, brutal et féroce entre dans le Royaume.

Son arrivée effraie le Génie familier, protecteur du pays, il abandonne la caverne sa demeure et se retire sous un arbre.

Le Géant se loge dans la caverne et en ferme l'entrée avec des rochers.

Ensuite, de sa voix de tonnerre, s'adressant au Roi, il hurle :

« Roi qui règne ici, sache ceci :

« Je me nomme Sokali-Yack[1], ma puissance est extrême et surnaturelle, j'ai chassé le Génie de ton pays, il s'est au loin, réfugié sous le feuillage d'un arbre.

1. Voir page 31.

« Je ne crains ni toi, ni tes soldats, cependant, je ne toucherai à personne du palais, je ne ferai aucun mal au peuple, je désire seulement te manger, toi le Roi, et suis venu ici uniquement pour celà. »

Le Roi de Chay Borey croit sa fin prochaine tant le Géant inspire de terreur, il se dit :

« Il faut que j'appelle mon ami le Roi Thornit, je lui confierai ma fille adorée, la Reine, mon royaume. »

Il envoie des messagers rapides, pensant en lui-même :

« O mon pauvre corps, de quelle triste fin es-tu menacé ! »

Dès que Thornit a connaissance de la fâcheuse nouvelle, il ordonne la réunion immédiate de l'armée afin de secourir, sans tarder, son ami.

Les guerriers arrivent en foule de tous côtés. Les vaisseaux sont aussitôt armés en grand nombre.

Un obstacle survient, le navire royal, repeint, redoré, tout prêt, on tente en vain de le mettre à l'eau, architectes et charpentiers s'avouent impuissants.

Sur le champ, le Roi fait au son des trompes et des gongs, appeler partout quiconque croit pouvoir réussir cette opération. S'il a le succès, la récompense qu'il demandera lui est d'avance accordée : argent, or, soieries ou encore tout autres choses riches.

Aux appels répétés, pressants, personne ne répond. Consternés, les officiers rentrent au palais.

Vorvong de sa cage les voit, leur demande :

« Ne pourriez-vous me dire la cause de vos appels ? »

Sans rien lui répondre, le traitant de fou, ils vont vers le Roi et ne lui cachent pas que seul, le misérable captif de la cage, les a questionnés.

Incontinent, le Roi les envoie chercher le prisonnier.

« Si tu peux lancer mon navire, tu auras liberté et récompense insigne. »

Le prince, prosterné, lui parla ainsi :

« Grand Roi, excusez-moi, je ne saurais me vanter de réussir, mais convié par vous je tenterai l'entreprise, si le succès me favorise, vous devrez le mettre sur le compte du ciel.

« Je demande seulement des bougies parfumées et trois de vos plus beaux drapeaux. »

En présence du Roi, devant la foule des chefs et des guerriers, devant un peuple immense accouru au spectacle, Vorvong agenouillé fait un appel aux Anges, puis de son petit doigt il pousse le navire (fig. 8).

Par la faveur céleste, grâce aux mérites de son illustre race, et pour l'accomplissement de sa grande destinée, le vaisseau rebelle glisse doucement, à son contact, jusqu'au milieu des flots.

L'armée étant prête, la flotte déploie ses voiles, part, atteint le port de Chay Borey.

Des cases pour les soldats sont très vite construites : le Roi alors se rend à la capitale où son ami Sotat lui dit la situation.

« O mon fidèle et mon meilleur ami, » dit-il, en terminant, montrant son désespoir, « le Géant qui doit me faire périr est d'une taille gigantesque, il inspire terreur à tout le monde » (fig. 9).

Le Roi de Pohoul le rassure :

« Grand et royal ami, éloignez toute inquiétude, laissez-moi le soin de vous sauver la vie. Un de mes serviteurs a un pouvoir surnaturel, à lui seul il a mis à la mer mon beau navire doré. »

Sans plus tarder il fait appeler Vorvong, resté avec la flotte.

Mais, lui, refuse de l'aller rejoindre, disant :

« Avant de répondre il faut que je sache la cause, bonne ou mauvaise, de l'appel du Roi. »

Fig. 8. — ..... il pousse le navire.

Thornit comprend le désir de Vorvong, il lui fait dire :

« Je voudrais te charger de vaincre Sokali, le Géant menaçant qui, près de la capitale, habite une caverne et veut la vie du Roi. »

Fig. 9. — « O mon fidèle et meilleur ami » .....

Le prince répondit :

« J'accepte de combattre le Yack en place du souverain, mais s'il faut

Fig. 10. — Le Roi ordonne ... .

succomber ce doit être en Roi. Je demande insignes et vêtements royaux. »

Le Roi ordonne qu'on fasse ainsi qu'il en exprime le désir (fig. 10).

Puis, pour lui faire escorte il envoie ses beaux, braves, terribles éléphants de guerre.

Quand Vorvong arrive dans la capitale, vêtu, paré en roi, monté sur l'éléphant royal, il ressemble au tout puissant Pra En lui-même (fig. 11).

A la vue de ce jeune prince aux traits mâles et charmants, respirant la confiance, les deux souverains se sentent très heureux.

Le Roi Sotat le fait approcher du Trône :

« O valeureux Vorvong, je vous ai fait prier de combattre le Géant au cœur ténébreux. Si vous revenez vainqueur, je vous offrirai mon trône et j'abdiquerai » (fig. 12).

Répondant à l'espoir du Roi ; Vorvong respectueux, s'incline :

« Illustre Souverain, je sollicite de votre bonté le glaive sacré aux tranchants irrésistibles ; si avec une telle arme l'issue de la lutte m'est défavorable, je ne regretterai pas la vie. »

Ayant ainsi parlé, il fait appel au Ciel, part vers la caverne et d'un seul coup de pied disperse toutes les roches qui en ferment l'entrée.

Voyant son audace, les Anges se réjouissent, souhaitent son succès, prient pour qu'il l'obtienne.

En présence d'un adversaire, aussi ouvertement le protégé des dieux, le Yack, pris de peur, ne peut se décider à la lutte.

Vorvong tire son glaive, va pour prendre sa vie.

Près de la mort, le Géant se prosterne devant son vainqueur :

« O puissant seigneur, soyez magnanime, votre destinée est celle du Bouddha, vous serez un jour le salut du monde : laissez-moi la vie, je vous la demande, je retournerai sans aucun retard d'où je suis venu » (fig. 13).

Dans sa joie de voir Vorvong revenir vainqueur, le Roi Sotat ne

Fig. 11. — ..... monté sur l'éléphant royal.

peut plus le quitter des yeux, remarquant l'admirable bague qui brille à son doigt :

« Cher Vorvong, votre origine pour moi n'est plus douteuse, cette pierre, précieuse entre toutes, montre que vous sortez d'une famille illustre, mais quand même votre père serait homme du peuple, votre destinée est celle du Bouddha.

« Votre courage et votre mérite sont connus de tous, vous avez épargné au pays le malheur, vous avez non seulement sauvé la vie du Roi, mais aussi celle d'un père.

« Je remets en vos mains mes richesses, ma couronne, le royaume, je vous confie le bonheur de ma fille. »

Le Roi Thornit annonce qu'il lui fait la même insigne faveur : avec Néang Kessey, il lui donne son royaume.

Cette grande nouvelle est annoncée aux peuples suivant les usages et les préparatifs de l'élévation du vainqueur au trône et de son mariage avec les deux princesses, sont de suite commencés.

Les cérémonies eurent lieu à la date dite : des jeunes filles de taille élancée, choisies dans les deux pays parmi les plus belles, vinrent former cortège aux deux charmantes Reines. Les Brahmes et les astrologues assemblés leur prédirent bonheur, toutes prospérités.

Des spectacles joyeux embellirent la fête, on entendait partout musiques de toute sorte, cris de plaisir, bruits joyeux, confus.

Après l'élévation de Vorvong au trône de Chay Borey, le Roi Thornit lui fit ses adieux ainsi qu'à sa fille, puis, sur son navire, il regagna la capitale du Pohoul où le bonheur continua de régner.

Roi de deux Royaumes, Vorvong se vit aimé et respecté des peuples ; des envoyés arrivaient de tous les points de son empire pour le saluer.

Un jour, le Génie chassé du pays par Sokali Yack vint lui rendre hommage.

Fig. 12. — ..... je vous offrirai mon trône.

Tenant à la main une boule de cristal d'éclat lumineux, il l'offrit et dit :

Fig. 13. — ..... laissez-moi la vie.

« Ce précieux joyau vous permettra, Roi, de réaliser vos plus beaux désirs, votre règne, tant que vous l'aurez, sera garanti de tout ennemi.

« Pour voyager à travers l'espace, il vous suffira de l'avoir en main.

Puis il ajouta :

« O Roi, voici la demande que je viens vous faire : quand Sakali, Yack vagabond, m'obligea à fuir mon ancienne demeure, je me réfugiai sous un arbre immense, dont branches et feuilles ont des qualités utiles et très rares, mais je ne serai heureux et content que dans ma caverne, Roi, notre salut, permettez-moi d'y revenir vivre. »

Le Roi répondit :

« Soyez satisfait. »

III.

Après un an de règne il se trouva que la Reine Kessey, aînée de Rot Vodey, portait depuis trois mois un enfant dans son sein.

A ce moment la pensée que son père était seul, l'obséda, elle n'avait plus ni faim ni sommeil.

Vorvong accepta le voyage désiré.

Les deux Reines s'aimaient d'une douce amitié, elles s'embrassèrent ne cessant de se faire des recommandations l'une à l'autre jusqu'au départ.

Prenant alors dans sa main gauche le cristal merveilleux, don du bon Génie, Vorvong enlace amoureusement Kessey de son bras droit : aussitôt, sans efforts, ils s'élèvent dans les airs et volent vers le Pohoul.

Lorsque leur départ fut connu de tous, il y eut tristesse générale ; grands, officiers, peuple, tous étaient inquiets : des gens allaient et venaient pleurant : d'autres, se frappant la poitrine, disaient :

« O cher et généreux Roi, pourquoi nous avoir quitté seul avec la première Reine ? Sans soldats, sans serviteurs ? Vers quel pays êtes-vous parti à travers les airs ? S'il vous arrive accident comment pourrons-nous en être informés ? »

« Nous ne pouvons nous passer de vous. Est-il possible que notre jeune Reine soit seule, si elle avait une guerre à soutenir comment pourrions-nous vous en prévenir ? »

Voyant la peine que cause l'absence de son mari, la bonne Rot-Vodey ne peut retenir ses larmes.

« O bien-aimé, vous êtes parti sans escorte, sans serviteurs, vous qui ne manquiez jamais de rien ; j'éprouve une inquiétude extrême à vous savoir ainsi au loin.

« Pourquoi m'avoir laissée seule, je sens que je ne puis supporter le poids de l'isolement, que ne puis-je fendre les airs et vous suivre ? »

Néang Kessey et Vorvong brillent dans les airs comme la Reine des nuits : ils parcourent trente lieues la première journée.

Apercevant un ermitage dans une île déserte, la pensée leur vient de s'y arrêter : ils descendent sur terre, vont saluer l'ermite (fig. 14).

Surpris de les voir, le vieillard leur dit :

« D'où donc venez-vous ? depuis 5000 ans je prie dans cette île je n'y ai pas vu un seul être humain. Êtes-vous arrivés par mer ou bien avez-vous pouvoir de franchir l'espace ? »

Vorvong respectueux s'incline et répond :

« Vénérable ermite, venant de Chay-Borey, nous allons au Pohoul voir nos parents.

« Une merveilleuse boule de cristal nous permet de parcourir l'air, vous voyant dans cette île, nous avons voulu vos souhaits et prières.

« Prêtez-nous votre corbeille, nous irons dans les prés la remplir de fleurs, faire un bouquet pour votre saint autel. »

Vorvong confie à l'ermite sa boule de cristal et suivi de Néang Kessey s'éloigne léger cueillant des fleurs à tous les arbres.

Quand ils sont partis, le vieillard regarde le précieux objet, songe à le posséder, il se dit :

« Depuis tant de siècles je prie dans le but de devenir apte à fran-

Fig. 14. — ..... vont saluer l'ermite.

chir l'espace : Cinq mille ans entiers se sont écoulés, je n'aurai jamais un cristal pareil au si beau joyau que cet être humain a, sans défiance, remis à ma garde. »

Néang Kessey et Vorvong brillent dans les airs comme la Reine des nuits.

(page 97.)

Vorvong suivi de Néang Kessey s'éloigne, léger, cueillant des fleurs à tous les arbres (page 97).

Il prend la boule éblouissante : sa joie n'a plus de bornes.
Il s'élève dans l'espace autant qu'il peut monter, allant sans savoir où.
Rapidement il s'égare :
Le voici dans la région du terrible vent Kamoréath. Le tourbillon l'emporte, en un instant son corps est, en morceaux, jeté au fond des mers.
Cette mort est la juste punition de la faute du solitaire au cœur noir.

Le cristal tomba dans la capitale du Conthop Borey où régnait Saurivong, éblouissant, il gisait sur le sol ; un officier du Roi le vit le premier, vint le lui offrir.

La garde en fut, le même jour, donnée au chef des trésors (fig. 15).

Vorvong et la charmante Kessey rentrent, chargés de fleurs dont ils font avec art des bouquets pour l'ermite. Quand ils se disposent à les lui présenter, ils s'aperçoivent qu'il a disparu.

Leur désolation ne se saurait dire lorsqu'ils ne voient plus la boule de cristal. Les deux jeunes époux poussent un même cri de mortelle détresse :

« L'ermite nous a pris notre précieux trésor et il s'est enfui ! Est-il possible qu'un religieux ait pu nous voler notre seule ressource !

« O femme chérie, combien je te plains, toi qui ne connais misère ni fatigue. »

Les jeunes gens quittent l'ermitage où a vécu le solitaire maudit. Ils vont par monts et plaines, se dirigent au hasard ; bientôt épuisés, ils rencontrent un abri et malgré leur tristesse se sentent heureux d'y trouver du repos.

L'arrivée dans l'île de deux êtres humains est bientôt connue d'un Yack qui l'habite ; attiré par l'odeur, il crie du dehors, faisant des moulinets sans fin de son bâton terrible :

« Quel audacieux humain a bien pu oser prendre mon asile ?

Fig. 15. — La garde en fut donnée au chef des trésors.

« Je vais tout à l'heure lui faire voir comment peuvent périr les hommes. »

Le tourbillon l'emporte, en un instant son corps est en morceaux, jeté au fond des mers (page 98).

Hardiment, Vorvong lui répond :

« Yack ignorant et grossier, tu ne connais donc pas combien je te suis supérieur en force et en puissance? »

Les Anges appelés par une prière courte mettent la terreur au cœur du géant, il s'incline, s'éloigne, pensant en lui-même :

« D'où peut bien venir cet homme surnaturel. Comment pourrai-je le faire périr? »

Mais il n'ose revenir.

Le jeune Roi prend sa compagne dans ses bras :

« Quittons, ma bien-aimée, ce lieu dangereux, nous ne pourrions constamment nous garder du Yack, nous serions sa proie. »

Quand l'aurore dissipe les ténèbres, ils se trouvent sur le bord d'une mer sans bornes. On n'entend là que le murmure du vent, le rugissement des flots.

Devant cette barrière le regard du prince erre triste et désolé, lorsqu'il découvre en vue du rivage des troncs d'arbre flottants pouvant supporter leur poids à tous deux ; Ils parviennent aisément à les atteindre et à s'y installer. Un heureux vent les conduit alors non loin des côtes du bord opposé.

Mais sans doute, c'est l'heure d'expier une faute de la vie passée.

Une tempête effrayante survient, l'obscurité se fait si profonde que le regard sous son épais rideau ne distingue plus rien. Les vagues deviennent furieuses, les infortunés n'y peuvent résister, malgré leurs efforts ils sont séparés.

La princesse épuisée, lancée par les vagues roule sur la plage. Meurtrie, elle se traîne, appelle Vorvong, va, vient, erre, brisée elle tombe à genoux :

« O mon bien-aimé, êtes-vous sur le bord, êtes-vous sur les flots? Auriez-vous été la proie des féroces monstres de la mer? Sur le rivage n'êtes-vous pas aussi exposé aux fauves?

« O vous, Génies qui peuplez mers et plages, ayez pitié de mes pleurs, n'avez-vous pas vu mon bien-aimé? Dites-moi vers quel lieu je le trouverai? Je veux le suivre, le servir toujours.

« O Anges qui habitez les sept directions, gardez les bois et les forêts, la terre, les eaux et l'air, le monde, le ciel même, dites-moi où il est, je veux le rejoindre, le servir toujours.

« O immenses forêts et vous, arbres verts qui croissez par couples, fleurs écloses, contemplerez-vous muets mon malheur sans pareil? Quand le sort implacable arrache à mon amour, la moitié de mon être, mon prince bien-aimé, n'aurez-vous pas peine de ma douleur et de mon abandon, ne m'aiderez-vous pas? Je veux le retrouver, sinon je vous prie, faites-moi mourir? »

Elle ne cesse d'appeler, de prier, de se plaindre, jusqu'à ce qu'épuisée elle roule sur le sable inerte, évanouie.

Lorsqu'elle revient à elle, son corps tout entier ressent fatigue et douleur; se roidissant, elle arrête ses larmes, découvre sa poitrine, fait de son écharpe, mise au bout d'une branche, un drapeau, un signal, qu'elle plante sur le rivage.

Elle marche malgré trois mois de grossesse, continuant à fouiller les bois, les ravins, ses pieds déchirés laissent leur sang au long du chemin. Bientôt elle s'égare; au bout de ses forces, elle s'arrête et s'étend sous l'ombrage d'un grand arbre qu'un doux vent agite.

La forêt est immense, épaisse, accidentée, Néang Kessey la parcourt ainsi quatre mois en tous sens, sous l'impression constante de la crainte des fauves, n'osant pas prononcer un mot. Elle se trouve alors aux confins du royaume où règne Saurivong.

Par lambeaux, ses vêtements sont restés aux épines, aux broussailles, elle a dû se couvrir uniquement de feuilles d'arbres.

La direction qu'elle suit, sans le savoir, est celle de la capitale.

Les anges, appelés par une prière courte, mettent la terreur au cœur du yack,

Ils découvrent en vue du rivage des troncs d'arbres flottants pouvant supporter leur poids à tous deux. Ils parviennent aisément à s'y installer

(page 101).

Elle fait de son écharpe mise au bout d'une branche, un drapeau, un signal, qu'elle plante sur le rivage (page 102).

Dans un village, non loin, habite un vieillard, chasseur habile.

Une foule de chiens le suivent dans ses courses.

Il a la lance et l'arc pour armes, son carquois est plein de flèches acérées.

Ce jour-là, suivant son habitude, marchant le long des champs, il longe la forêt.

Soudain les chiens bondissent, s'élancent vers un être étrangement vêtu : c'est Néang Kessey !

Les aboiements bruyants dirigent le chasseur.

La malheureuse fuit du reste de ses forces. Quand les chiens vont l'atteindre. une fondrière escarpée se présente sous ses pas : elle s'y laisse tomber.

Croyant avoir affaire au gibier ordinaire, le vieillard accourt guidé par les appels et quand il tend son arc. voit la jeune femme.

« Il se peut, » pense-t-il, « que quelque revenant tente ma vieille expérience. »

« Êtes-vous » s'écrie-t-il, « Génie des bois ou créature humaine ?

« D'où pouvez-vous venir sous ce costume de feuilles ? vous semblez malheureuse, pourquoi donc êtes-vous seule ? »

— « O bon vieillard, mon mari et moi avons fait naufrage en mer en vue des côtes, les vagues furieuses nous ont séparés, recueillez, je vous en prie une pauvre infortunée, ayez pitié de son malheur ; je serai votre servante et ferai mon possible pour vous faire content de cette bonne action. Quand je retrouverai mon mari, il récompensera, ayez-en confiance, votre cœur généreux. »

Le vieillard répond :

« Ne soyez plus inquiète, je pourvoirai à vos besoins. »

De son gros couteau il coupe une branche d'arbre, la place dans la fondrière pour servir d'échelle, puis il jette à la jeune femme le superflu de ses vêtements.

Se voyant assistée, Néang Kessey rapidement se couvre puis monte par la branche.

Heureux de son bienfait, le vieux chasseur la conduit vers sa maison, sans plus penser à la chasse.

Quand sa femme les voit arriver tous deux, ses yeux méchants, jaloux, s'emplissent de colère, elle leur tourne le dos.

« Vieux misérable, » s'écrie-t-elle, « ta peau se racornit et tu as encore une maîtresse ! Sans doute pour me dépister tu lui avais construit une case dans la forêt, maintenant qu'un enfant va naître, tu me l'amènes ici, tu es vraiment par trop naïf. »

— « Ecoute, femme, ne dépasse pas les bornes qui sont permises, ne dis pas de paroles méchantes et inutiles, tu ne sauras donc jamais être juste et bonne, attends au moins d'entendre ce que je vais te dire.

« Cette infortunée qu'un naufrage a séparée de son mari, arrive seule. J'ai eu pitié de son malheur et je l'ai amenée pour la nourrir en attendant qu'elle retrouve celui qu'elle a perdu. Ne dis donc plus qu'elle vient te voler mon affection. »

Mais la vieille ne le laisse pas achever.

S'adressant à Néang Kessey :

« Tu vas apprendre comment je traite les donneurs de conseils.

— « Vieux misérable, tu as abusé de cette enfant, les juges te puniront, tu paieras l'amende, ton cou ne tardera pas à être chargé d'une cangue et ta tête sautera un jour, c'est certain ! »

Tandis qu'elle parle, elle devient furieuse, se jette sur le veillard, lui arrache les cheveux, déchire de ses ongles la chair de son visage ; rien ne peut l'apaiser, elle se retourne vers la jeune femme :

« Et toi, effrontée, cœur méchant qui peux avoir un semblable caprice, voleuse de maris qui fais l'étonnée, sors d'ici, tu déshonores ma demeure ! »

Dans sa grande bonté, la triste victime se dit : « Si elle veut me tuer, je ne saurai me défendre, mais les Anges ne voudront pas me laisser mourir. Je ne quitterai pas cet homme si bon avant d'avoir retrouvé mon mari : je lui montrerai ma reconnaissance en supportant les peines qu'il faudra. »

Par la nuit noire et malgré la pluie, la vieille la laissa sur le sol humide en bas de sa case.

Une fondrière escarpée se présente sous ses pas, elle s'y laisse tomber.

(page 103.)

Vieux misérable, tu as abusé de cette enfant! (page 108.)

Néang Kessey atteignit ainsi, servante misérable, le dixième mois de sa grossesse. Lorsqu'un jour d'orage furieux elle ressentit les premières douleurs, elle pria la vieille :

« Maitresse, souffrez que je vous dise la vérité : mon petit enfant va venir au monde, j'ai grand besoin d'être secourue? »

— « Eloigne-toi, sors sur le champ ! moi je n'ai pas d'enfant et ne saurais supporter un spectacle pareil ! »

— « Par pitié, laissez-moi dans l'enclos au pied de votre haie, je ne puis aller nulle part par cette pluie, ce tonnerre. »

— « Va, suis le chemin ! »

Elle la repousse, ouvre la barrière et la chasse au dehors.

Néang Kessey cherche sous l'averse un sentier qu'elle puisse suivre ; la douleur l'oblige à s'asseoir sur le sol : les larmes sur son visage maigri ruissellent avec la pluie.

« O mon bien-aimé, êtes-vous donc mort? Si votre vie a été épargnée, dites-moi où vous êtes que j'aille vous retrouver, vous servir jusqu'à ma mort! Si quelqu'un m'apprend que vous êtes dans les profondeurs de la mer, je me laisserai mourir : pourquoi vivrais-je si je n'ai l'espoir de vous retrouver? »

Par une faveur du ciel, Pra En de son regard perçant, miséricordieux, voit la situation de la jeune femme.

Sous la forme d'une bonne vieille, il se dirige vers elle.

« Jeune et charmante femme, que faites-vous ici par un pareil temps? »

— « O bonne mère, séparée de mon mari par la tempête, égarée en le cherchant, j'ai dû me faire servante dans la maison d'un chasseur dont la femme méchante m'insulte, me maltraite et, ne voulant pas voir naître mon enfant vient de me chasser.

« O bonne mère, je souffre d'intolérables douleurs, je ne puis plus respirer. »

Elle pense qu'elle meurt. Dans un larmoiement, elle murmure aux Anges une douce prière :

« Ma misère était dans la destinée ! »

« O sort impitoyable, tu m'as arraché mon mari, tu me le caches mystérieusement ! S'il est vivant, je veux vivre et le retrouver, s'il n'est plus, que je meure et lui sois réunie dans la vie future, que rien ne nous sépare plus !

« Que je sois oiseau aux ailes toujours prêtes à fendre les airs si lui l'est aussi, je ne serai heureuse qu'à côté de lui !

« Que je sois bête fauve s'il l'est également : s'il est poisson je veux aussi l'être ; au delà de cette mort je ne serai heureuse que réunie à lui !

« Ecoutez ma prière, ô Anges célestes, exaucez mes derniers souhaits ! »

Elle se tourne vers la vieille femme :

« O bonne mère, sauvez mon enfant, sauvez ma vie, ce bienfait sera égal à celui que je dois à ma mère. »

Soutenant ses épaules, le Dieu répond :

« N'ayez plus d'inquiétude, je ne vous quitterai pas. »

Néang Kessey met au monde un beau garçon. En le voyant, Pra En s'écrie : « il sera mon petit-fils ! »

Il fait naître du feu, réchauffe la jeune mère, puis lui dit (fig. 16) :

« Ma maison est à l'Est du palais, je vais emporter votre bel enfant et le bien soigner. Quand vous pourrez venir le voir, vous le trouverez, n'ayez pas de crainte : donnez-moi quelque objet qui, placé à son cou, le fasse reconnaître !

« Vous êtes seule et sans aide, chez votre méchante maîtresse vous ne trouveriez pas un moment à lui consacrer, il ne pourrait vivre dans ces conditions ? »

— « O bonne mère, je vous remercie, je vous confie mon enfant, aimez-le et le soignez comme si vous lui aviez vous-même donné le jour, quand j'aurai retrouvé mon mari, nous viendrons vous le demander, nous vous récompenserons de vos soins sans prix. »

Fig. 16. — Il fait naître du feu puis il lui dit :...

Elle prend dans ses bras l'enfant né dans une telle misère, elle le mouille de larmes :

« O trésor précieux de mon cœur, combien il m'est pénible et douloureux de me séparer de toi ; que pourrait faire une pauvre servante? ma maîtresse sans pitié serait cause de ta mort, par crainte de te voir malheureux je te confie à cette bonne mère. Nous nous reverrons, dans un mois je quitterai mes maîtres, j'irai te prodiguer mes soins, nous serons deux à t'aimer. »

Ayant ainsi parlé elle remet à la vieille le précieux fardeau et lui confie la bague de son mari.

Néang Kessey étant rentrée chez le chasseur, la vieille lui demande : « Eh bien, fille misérable, tu as donc abandonné ton enfant? »

— « Vous n'avez pas voulu le voir, je l'ai confié aux soins d'une personne charitable qui l'a adopté pour son petit-fils » (fig. 17).

Après le départ de la jeune mère, Pra En place l'enfant sur un superbe tapis, attache à son cou la bague de sa mère. Il se transforme en vautour et de ses ailes déployées, le protège de la pluie, de la rosée et du soleil.

Le Roi Saurivong, depuis longtemps souverain de Conthop Borey, ayant éprouvé le désir de faire une promenade au bord de la forêt, de grand matin revêt ses insignes, la couronne et sort, monté sur l'éléphant royal, suivi d'une escorte nombreuse, salué, admiré par la foule respectueuse.

Passant près de la cabane du chasseur, ses regards sont attirés par le vautour qui, malgré le bruit et l'approche de l'escorte, garde sous ses ailes déployées une attitude de fière indifférence.

« Que quelqu'un aille voir ce que mange ce vautour. »

On se presse d'obéir à l'ordre du Roi.

Le vautour fait un bond, s'écarte, l'officier voit l'enfant.

Fig. 17. — ..... je l'ai confié aux soins d'une personne charitable.

« O Roi, un nouveau-né beau comme ceux des Anges, couché sur une superbe étoffe, est là, abandonné. Le vautour allait lui ôter la vie quand nous sommes arrivés, sans nous certainement cette charmante créature était dévorée.

Content d'une pareille rencontre, Saurivong ordonne :

« Qu'on me l'apporte vite, je veux le voir. »

Délicatement on le présente au Roi, il le reçoit dans ses bras.

« J'adopte ce joli enfant ! »

Il le caresse, l'admire, aperçoit la bague attachée à son cou, la compare à la sienne, surpris et troublé les trouve en tout semblables, ne doute pas qu'il a dans ses bras l'enfant de son frère.

« O cher enfant, quel bonheur te met dans mes mains, mais pourquoi es-tu seul ? Où est ton père ?

« O destinée étrange, conséquence de nos vies passées, pourquoi toujours ces séparations violentes et douloureuses ! »

Il se laisse aller au chagrin qui le ronge, ses larmes coulent le long de son visage, il ordonne de chercher les parents partout aux environs : l'escorte se disperse mais en vain car personne ne songe à s'informer dans la misérable cabane.

Le Roi alors rentre au palais, il fait choisir parmi les femmes belles et de taille élancée, des nourrices habiles.

Il ordonne qu'une élégante maison de quatre pièces soit de suite élevée pour le petit prince dans la cour d'honneur.

Qu'elle soit ornée de peintures murales reproduisant les scènes de sa jeunesse vécues avec son frère.

Il fait publier par gongs et trompettes qu'il l'inaugurera par une fête superbe et distribuera à cette occasion d'immenses richesses, que la foule entière sera admise au petit palais où on hébergera tous les visiteurs, que des gardes spécialement choisis leur expliqueront les scènes peintes sur les murailles.

Quand tout fut prêt il recommanda aux gardes de lui venir dire l'impression produite par les tableaux sur les visiteurs.

Revenons maintenant au malheureux Vorvong.

IMP. MONROCQ, PARIS.

O Roi! un nouveau-né beau comme ceux des Anges, est là, abandonné (p. 109).

Arraché violemment à sa jeune femme, il dispute sa vie aux flots furieux ; après des efforts désespérés il gagne la côte.

Recherchant sa chère compagne, il fouille en vain les plis, les recoins du rivage, il s'abandonne à la douleur, il s'écrie :

« O mon bien-aimé trésor, qu'avons-nous donc fait pour mériter tant de malheurs ?

« Que ne t'ai-je refusé ce voyage !

« Que ne puis-je savoir dans quel lieu tu te trouves pour aller te rejoindre !

« Es-tu morte ensevelie dans les flots ?

« As-tu été dévorée par les monstres marins ?

« Es-tu égarée dans ces forêts sombres ?

« As-tu été la proie des bêtes féroces ?

« Aurais-tu plutôt par bonheur été recueillie par un chasseur charitable ? »

L'infortuné prince longe tristement le rivage, seul le mugissement des flots répond à ses appels.

Tout à coup il aperçoit sur une plage éloignée un signal, un drapeau.

Il hâte la marche, tremblant d'espoir, comme si l'étoffe flottant au gré du vent allait lui rendre sa bien-aimée.

Il reconnaît l'écharpe de Néang Kessey et voit sur le sable la trace de ses pas (fig. 18).

La plaie de son cœur ne fait que s'aviver.

« Trésor de mon être, la destinée vous a amenée sur ce rivage, vous n'y avez laissé que votre écharpe et la trace de vos pas !

« Sans doute tu n'as pris que le temps de mettre cette étoffe légère, emblème de l'espoir, au bout de cette branche !

« O chère écharpe qui as couvert ma bien-aimée, tu es le seul souvenir de notre séparation !

« O solitudes, racontez-moi sa peine ? est-elle égarée dans vos replis ? ayez pitié d'elle et de ses souffrances !

« Compagne de ma vie, tu avais en abondance les plus précieuses étoffes, tes fatigues étaient les doux amusements du palais, tu as été en-

Fig. 18. — Il reconnait l'écharpe.

tourée de soins autant que les Anges : tu marches maintenant demi-nue sous le soleil ardent dans des forêts sans fin. »

Accablé de douleur, il tombe évanoui sur ce sable couvert de l'empreinte des pas de Kessey.

Relevé, il suit ces empreintes encore fraîches, atteint la lisière de la forêt, mais là, le sol est tapissé d'herbe, il lui est impossible de reconnaître aucune trace, il appelle longtemps, l'écho seul lui répond.

Sept mois entiers il fouille la forêt dans toutes ses parties, elle n'a aucun secret pour lui ; peines inutiles.

Un jour il se trouve dans les champs et arrive à la capitale de Canthop Borey le cœur plein de tristesse.

Il entend dire aux gens qui le coudoient que le Roi donne une grande fête et fait distribuer d'abondantes aumônes dans la cour du palais pour l'inauguration d'une maison sur les murs de laquelle sont reproduites les scènes de son enfance.

« Entrons, » se dit-il, « j'aurai part aux aumônes du Roi et verrai les tableaux. »

Selon les ordres reçus, en le voyant, les officiers le font entrer, lui offrent toutes sortes de provisions, le couvrent de vêtements neufs, lui font prendre un repas, puis ils le conduisent devant les peintures.

Ils lui en détaillent les scènes.

C'est d'abord l'enfance heureuse et tranquille du Roi, de son frère auprès de leur mère.

A mesure qu'ils parlent, Vorvong s'aperçoit que ces sujets sont ceux de sa vie, l'émotion l'étreint, il tombe à genoux :

« O sort incroyable : me voici jouant avec mon frère près de notre mère, au temps du bonheur !

« Ici, Néang Montéa nous tient dans ses bras !

« Cet autre tableau représente le Roi rempli de colère ordonnant de nous faire mourir !

« Voici notre marche affreuse vers la forêt avec les bourreaux !

« Notre mère affolée accourt nous rejoindre !

« Puis voici sa mort, sa résurrection !

« Les bourreaux à genoux, surpris et touchés, nous laissent partir !

« Là, c'est notre passage parmi les vendeuses du pays de Baskim !

« Le grand arbre sur la branche duquel la première nuit nous nous reposâmes !

« Le combat de coqs livré à l'aurore.

« Le coq blanc et le noir à bout de leurs forces mourant tous les deux !

« Le feu que nous fîmes pour faire cuire leur chair, avant de partir !

« Notre halte enfin à la case du bois où mon frère chéri m'a été ravi !

« O gardes, qui de vous pourra me montrer mon frère bien-aimé. »

Les sanglots l'aveuglent et l'étouffent, les officiers le laissent à terre, s'esquivent, en sachant assez ; ils se pressent, contents d'aller dire au Roi tout ce qu'ils ont vu (fig. 19) :

« Un pauvre étranger, jeune, beau, ressemblant ô Roi, à votre personne, s'est présenté au petit palais. Nous lui avons donné tout le nécessaire et l'avons mené, son repas fini, devant les peintures.

« Nous allions alors les lui expliquer : il les a comprises, est tombé à terre brisé d'émotion et s'est évanoui. »

Saurivong accourt, reconnaît son frère, le presse dans ses bras.

« O mon frère chéri, compagnon des peines, pris à mon amour ! Depuis les longs mois que je t'ai perdu, ma vie a été remplie de tristesse ! Pas un seul jour ton cher souvenir ne s'est éloigné ! O mon cher trésor, attendu sans cesse, le ciel généreux vient nous réunir ! »

Des larmes de bonheur coulent de ses yeux.

Le cœur de Vorvong en même temps déborde de joie et étouffe de peine : les pleurs peu à peu soulagent son angoisse. Il conte à son frère les misères subies.

« O bien-aimé frère, je ne sais comment je puis encore vivre. »

Il dit l'histoire de sa bague, le seul souvenir gardé de sa mère à cause duquel il a subi six ans de martyr.

Il raconte le lancement du vaisseau, la victoire sur le Géant. Son cou-

Fig. 19. — Les sanglots l'aveuglent.

ronnement et son mariage, le voyage dans l'air, la descente dans l'île, le vol de l'ermite, le naufrage, la séparation.

« O frère adoré, vous êtes le salut, c'est par vous que je reverrai notre mère chérie.

« Je me demandais si vous étiez mort, votre enlèvement m'avait fait craindre le malheur, je n'aurais jamais cru vous retrouver Roi de ce beau pays.

« Après tant de maux, j'éprouve une joie, douce par dessus tout, à vous contempler! une peine, sans pareille, hélas! s'y mélange : j'ai perdu ma compagne aimée : elle a dû souffrir de telles misères que j'ai peur et tremble qu'elle n'ait succombé.

« Quand les flots furieux nous ont séparés, elle était déjà grosse depuis trois mois et en voici sept que je pleure sa perte. »

« Écoute, ô cher frère, dit Saurivong :

« J'ai, dans le chemin, recueilli sur un riche tapis, un petit garçon né de quelques jours.

« Il avait au cou une bague admirable.

« Cet enfant n'est pas étranger à notre sang, il est sûrement ton fils.

« La bague me l'a fait connaître.

« Ayant en vain, pour te retrouver, recherché partout, j'ai imaginé la salle des tableaux et fait annoncer que je donnerais, en l'inaugurant, fête et riches aumônes.

« Des gardes étaient chargés de conter à tous l'histoire de ma vie et de détailler notre longue misère. C'est par ce moyen que, grâce au ciel, j'ai pu retrouver mon frère bien-aimé ! »

« O cher frère, » demande Vorvong, « satisfaites mon impatience, je veux voir l'enfant que vous élevez ? »

Le petit prince est aussitôt apporté, entouré de nourrices et de suivantes.

A la vue de l'enfant au cou duquel brille sa bague, Vorvong le reconnaît, le prend amoureusement, laissant couler des larmes.

« O cher enfant que, par la permission des Anges, je puis aujourd'hui porter dans mes bras, regarder avec amour, pourquoi t'a-t-on abandonné sur la route ? »

« O cher petit, où peut se trouver ta mère ?

« Cher trésor de mon être, je crains pour sa vie, aurait-elle été ravie par des hommes sans cœur et sans pitié ? »

La douleur, à cette pensée, le brise, il tombe évanoui.

Saurivong, effrayé de l'état de son frère, humecte son visage d'eau fraîche et le rappelle à la vie.

L'infortunée princesse Kessey en servant sa maîtresse était, malgré sa bonne volonté, sans cesse maltraitée, insultée, cette vieille sans pitié la menaçait journellement de la chasser.

Après sept jours, elle la quitte et part à la recherche de son enfant. Elle se dirige vers le palais, y entre sans y prendre garde.

Cherchant la case de la bonne mère, elle erre près la maison construite pour son enfant.

Vorvong, à l'entrée de la salle, regarde tristement au dehors : il aperçoit Néang Kessey, la reconnaît quand elle s'éloigne, accourt, la retient par la ceinture, l'étreint dans ses bras, l'inonde de larmes (fig. 20).

En un instant, ils se sont dits tous leurs malheurs.

Vorvong l'entraîne dans la maison, lui racontant comment son frère a recueilli leur fils.

Néang Kessey prend l'enfant, le couvre de baisers, de caresses.

« Bénie soit la destinée qui me fait te revoir. Je remercie les Anges qui ont voulu que le Roi ton oncle ait recueilli toi et ton père.

« Nous sommes maintenant réunis pour toujours.

« O précieux trésor de mon cœur !

« Voilà sept jours que ton visage m'est inconnu, j'avais cru que la vieille mère t'éléverait, elle m'avait demandé de t'avoir pour petit-fils, je ne puis comprendre qu'elle t'ait abandonné au milieu de la route et qu'un vautour t'ait gardé sous ses ailes !

« N'ai-je pas plutôt été assistée par un Ange, sous l'apparence d'une vieille femme ! »

Fig. 20. — ..... l'étreint dans ses bras, l'inonde de larmes.

Lorsqu'elle a séché ses larmes de bonheur, les deux Rois frères la conduisent chez la reine Sar Bopha qui la reçoit avec une joie extrême.

Saurivong fait célébrer une superbe cérémonie à l'occasion de l'heureux retour de son frère et de sa famille. Puis, le beau nom de Vorvong Sauria, est, dans une grande fête, donné à l'enfant aux acclamations des grands et du peuple venus le saluer. »

IV.

« O mon frère bien-aimé, » dit un jour Saurivong, « vous ne m'avez plus reparlé de votre merveilleux cristal, j'ai grand désir de le connaître.

« On m'a offert un jour une boule éblouissante de beauté, je l'ai gardée précieusement, ne serait-ce pas celle que vous avez perdue? »

Plein d'espoir, Vorvong demande à la voir, des officiers l'apportent.

« C'est mon joyau lui-même, ô mon bon frère : si vous le permettez je vais vous montrer tout de suite sa puissance. »

Le prenant dans sa main, il le fait tournoyer, il s'élance dans les airs, fait le tour de l'enceinte puis, décrivant de grands cercles autour du palais, il redescend aux pieds du Roi Saurivong. Tous ceux qui le voient sont émerveillés, la ville entière s'émeut, veut le contempler (fig. 21).

Vorvong s'incline respectueusement :

« O cher frère, notre mère adorée nous a recommandé d'être de retour dans dix ans. Elle pense sans cesse à nous. N'oublions pas ses recommandations, ayons pitié de sa douleur. Si vous le voulez bien, je retournerai prendre tout ce qu'il faut dans mes royaumes, c'est ici que je me réunirai à vous, nous n'avons que le temps nécessaire pour préparer les navires. »

Saurivong répond : « Votre pensée est heureuse, je vais organiser une armée de terre afin que nous arrivions par les deux côtés en même

Fig. 21. — Tous ceux qui le voient sont émerveillés.

temps et assurions le succès, car dès qu'on saura notre marche tous les obstacles nous seront élevés. »

Vorvong dit encore :

« Je confie à vos soins Néang Kessey et mon enfant : ô mon frère, je ne saurais trop vous les recommander, ils ont été si malheureux. »

Puis il fait ses adieux à sa compagne.

« Chère Kessey, la plus charmante des femmes, je vais te quitter pour rentrer au Royaume, la pauvre Rot Vodey doit être inquiète d'une aussi longue absence et sa tristesse grande. Ne pleure pas mon départ, n'attriste pas les beaux jours. Je voudrais t'emmener, ne plus me séparer de toi, la crainte des accidents me retient.

« Je vais de nouveau me servir du cristal, mon absence consacrée à préparer le retour vers notre mère sera de courte durée.

« O toi, chère fidèle, aies soin de notre enfant, je reviendrai avec Rot Vodey et ramènerai serviteurs et suivantes. »

Ayant parlé, il s'élève dans les airs : son vol gracieux est semblable à celui de Hansa, l'oiseau du ciel prenant son essor des beaux jardins des heureuses régions célestes (fig. 22).

Vorvong ne mit qu'un jour pour atteindre sa capitale. Il presse dans ses bras la bonne Rot Vodey qui amoureusement dit ses peines, son inquiétude pendant la séparation.

Vorvong raconte son voyage avec Néang Kessey, leur naufrage, les misères qu'ils ont eues séparés l'un de l'autre. La généreuse Vodey pleure, émue de pitié.

Le jeune couple se rend ensuite chez le vieux Roi. Ils sont reçus avec bonheur.

« O cher enfant, comme chaque jour, la tristesse et le chagrin nous assiégeaient en ton absence.

« Combien de fois, pris d'impatience, avons-nous passé le temps à parler de ton heureux retour, ô comme nous avons senti le besoin de te posséder et de t'aimer !

« Où avez-vous laissé notre charmante Kessey? est-elle heureuse ou

Fig. 22. — ..... il s'élève dans les airs.

triste? Serait-elle oublieuse qu'elle n'a pas profité de votre retour pour venir nous revoir? »

Fig. 23. — Vorvong refait le récit de ses misères.

Vorvong refait le récit de ses misères, le Roi Sotat ne peut retenir ses larmes (fig. 23).

Fig. 24. — ..... Vorvong reprend sa course.

Bientôt Vorvong reprend sa course, il se dirige vers le pays du Roi Thornit (fig. 24). Il fait à son beau-père le récit de ses malheurs, puis lui parle ainsi :

« O Roi, je viens vous demander 500 vaisseaux et une armée pour aller vers mon pays natal. »

Le Roi Thornit répond :

« Ce royaume est à vous, votre volonté sera faite. »

Vorvong s'embarque avec des soldats tous choisis, revient chez le Roi Sotat, lui fait la même demande.

Rapidement les troupes sont levées et la flotte équipée.

Vorvong dit alors à son beau-père :

« Grand et généreux Roi, je fais des vœux ardents pour le bonheur de votre règne et la prospérité de votre royaume.

« L'absence sera courte. Je vous demanderai d'emmener votre chère fille ma compagne afin qu'elle voie ma gentille mère ? »

Le Roi Sotat eût préféré garder sa délicieuse Rot Vodey, mais il n'ose refuser.

« O fils cher à mon cœur, je ne puis contrarier ton voyage, va, que le ciel te protège, mais ne me laisse pas longtemps dans l'isolement.

« N'oublie pas que ta présence ici est indispensable, que ton élévation au trône du royaume est le plus heureux événement de ma vie, tu étais l'homme prédestiné au salut de notre race. »

Puis, s'adressant à sa fille :

« O trésor de mon cœur, toi que j'aime plus que tout, écoute mes prudentes recommandations :

« Prends soin de ton mari, respecte-le et obéis-lui toujours. Quand vous serez arrivés heureusement dans son pays, sers ses parents comme s'ils t'avaient donné le jour, que rien ne puisse te faire étrangère à leurs yeux.

« Sois attentionnée pour les Génies des pays où tu te trouveras.

« Sois bonne et douce pour ceux qui te serviront.

« Adoucis la misère des infortunés.

« Aime ceux que ton mari aimera, n'altère pas son bonheur par la jalousie.

« En tout, use de bonté et de modération.

« N'aie pas pour ceux qui subiront la disgrâce de ton mari le même sentiment que lui, sois bienveillante, interviens pour eux auprès du Roi.

« Quand ton mari, la nuit, entrera dans ta chambre, couche-toi un peu plus bas que lui, ne reste pas sur un rang égal. »

La princesse ayant respectueusement reçu les conseils de son père, les deux époux le saluèrent agenouillés.

La flotte se dirige voiles au vent sur Conthop Borey où un chaleureux accueil lui est fait par Saurivong qui reçoit avec transport son frère dans son palais.

En se retrouvant, Néang Kessey et Rot Vodey se jettent dans les bras l'une de l'autre, ne cessent de se parler.

Rot Vodey prend le petit prince Vorvong Sauria, elle le dépose amoureusement sur ses genoux, le couvre de baisers, de caresses. Elle verse des pleurs en pensant à la misère qu'il a eue (fig. 25).

« O cher enfant, la protection du ciel est sur toi, sans elle tu n'aurais pu résister à tant de malheurs. »

« Nous sommes enfin réunis, » dit Vorvong : « mettons, cher frère, notre projet à exécution, partons pour le royaume de nos parents. »

Sauvirong répond :

« Charge-toi de commander les flottes, je conduirai l'armée ; nous calculerons notre marche de manière à entrer en même temps dans le royaume de notre père et bloquer subitement la capitale. »

Les derniers préparatifs du départ sont rapidement poussés, on n'attend plus qu'un jour propice.

Fig. 25. — Elle verse des pleurs.

Dans les deux armées règne l'ordre et la discipline.

Saurivong compose l'avant-garde des hommes les plus audacieux. Il choisit ses officiers parmi ceux ayant fait preuve de brillant courage, ils

La flotte se dirige voiles au vent sur Canthop Borey (page 127).

portent les sabres suspendus à l'épaule, leurs coiffures sont de couleurs éclatantes.

L'armée est innombrable, le sol tremble sous ses pas ; parmi les guerriers joyeux, chacun ne songe qu'à saisir l'occasion de montrer sa valeur.

On ne voit que drapeaux, bannières, emblèmes de toutes sortes flottant au gré du vent.

Saurivong emmène la Reine, une foule de femmes de rare beauté forment sa suite.

Rien ne manque, tout a été prévu.

L'armée se met en marche en plusieurs troupes séparées dans un ordre parfait.

La route sera longue, pénible, aussi Saurivong a-t-il hâte d'arriver.

Vorvong de son côté a organisé la flotte ; elle est montée par des marins éprouvés dont le courage et la bravoure sont les qualités ordinaires.

Des quantités considérables de provisions remplissent les navires.

Des drapeaux, des bannières de toutes couleurs s'agitent en haut des mâts.

Une troupe choisie forme la garde du Roi.

La flotte est innombrable, on ne voit qu'une forêt de mâts et de gouvernails.

Elle se met en route en même temps que l'armée.

Un vaisseau aux sculptures magnifiques, orné de gracieuses guirlandes de fleurs, emporte le jeune Roi et les Reines. En s'éloignant tous trois échangent avec Saurivong et Sar Bopha montés sur de superbes éléphants, des souhaits et des vœux.

Bientôt on n'entend plus que les mugissements des vents, les vagues s'élèvent hautes, retombent, frappant lourdement le bordage des navires. On ne voit que l'étendue sans bornes des eaux, et le ciel.

Le soir, la flotte mouille dans une île, les matelots réparent leurs forces par des aliments abondants; tous, penchés sur les flots admirent, à la lueur de la lune et des étoiles, les animaux marins de toute sorte.

Le lendemain, la traversée continue.

Laissons les armées s'avancer et parlons du Roi Sauriyo et de la Reine Tiéya, le père et la mère de Saurivong et de Vorvong.

Après la fuite de Vorvong et de Saurivong, enfants sauvés de la mort, que se passa-t-il?

La douleur de Néang Tiéya exaspérant le Roi, il la chasse du palais.

Dans son abandon, la pauvre Reine ne doit la vie qu'aux bourreaux compatissants qui lui portent chaque jour en cachette le nécessaire pour entretenir son existence : riz, bétel et bois.

Par crainte de la colère du Roi, personne n'ose la secourir.

Sept ans écoulés, Vey Vongsa dans sa douzième année est sacré Roi à la place de son père qui abdique. Il gouverne les cinq cents principautés tributaires; des trésors, des richesses, des objets précieux de toute sorte lui sont annuellement présentés.

La prospérité et le bien-être continuent de régner chez les peuples de son empire.

Cependant le temps passe. La malheureuse abandonnée, la Reine Tiéya, a recommandé à ses fils de revenir sans faute au bout de dix ans; malgré son courage, elle est toujours sous l'impression de l'inquiétude et de la tristesse que lui a laissée leur départ.

Elle a pour compagnons de misère : le chagrin, la douleur, la souffrance et l'impatience de revoir ses enfants.

Cependant, une nuit, elle a un songe charmant.

— Ses fils reviennent tous deux, fleuris de jeunesse et de santé. Ils se

En s'éloignant, tous trois échangent avec Saurivong et Sar Bopha montés sur de superbes éléphants, des souhaits et des vœux (page 129).

jettent à ses pieds, étouffant de douleur en la voyant tombée dans une misère pareille. Elle les presse étroitement dans ses bras. Heureux de la revoir, heureuse de leur retour, tous trois ne cessent de pleurer de joie et de bonheur.

Suffoquée par l'émotion, elle s'éveille en sursaut, cherchant encore à étreindre ses enfants.

Les ténèbres profondes la rappellent à la réalité : elle retombe dans la douleur et le désespoir, les larmes inondent son corps, elle se plaint amèrement.

« O chers adorés de mon cœur, que je suis malheureuse, tous les jours la douleur m'accable. Depuis votre départ, dix ans se sont écoulés, ma misère est affreuse, je ne dois l'existence qu'à la générosité des bourreaux. »

Ce jour-là, au lever de l'aurore, une armée innombrable inonde le royaume, marche sur la capitale.

Ce n'est plus dans le peuple que terreur et désordre.

Le Roi est informé par des courriers, témoins oculaires de l'invasion.

« O grand Roi, une armée sans nombre envahit le pays. Rien ne peut arrêter sa marche audacieuse. »

D'autres accourent disant :

« Une autre armée arrive par la mer. On ne voit que navires, que guerriers.

« Sauvez-nous du malheur, ô grand Roi ! »

Le Roi Vey-Vongsa aussitôt rassemble son armée, ses guerriers toujours prêts sont braves, bien armés.

Les nouvelles sont alors que l'ennemi atteint la capitale, que la résidence royale va être cernée.

« O vous tous », dit le jeune Roi Vey-Vongsa, « chefs et guerriers, quelle que soit son audace, cette armée ennemie ne pourra nous vaincre. »

Les armées des deux Rois frères se sont réunies.

Vorvong, vêtu pour la bataille, se rend à la tente de son frère aîné.

Entourés des généraux, des chefs, des savants, les deux Rois prennent place sur l'estrade superbe, rapidement construite, au centre de l'immense camp des troupes.

Ils choisissent de suite des envoyés pour le vieux Roi.

« Allez vers le Roi Sauriyo, vous lui direz que nous voulons son royaume, sa couronne, ses richesses; s'il refuse, vous l'inviterez à la guerre, nous la lui imposons par la force puissante de nos armes. »

Les envoyés partent, ils portent au vieux Roi la demande des deux Rois.

En les entendant, le vieillard laisse échapper des cris de désespoir :

« Si je suis vaincu, on me fera périr par les armes. »

Dans son effroi, aucune idée de résistance ne lui vient à l'esprit.

Le Ciel lui fait subir les conséquences de l'action accomplie sous l'influence de Néang Montéa sa seconde femme à l'égard de ses deux enfants.

Il s'adresse au jeune Roi Vey-Vongsa :

« O cher enfant, mon salut, que décider en face de cet ennemi ? Faut-il accepter sa volonté ?

« Comment pourrions-nous trouver assez de soldats pour engager la lutte contre lui ? Le royaume est en ses mains, notre peuple à sa discrétion !

« Une lutte malheureuse aura des conséquences terribles pour le pays, causera notre mort.

« Mieux vaut se rendre, au moins l'adversaire nous laissera la vie. »

Vey-Vongsa répond :

« O cher père, n'ayez pas de crainte sur le sort du pays. Il est vrai que l'armée ennemie est innombrable, que le royaume est dans ses mains, que la valeur de ses armes est redoutable, que ses soldats sont audacieux ; mais, il est permis de se mesurer avec elle comme avec toute autre. Je

Allez vers le Roi Sauriyo, vous lui direz que nous voulons son royaume, sa couronne, ses richesses; s'il refuse, vous l'inviterez à la guerre, nous la lui imposons par la force puissante de nos armes (page 132).

puis être battu, écrasé, mais vous ne pouvez pas me faire retirer sans lutte.

« Si le sort des armes nous est favorable, nous garderons notre royaume, dans le cas contraire, nous consentirons à le céder à notre adversaire.

Si je succombe, j'aurai montré que je suis un homme, alors ne me regrettez pas, ô mon cher père, quand on est né il reste à mourir. Tant que je serai là, ne craignez rien, nous ne sommes pas encore aux mains des ennemis » (fig. 26).

— « O mon cher enfant, tes idées de lutte me font craindre pour ta vie. Puisque tu veux le combat, réponds aux envoyés afin qu'ils aillent prévenir leurs Rois. »

Vey-Vongsa prend la parole :

« Vous pouvez, ô seigneurs, aller dire à vos Rois que nous n'avons pas idée du motif de leur demande, nous ne la comprenons pas.

« Dites-leur que nous acceptons la lutte et que je laisse aux armes le soin de mon destin.

« Pour épargner le sang, les pleurs, je demande qu'il y ait un combat d'éléphants, chaque armée choisira le meilleur qu'elle aura, votre chef et moi les monterons nous-même. »

Les envoyés, ayant écouté, prennent respectueusement congé du jeune Roi et rentrent au camp.

Les deux frères alliés sont heureux de la proposition de leur adversaire, Vorvong de suite s'incline devant son frère aîné :

« Je réclame, ô frère, l'honneur de la lutte ? »

Saurivong répond :

« Que votre volonté soit faite. »

Vorvong salue son frère, puis dit :

« Je vous assure du succès, ô frère bien-aimé, je ne crains pas un combat d'éléphants, je veux prouver ma force et mon adresse.

« Soyez sans inquiétude aucune, je prendrai le royaume de notre père et je vous l'offrirai.

Fig. 26. — Si je succombe.

« Je désire que vous restiez sur cette estrade : d'ici vous pourrez suivre la lutte contre Vey-Vongsa. »

On rassemble sur le champ l'escorte de Vorvong, ses guerriers vêtus pour le combat viennent entendre les prêtres prier pour la victoire.

Vey-Vongsa a donné les ordres, fait les préparatifs nécessaires ; il se rend près du vieux Roi pour ses adieux, lui demande ses souhaits et rentre dans sa demeure.

Il se pare de tous les ornements royaux, sa tête porte la couronne couverte de pierres précieuses, toute miroitante de lumière et de beauté.

A sa ceinture est suspendu un sabre à manche d'or piqué de diamants. A ses doigts brillent des bagues admirables, le crochet de son bâton d'éléphant est d'or massif.

Sa toilette de bataille terminée, il prend place sur son éléphant aux harnachements neufs et brillants.

Tous deux, armés, sont superbes de fierté, de courage.

Un groupe de combattants déterminés forme l'escorte.

Les deux frères alliés sont sur l'estrade entourés de leurs ministres, de la foule des généraux et des chefs ; on leur annonce l'approche de l'ennemi.

Saurivong ordonne :

« Faites prendre leurs places à toutes les troupes, éléphants, cavalerie, disposez toutes nos armes ! »

On voit se mouvoir des groupes terribles, le Roi est aussitôt informé de l'exécution de ses ordres.

Vorvong salue son frère, monte sur l'éléphant ; sa main tient une arme magnifique, un crochet d'or pour l'éléphant orne une extrémité, un sabre termine l'autre. Le parasol royal ombrage son visage.

L'escorte nombreuse, choisie, qui va combattre avec lui, avance avec ordre. On ne voit qu'une forêt d'armes.

Cette marche serrée des guerriers vers l'ennemi est saluée par toutes les musiques, les gongs et les trompettes.

Les deux troupes se sont jointes ; soudain la lutte s'engage, on n'entend plus que les bruits confus des cris de guerre et des chocs d'armes, le sol tremble sous les hommes.

Aucune arme ne reste immobile, les soldats se mêlent, attaquent, se défendent avec les sabres, avec les lances.

Pêle-mêle sont des blessés, des vainqueurs et des morts : des hommes tombent renversés, d'autres viennent les égorger, les pieds des guerriers sont rougis par le sang.

L'épais rideau des combattants s'éclaircit, la place se dégage, les deux Rois lancent l'un sur l'autre leurs éléphants : les meilleurs des guerriers, avec eux, s'attaquent avec lances, sabres, piques, tous ces fers flamboient, on les voit, teints de sang, s'abattre, se lever.

Aussitôt qu'ils se heurtent, les éléphants des deux Rois se déchirent ; leurs maîtres échangent sans parler un regard, croisent leurs armes.

Les traits mâles de leurs jeunes visages expriment le courage, le calme et la résolution.

Vey-Vongsa adroit, valeureux, combat en Roi superbe, habile dans l'attaque, mais bientôt, Vorvong, invincible, d'un coup rapide de sa longue arme détache du corps élancé de son adversaire la tête et la couronne.

A la vue du Roi mort, les plus braves même des gardes de Vey-Vongsa reculent, le trouble se met parmi eux; comme un flot mouvant ils roulent hors du champ de lutte, on voit des hommes tomber tremblants de peur, mourir d'épuisement.

Vorvong fait crier aux soldats du vaincu d'arrêter leur fuite, de quitter toute crainte, qu'il laisse à tous la vie.

Saluant, les mains au front, le cadavre de son vaillant adversaire, il donne les ordres pour qu'il soit gardé avec respect.

Alors les bannières sont levées, Vorvong, tout autour d'elles rassemble ses soldats, va saluer son frère et lui dire sa victoire.

Vey-Vonsga prend place sur son éléphant aux harnachements neufs et

Imp. Monrocq Paris

Vorrong invincible, d'un coup rapide de sa longue arme détache du corps élancé de son adversaire, la tête et la couronne (page 186).

V.

Les deux Rois envoient à leur père la nouvelle de la mort de son fils.

Vous direz ceci :

« O puissant Roi, votre valeureux fils abandonné par la fortune a vaillemment succombé.

« Nos illustres Maîtres vous demandent s'il vous convient de continuer la guerre. Dans ce cas, allez sur le plateau les attendre. Si vous ne le désirez pas, vous devrez les saluer à leur camp.

« Vous y viendrez à pied, non sur un éléphant ou toute autre monture ; sans armes, sans escorte ; faute de tout cela votre attitude sera considérée hostile, menaçante, causera un nouveau combat dont l'issue vous sera fatale, votre vie paiera alors votre témérité. »

Quand il entend ce langage impérieux, le vieux Roi, effrayé, répond :

« O vous, les envoyés de mes forts adversaires ! Pourquoi soutiendrais-je une lutte dans laquelle je serais vaincu, mon fils a été trahi par le sort, il a trouvé la mort, je ne puis plus rien contre eux, qu'ils aient la générosité de m'accorder jusqu'au soir afin que je puisse réunir les présents dont je me ferai suivre.

« Je leur remettrai le royaume, les trésors, ce que je possède, je ne leur demande que la vie en retour. »

Les envoyés rapportent aux Rois frères la réponse du Roi Sauriyo.

Aussitôt l'armée reçoit cet ordre :

« Qu'on plante en terre les drapeaux, les bannières, les emblèmes de toutes les troupes, de tous les chefs. Quand le Roi vaincu viendra saluer les Rois, on ne lui montrera pas l'estrade royale, mais, l'abusant sans cesse, on l'enverra de l'un à l'autre des drapeaux indiquant les campements des chefs, des généraux et des ministres, du premier au dernier, jusqu'à fatigue extrême ; alors seulement qu'exténué, il ne se soutiendra plus, il sera conduit devant les Rois alliés.

« Que partout les musiques, les gongs et les trompettes résonnent bruyamment. »

Ordonnant ainsi, les deux Rois frères, entre eux, pensent :

« Nous lui ferons souffrir un instant la misère que nous avons subie de longues années.

« C'est par miracle que nous vivons encore, sans le secours du ciel nos corps seraient ensevelis dans les sombres forêts.

« Il faut qu'il ressente la leçon, alors seulement qu'il succombera à la souffrance, nous le recevrons. »

Quand les envoyés ont accompli leur message, le vieux Roi Sauriyo est assailli de mille pensées, il sanglotte désespéré. Il craint pour sa vie et pleure son fils, son seul soutien ; son cœur, comme brisé en mille morceaux, n'existe plus.

« O cher enfant, toi mon précieux trésor, pourquoi le fatal destin t'enlève-t-il si jeune à mon amour ?

« Toi, la douce consolation de mes vieux jours, jamais jusqu'ici tu ne m'as causé de chagrin, je t'ai donné mes royaumes, tu as été le bonheur de mes peuples !

« Nous étions deux, mon fils et moi, maintenant je suis seul ! Pourquoi meurs-tu si jeune au milieu des combattants n'ayant aucun parent près de toi pour te secourir ? Je n'ai pas même revu ton visage !

« Ta mort m'enlève mon amour, mon salut, brise ma vie ! »

Fig. 27. — La douleur de Néang Montéa est immense.

La douleur de Néang Montéa est immense en apprenant la terrible nouvelle, sa poitrine est près d'éclater tant son cœur bat violemment (fig. 27).

« O mon fils chéri, trésor de mon être ! j'éprouve une douleur intolérable, je ne saurai jamais me consoler.

« Pourquoi, toi, le bonheur du peuple, es-tu enlevé violemment par la mort ?

« Pourquoi ne m'a-t-il pas été donné de mourir avec toi ? Pourquoi n'es-tu pas mort dans mon sein, alors que tu n'avais pas encore grandi par mes soins, que tu n'avais pas mon amour tout entier, que tu n'étais pas Roi ? »

Elle ne cesse de pleurer son fils, son corps est secoué de souffrances inconnues, elle s'évanouit.

Le roi Sauriyo, devenu plus calme, réunit tous les grands du royaume. Il ordonne qu'on rassemble les richesses, les trésors. Quand tout est prêt, il prend la tête du convoi, se rend au camp des vainqueurs (fig. 28).

Dans les armées alliées, des drapeaux, des bannières sans nombre indiquent les campements des ministres, des généraux, des troupes : leurs étoffes de toutes tailles, de toutes les couleurs flottent triomphales au vent.

Le vieux souverain demande aux premiers soldats en quel lieu se tiennent les Rois ; ceux-ci lui indiquent un drapeau rouge dans le lointain : il s'y rend. Quand il arrive, il s'arrête et se prépare à saluer. Ceux de cette troupe descendent de leur pavillon, ils lui disent :

« O Roi, vous ne devez pas nous saluer, nous sommes simples guerriers issus des rangs du peuple, des serviteurs du Roi. »

Le vieux Roi dit alors :

« O guerriers de l'armée victorieuse, je suis le Roi vaincu, je viens saluer vos Rois. Dites-moi où ils se trouvent, indiquez-moi le chemin ? »

Les guerriers répondent :

Fig. 28. — ..... il prend la tête du convoi.

« O Roi, vous trouverez nos souverains et maîtres près de la bannière verte là-bas, à l'horizon. »

Le vieux Roi y arrive, se prépare à saluer.

Les généraux sont campés en cet endroit, ils l'arrêtent, lui montrent un autre groupe.

Il erre au milieu de l'armée innombrable, en proie à la souffrance.

« Dans quelle situation terrible je me trouve? » se dit-il. « Pourquoi me trompe-t-on, sinon pour avoir prétexte à me faire périr en me faisant manquer l'heure du rendez-vous?

« Je croyais, en me soumettant à mes adversaires, trouver un peu de générosité, j'espérais d'eux au moins la vie! Pourquoi m'impose-t-on tant de honte et de souffrances? puissé-je, avant la fin du jour, voir mes deux vainqueurs, je trouverai peut-être leur cœur assez compatissant pour me laisser la vie. Le doute affreux m'obsède, ma poitrine est secouée violemment! »

Cependant le soleil descend rapidement; écrasé par la fatigue et la douleur, le Roi sent qu'il va faiblir sur le chemin; il atteint un campement qu'on vient de lui assurer être celui des Rois, et lui paraît être le dernier de l'armée, il se prosterne;

Des chefs le saluent :

« O Roi, pourquoi nous faites-vous cet honneur, réservez-le pour les souverains dont nous sommes les ministres! »

Le voyant à bout de forces, ils le font conduire devant l'estrade superbe des Rois alliés.

La vue de ses puissants vainqueurs rend le Roi Sauriyo plus inquiet encore, il s'agenouille.

« Pourquoi, Roi, prenez-vous cette attitude suppliante? Votre âge veut que nous vous traitions comme notre père, venez prendre place auprès de nous! »

Ces paroles augmentent sa crainte, il n'ose pas monter, il reste agenouillé à terre, salue les souverains les mains levées au front.

Les deux frères se lèvent, ils descendent prendre de leurs mains ses deux mains.

« Non, non, » disent-ils, « nous ne pourrons pas souffrir qu'un Roi dont l'âge égale celui de notre père, nous rende ces honneurs, ce serait contraire à toutes règles et usages. »

Ce langage ne rassure pas le vieillard, voyant que les deux souverains l'emmènent par les mains, il tremble de tous ses membres, il est convaincu qu'on va le faire mourir.

« O puissants Rois, ne concevez aucune inquiétude sur moi, je n'ai pas d'arrière-pensée, de mauvaise intention, je n'ai point mal parlé de vous et n'ai écouté personne en mal parler. Je suis venu me soumettre. Je vous conjure en retour de me laisser vivre, je vous remets royaume, richesses, tout ce qui peut vous satisfaire ! »

Vorvong et Saurivong répliquent :

« O Roi, nous n'avons nullement l'intention de prendre votre vie.

« Nous vous faisons venir afin de connaître vos intentions ; nous ne vous voulons pas comme tributaire, nous ne désirons pas de soumission de ce genre.

« Votre fils nous a résisté jusqu'à la mort, nous voulons savoir par votre bouche si vous ne seriez pas disposé à continuer courageusement la lutte ? Voulez-vous combattre ou non, c'est cela que nous tenons à savoir ? »

En les entendant, le vieux Roi Sauriyo devient blême de frayeur, il est près de s'évanouir.

Il est bien loin de se douter que ses deux vainqueurs sont les deux fils que dix ans avant il a donné l'ordre de détruire.

« Quel incompréhensible caractère est celui de ces deux rois, » se dit-il. « Je me remets en leurs mains, je leur présente mon royaume, mes richesses, ils semblent avoir le désir de combattre ! Ils me font subir la honte par leurs paroles, après m'avoir offensé sans égard, ils m'imposent le combat, c'est qu'ils veulent ma vie ! »

— « Je ne saurais avoir la prétention de reprendre la lutte contre vous, ô illustres Rois, modérez votre colère, laissez-moi vivre, je serai éternellement votre serviteur reconnaissant. »

Ses fils inconnus lui répondent :

« Puisque vous avez peur de nos armes, ne conduisez pas le combat; envoyez contre nous vos deux autres fils, nous voulons nous mesurer avec eux.

Mais pourquoi êtes-vous seul? Pourquoi ne vous accompagnent-ils pas? Pourquoi les laissez-vous dans l'oisiveté et la mollesse? Où sont-ils? »

— « Puissants Rois, mes deux premiers fils sont morts depuis longtemps, le troisième a succombé par vos armes.

« Mes deux aînés étaient de nature mauvaise, rebelles à mon amour; encore enfants, ils furent assez audacieux pour tenter de faire violence à la seconde Reine.

« Je les ai fait décapiter. »

— « S'ils étaient encore enfants, vos deux fils, est-il possible de croire qu'ils aient osé une pareille action? Qu'avez-vous su de leur crime? l'accusation de la seconde Reine!

« Ne se pouvait-il donc que, ne les aimant pas, elle l'ait imaginé?

« N'eûtes-vous donc aucun égard pour ces deux fils qui pourraient, aujourd'hui, vous défendre contre vos ennemis?

« Votre colère vous aveugla-t-elle au point de faire mourir vos enfants sans vous être assuré s'ils étaient criminels?

« Votre conduite aurait alors été celle d'un homme suffisant, dénaturé, féroce, à qui la colère ôte tout jugement, toute raison, d'un homme sans cœur et sans pitié. Comment alors pouvez-vous représenter la justice?

« Aujourd'hui, sous les yeux de votre population confuse, vous vous livrez honteusement à vos ennemis, tremblant de peur comme le dernier du peuple.

« N'avez-vous aucune confusion, aucuns regrets, aucuns remords, ne pensez-vous pas que vous supportez une juste punition?

« Ne reconnaissez-vous pas en nous ces êtres négligemment condamnés à la mort?

« Nous sommes vos deux fils ! »

A cette déclaration, le vieux Roi est secoué de terreur.

« Non, » se dit-il, « ce ne sont pas mes fils, ils cherchent un prétexte de plus pour me condamner. Après m'avoir inutilement provoqué à une autre lutte, apprenant que j'ai fait décapiter mes fils, ils disent être ceux-là depuis si longtemps réduits en poussière ! Leur langage violent m'annonce, pauvre créature, que ma dernière heure approche ! »

— « O puissants souverains, je reconnais les torts que j'eus en faisant ainsi mourir mes enfants. J'étais déjà âgé, ma tête était affaiblie. Sous la violence de la colère inspirée par une femme, j'ai donné cet ordre sans considération pour mes enfants et pour mon sang.

« Accordez-moi grâce, ô Rois? N'aggravez pas ma situation de vaincu en vous disant ceux que j'ai fait mourir. Soyez grands et généreux, n'augmentez pas la charge que la guerre met sur mes vieux jours, laissez-moi vivre encore ? »

Vorvong et Saurivong comprennent alors clairement que leur père ne les reconnaît pas, que sa raison est près de s'égarer, respectueusement, ils se jettent aux pieds du Roi Père :

« O père ! Nous sommes ceux-là que vous avez chassés de votre cœur !

« Croyez que nous sommes bien ces deux frères, vos deux fils ! N'ayez plus aucun doute, nous nous appelons Vorvong et Saurivong !

« Notre mère est Néang Tiéya.

« La Reine Montéa nous avait en haine : un jour, elle nous prend dans ses bras, appelle au secours, nous accuse. En l'entendant, la colère vous aveugle ; sans rien vouloir entendre, vous donnez ordre qu'on nous fasse mourir.

« Notre mère affolée nous suit dans le bois, arrive jusqu'à nous, nous couvre de caresses, pleure, roule à terre, meurt de douleur sous nos yeux.

« Nous prions les Anges de lui rendre la vie, ils exaucent nos vœux. Devant cette manifestation de la puissance du Ciel, les bourreaux favorisent notre fuite. »

Les deux princes racontent aussi leur vie pendant la longue absence, leur séparation, la misère de Vorvong, son naufrage, son arrivée à Canthop Borey et la scène de la salle des peintures.

Le vieux Roi ne doute plus ; il serre ses enfants dans ses bras, il leur parle avec douceur et tendresse.

« O chers enfants, remercions le Ciel, votre destinée vous a sauvés de la mort, quel bonheur de vous revoir, tout puissants, beaux, généreux, remplis de vigueur, pleins de jeunesse.

« Mes torts à votre égard sont immenses, j'avais perdu la raison, j'aimais trop une femme, ses paroles faisaient ma loi, je ne voulus pas approfondir les causes, je perdis l'amour que j'avais pour vous ; n'entrant dans aucune considération, je donnai l'ordre de vous tuer.

« Grâce à la miséricorde des Anges, à la vertu de votre destinée, vous vivez et vous êtes Rois tous deux.

« Je n'aurais jamais pu comprendre que vous étiez à la tête d'une pareille armée, jamais il ne me serait venu à l'esprit que c'était vous qui aviez envahi mon royaume.

« Mon crime est impardonnable, considérez seulement mes vieux jours et laissez-moi de côté comme un être sauvage et odieux. »

Les deux jeunes Rois se prosternent à ses pieds.

« Ce qui nous est arrivé par Néang Montéa, conséquence de nos vies antérieures, était écrit dans le destin. »

Le Roi envoie aussitôt des ambassadeurs, une escorte et des suivantes à la Reine Tiéya pour l'amener vers ses enfants.

Ordre est alors donné à Néang Montéa de se présenter seule à pied.

Bientôt elle arrive ;

Le Roi Sauriyo lui parle avec colère :

« Te voilà, Montéa, femme artificieuse, qui m'as volé mes fils.

« Écoute ceci :

O père ! nous sommes ceux-là que vous avez chassés de votre cœur !

(page 145.)

« Avec des paroles mielleuses, dissimulant ta haine, tu as attiré mes enfants dans tes bras ; les y retenant, tu as crié à l'aide en trompant tout le monde, personne ne se doutant de ce que tu préparais :

« Raconte maintenant, ici, la vérité complète? »

Néang Montéa effrayée se prosterne en pleurant :

« O grand Roi, ce que vous venez de dire n'est que la vérité ! »

Entendant son aveu, le vieux Roi ordonne qu'on la prenne et qu'on l'aille de suite noyer dans un étang (fig. 29).

L'infortunée Néang Tiéya fait son entrée au milieu de l'armée respectueuse.

Anéantie de joie et de bonheur elle reconnaît ses fils, serre en pleurant leurs corps contre son corps.

L'armée entière assiste émue à ce spectacle.

« O mes enfants, j'étais désespérée de ne pas vous voir revenir les dix ans écoulés. Pas un beau jour n'est entré dans ma vie pendant votre absence !

« Par un excès d'injustice, la colère de votre père n'a jamais diminué pour moi, Néang Montéa l'entretenait par sa haine !

« Aujourd'hui, je revis par votre vue !

« Sans votre retour je serais morte de douleur, mon cadavre serait resté abandonné dans ma misérable cabane. »

Le Roi Sauriyo lui parle alors ainsi :

« O femme, sois généreuse et pardonne ma conduite ; oui, mon crime est grand, j'ai honte d'en parler, Montéa qui l'a causé est morte ainsi que Vey-Vongsa, c'est la punition de la faute. Toi au contraire, ta destinée est heureuse, le bonheur t'accable, tu revois tes enfants et tous les deux sont Rois !

« Pardonne-moi le mal que je t'ai fait, ô femme qui fus chère à mon cœur. »

— « O Roi, je ne saurais avoir sentiment de haine ou de vengeance,

Fig. 29. — ..... ordonne qu'on l'aille noyer dans un étang.

mes fils sont là, mes fils ont oublié, je vous pardonne tout, vivez heureux comme autrefois ! »

O Roi, je ne saurais avoir de sentiment de haine ou de vengeance ; mes fils sont là ! mes fils ont oublié ! je vous pardonne tout, vivez heureux comme autrefois ! (page 148.)

Les deux jeunes Rois présentent ensuite au Roi et à la Reine, les princesses leurs femmes agenouillées, respectueuses en arrière, et le petit enfant.

Le Roi Sauriyo et Néang Tiéya se sentent heureux et fiers en voyant les admirables jeunes femmes de leurs fils, ils prennent dans leurs bras le fils de Vorvong, le comblent de caresses.

Vorvong et Saurivong préparèrent ensuite les funérailles de leur frère Vey-Vongsa. On éleva un superbe monument à l'intérieur duquel fut placé le corps du jeune Roi (fig. 30).

Pendant un mois et demi les prêtres prièrent jour et nuit près du cercueil.

La cérémonie pour confier les restes au feu eut ensuite lieu.

Des fusées en nombre incalculable furent lancées dans les airs, des feux d'artifice firent la nuit semblable au jour. Tout était d'une splendeur comparable aux fêtes célestes.

Des guirlandes de fleurs ornèrent l'édifice funéraire dont les alentours transformés en un jardin immense étaient remplis d'arbres et de fruits artificiels.

On voyait des fleurs flotter gracieusement, fraîches écloses au vent. Il y avait des fruits à tous les degrés de maturité, on les eût cru créés par la nature, tant ils étaient bien imités.

Sauriyo et les jeunes Rois, ses fils, placèrent eux-mêmes le cercueil de Vey-Vongsa sur le bûcher. Ils demandèrent au mort de leur accorder le pardon.

De véritables richesses furent ensuite distribuées aux pauvres.

Ce devoir pieux étant accompli, l'élévation du Roi, de la Reine, et de leurs fils fut solennellement faite, puis, les frères ayant le désir de rentrer dans leurs royaumes, se rendirent au palais pour faire leurs adieux à leurs parents (fig. 31).

« O père, nous souhaitons que votre règne soit heureux. Nos royaumes sont sans rois, la route est longue et pénible. Nous ne pouvons pas rester plus longtemps dans notre pays natal. »

N'osant les retenir, le Roi leur répondit :

« O enfants, je ne puis pas prétendre au bonheur de vous garder, mais vous êtes mes seuls héritiers, si vous partez, laissez-moi au moins mon petit-fils, je le ferai régner bientôt à ma place ? »

« Puisque vous désirez le garder, je vous l'offre, » répondit Vorvong.

« Nous demandons seulement à emmener les bourreaux, ceux qui nous ont sauvé la vie, leurs bienfaits ne peuvent être oubliés ? »

— « O chers enfants, ma joie est grande de voir que vous n'oubliez pas les bienfaits.

« Quand vous serez dans vos royaumes, pensez à nous, vous êtes la seule consolation de nos vieux jours. Oubliez mes fautes et de temps en temps donnez-nous le bonheur de vous revoir. »

Ensuite Néang Tiéya prit la parole :

« Mes chers enfants, votre départ va me mettre un poids douloureux sur le cœur, je sens ma poitrine se déchirer à la pensée de cette nouvelle séparation, votre départ m'enlève le bonheur.

« Je suis comme une femme au bord de la mer, baignant son enfant. Soudain, enlevé par les flots, le petit être échappe à ses bras : elle sanglotte, gémit, arrache ses cheveux, roule sur le sable, lançant vers le Ciel appels, plaintes, prières.

« Elle est écoutée ; un Ange prend l'enfant et le lui redonne. Grand est son bonheur, elle pleure maintenant de joie et d'amour.

« Je ressemble à cette mère, ô chers enfants, pourquoi me quittez-vous de nouveau ? »

Les deux princes se jettent à ses pieds :

« O mère, comment pourrions-nous vous laisser dans la douleur ? chaque fois que vous le demanderez, nous vous promettons de venir vous revoir. »

Fig. 30. — On éleva un superbe monument.

Vorvong avec sa flotte prend la route de Chay Borey.

Fig. 31. — ..... L'élévation du Roi, de la Reine et de leur fils.

Il revoit son beau-père, le Roi Sotat, confie à ses soins la Reine Rot Vodey, puis, à travers les airs, il se rend avec Néang Kessey près du Roi Thornit.

Il est sacré Roi de ce royaume, au milieu de la joie du peuple et des grands.

Vorvong voulant récompenser l'action du chef ses bourreaux, le fit Second-Roi et repartit pour Chay Borey.

Longtemps après le Roi Thornit mourut, une cérémonie sans pareille eut lieu pour ses funérailles.

Le bonheur resta sur cette grande famille, ses royaumes florirent ; leurs populations, sagement gouvernées, furent heureuses sans cesse.

Rois et Reines moururent à un âge extrême ; regrettés des peuples et du monde entier, ils eurent place au Ciel.

NÉANG-KAKEY

NÉANG-KAKEY

Fig. 1.

Recommençant une nouvelle existence, le Praputisat naquit d'une princesse Krouth, devint un roi puissant.

Il avait un palais admirable, des jardins merveilleux. La nature dans son pays était extraordinairement belle, forêts, montagnes, mers étaient sans pareilles.

Il se transformait à son gré, on le voyait avec le visage d'un génie, sous la forme d'un prince, etc.

Aucun Krouth ne l'égalait.

Il se nourrissait des fruits des forêts (fig. 1).

Pour se distraire il descendait chaque semaine sur terre au pays du roi Promatat (fig. 2).

Prenant le corps d'un homme du peuple et le nom de Méas-Nop, il touchait le sol près d'un figuier et se promenait dans les environs du palais.

Le roi le rencontrant un jour l'invita à jouer aux échecs. Comme il était très habile, il lui plut ; il ne manqua pas dès lors de venir voir le prince à chaque voyage (fig. 3).

Fig. 2.

En jouant un jour, il aperçut Néang-Kakey, l'épouse favorite de son ami ; dans son cœur il se dit :

« Comment un être aussi adorable peut-il exister sur la terre, il n'en est certainement pas un seul dans les régions célestes qui lui soit comparable. » Et le voilà éperdûment amoureux.

En le voyant, Néang-Kakey éprouve pour lui un sentiment pareil, elle désire même fuir le palais pour le suivre.

Ayant joué jusqu'au soir, le Méas-Nop se rend au figuier, y prend son vol, puis revient près de la demeure du roi.

Dans les jardins, Kakey se promène espérant son retour.

Pour dissimuler l'enlèvement le Krouth soulève la tempête (fig. 4) : il prend alors Kakey dans ses bras et l'emporte par l'air, au-dessus des montagnes, des sept mers des plaines immenses, séparant sa région de ce pays qu'ils quittent (fig. 5).

Fig. 3.

On ne s'aperçoit pas tout d'abord de la disparition de Kakey, mais l'orage apaisé, la nuit venue, les recherches ne laissant pas d'espoir, ses compagnes qui toutes l'aiment à cause de son caractère doux et aimable et malgré sa beauté, viennent en pleurs, aux pieds du roi, dire leur douleur.

Fig. 4.

Arrivé dans son royaume, le Krouth montre à sa maîtresse ses jardins, son palais, les eaux : tout lui paraît prodigieux (fig. 6).

Fig. 5.

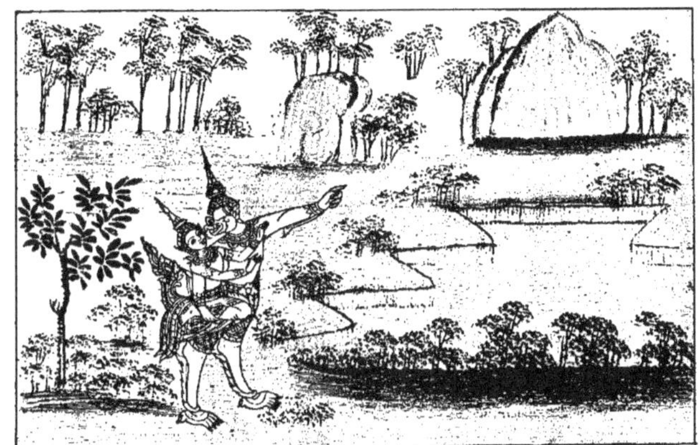

Fig. 6.

Il lui dit : « Oublie le passé, tu jouiras ici d'un bonheur sans mélange » (fig. 7).

Fig. 7.

Le roi Promatat songe que peut-être Kakey a été enlevée par le Méas-Nop, il confie sa pensée à son ami Yack Kotonn.

« Attendez au septième jour, lui dit celui-ci, lorsque le Krouth vous quittera, je me transformerai en puceron, je m'introduirai sous ses ailes, je serai transporté dans sa demeure, j'en reviendrai avec lui, je vous dirai ce que j'aurai vu » (fig. 8).

Le Krouth et sa compagne se promènent du matin jusqu'au soir, cueillant sur les montagnes, dans les bois, les fruits aux arbres, se baignant dans les fleuves. Kakey oublie tout.

Fig. 8.

Pour écarter les soupçons, le ravisseur, le septième jour venu, va faire sur la terre sa visite ordinaire. Il dit adieu à la jeune femme, ferme jalousement les portes et disparaît dans l'air (fig. 9).

Près du figuier il prend le corps du Méas-Nop et se rend au palais où le roi l'accueille avec l'empressement habituel (fig. 10).

Pendant qu'ils jouent, le Yack vient s'asseoir près d'eux, et, quand ils se quittent, se rend invisible, suit le Méas-Nop à l'arbre (fig. 11).

Fig. 9.

Au moment où il redevient Krouth, Kotonn se transforme en un imperceptible insecte, bondit sur son aile et franchit avec lui l'espace.

Bientôt il voit Kakey ; satisfait il se cache.

Fig. 10.

A peine de retour, le roi Krouth s'éloigne, il va dans la forêt, cueillir jusqu'à la nuit des fruits pour sa compagne.

Kotonn alors paraît, s'approche de Kakey, il dit qu'il vient pour la distraire, puis, qu'il l'aime et, chaque fois que le Krouth s'absente, ils sont dans les bras l'un de l'autre (fig. 12).

Fig. 11.

La semaine finie, le Krouth ramène, sans le savoir, le Yack au pays de Promatat.

Quand le roi aperçoit Méas-Nop, il fait préparer les échecs. Déjà ils jouent, Katonn entre, prend une guitare, s'assied et chante (fig. 13) :

« Le palais du Krouth est véritablement le plus agréable des séjours ; cette Kakey est incomparable, son corps exhale un parfum plus pénétrant que celui des fleurs. J'ai passé sept jours seul avec elle, vivant de son amour : la nuit elle reposait auprès du Krouth, je suis encore tout imprégné de son exquise odeur. »

Fig. 12.

Tandis qu'il chante, le cœur du Krouth s'emplit de honte et de colère.

Fig. 13.

Fig. 14.

Il se lève aussitôt, regagne sa demeure, dit à Kakey : « Ton cœur est abominable, je te ramène chez ton maître (fig. 14). »

Fig. 15.

Sourd à ses prières, insensible à ses larmes, il repart, la dépose à la porte du palais, disparaît pour toujours (fig. 15).

Cette femme qui a eu plusieurs amants, le roi Promotat ne l'aime plus.

Des gardes la lui amènent.

Tremblante, elle tombe agenouillée, en larmes, devant lui.

En proie à la colère, le roi veut qu'elle périsse. Il ordonne qu'on l'expose et l'abandonne, en mer, au gré des flots sur un radeau déjà tout préparé.

Fig. 16.

Kakey ne veut pas mourir: elle pleure, gémit, supplie, se traîne aux pieds du maître, implore sa pitié.

Mais lui, reproche aux gardes leur lenteur à lui obéir, il commande qu'ils l'attachent et l'entraînent aussitôt.

Ceux-ci alors la lient, la conduisent au rivage (fig. 16).

Ils l'aident à monter sur le radeau, le lancent dans le courant (fig. 17).

Gémissant sur son sort, Kakey est emportée par la marée au large.

Lorsqu'au milieu des flots, elle aperçoit les monstres des abîmes,

Fig. 17.

elle est saisie d'épouvante et s'évanouit : le radeau chavire et elle est engloutie (fig. 18).

Fig. 18.

VORVONG ET SAURIVONG

TEXTE CAMBODGIEN

LES DOUZE JEUNES FILLES

TEXTES CAMBODGIEN, SIAMOIS ET LAOTIEN

NÉANG-KAKEY

TEXTES CAMBODGIEN, SIAMOIS ET LAOTIEN

22

រឿង
វរវង្ស សូរវង្ស

VORVONG ET SAURIVONG

(Texte Cambodgien.)

សុកស្រីផ្ទៃពោះ ៙ នោះខុសពាក្យក្តី បើកបង់ចាត្តិយ លើសលុះកាត្ថារ

តាំងក្តីការកោដ ចាំស្រែចក្តីណា ចាំពីចារណា សែនថ្លាប់បារីស្បែ

៙ នោះអ្នកឯណា ទោះចងកាត្ថារ ព្រះចាំផលាទាត្យ លុះមជ្ឈយចាំម្រែង

ដឹកផ្លូវបាត្យ ឲ្យលុះមកាកត្យ នោះភពចរចារ ៙ របិចាអស្ទើងលុង

អាងខ្សែត្រូវផ្សែង ចាស្រីឡូភាគ់ របារណោះក្រុះខា រថ្ងៃស្រាត់សេរីយ៉ា

ស្តេចស្តេចឧត្តរចារ ក្រុលខងករ ៙ ស្តេចមាតម្តេចឡឹ តោះមត្យហាក់ត្បឿ

ដឹករគកអក្សរ ប្រែលស្រែចអសអក្ខ ស្រើល ត្រឹងតាមករ តាងតាម្ពបរ

រថ្ងៃស្ត្រារតេត្យ តាងតាម្ពយល់បក ក្រកាលតាំក្រែប អលចារម្មះបាិអា

យលក្ខចតាប់ល លប្បូរស់រកើតណា បោះតឹលរភ្ញៀ ត្រុះលើកតាំទ្បៀ

៙ កាច់ស្រីស្បូរចោរ រាក្សីរឿប្រែះ ត្បលខះប្រែត្យ ជម្ពហុចម្ពុតាង

តាម្ពអរតេតក្បែ ខគុលបៀរទ្យ បុរីខ្លួចក្រែប ៙ តាស្មើពារិខះ

ភាក្សីស្សីមេះ រលាកតាំទីតលរាប់ សីងមាងតាំស្បែ ខ្សែត្រែវិង

ត្រុំក្ត កាត់ខ្ញុំតោត្យថ្លាប់ · ខតរស្បូរតាង ក្រែស្បូរតាត្យើ លុះ

កតទីមរឿ ស្នៀក្រែប្រែមាង ខតរត្យើលល លោភ្នៀលបូរលោង

ដើមស៊ើហកំពង តែឪយកុកពុធារ ១ ចាំបើធានីបច អញ្ជើញធានផ្ទះ
ក់កុសឹសំ អាកាបិទទ្វាន ពូចពាញ់ប្រាំ តំកឺវិឯងណា ៖
គល់រេះមូង ហ្អីសីសំ ការពាច់កែរេវ ពួចមកន្រ្រឹកហោង ៖
ចាងអរឯនួស ស្រាកស្រ្រួសកកចាំង ហ្អីយហោងប្រ ៃសីវ៉ឯសួងស្លើក
ចាងតាប់ន្ប័ដ្ឋា ចាងនាច់កែរេវ តុំកុឺគួទក ចាងថ្ងីមាកាកល
មឱសសិបើក ស្រ្រេកាស្រេឱេក កក្រអុក្ខា ១ ចាងចាំរណ្ត្រឹយ
ចាច់ភាកហ្សីនកឺ ឬចាំមបិត្រិការ ចាងសេង្ស្រ្រ័ស្អា ឱះ៖អាគា ៖
នឹកចាច់យាគ្រា ទេនួតលនុក្តិវ៍ មហាទុក្រស្រ្រឈាចស្ត្រាប់ ចាចាង
ទ្រោញ់ច្រ្រាប សាសាសប្រ្រឺព ាសាច់ឈុ៖អំលា ារខាច្រេកាកំព្រាយ
ពីកឝ្រ្រ៖ហារិទ្ធុ អាកកងឺមពា ១ នឹកក្រសួបធ្យ្រាំ ខ្យ្រាយ៉កបិន្ហ
ណា អាយុារេឱមានួ បើអាក្រឹពុំឪឹក អាញាកឺរី៖ស្អាច
បំយើនទរកាច បុកពីនង្ស្រ្រា ១ ខ្យ្រអង្ស្រ្រាយ៉កខោ ស្រ្រាញប្រ្រ៖ស្រ្រាច់ប្រ៖
មឱមានេចស្រ្រា កូចេស្រ្រឺចំឈាច ចចចាំនឆ្អាន់ កំឡ្យ្រាសលឺយ្យណ
ចាងកូចបំឈាច ១ ពីកាលចាច់ទាច យសាកចាំម ានួ ក្តុ

ស្ដេចចងចោទ សំរេចឧក្រិដ្ឋ ភក្ត្រញញួរព្រួច កំឡាមាត់ហឹង
រិតតាងចោរសៀ ៙ លុះកំហូងតា ឡើងឈនមាស ក្បៀតាងឈាមហឿ
ស្រែចតាងប្រៀត ភាសាបុកអាស្រៀ ពីកកំណុងស្បៀ ប្រៀតទោចណា
ចំរោតគេកងមុន្ត មកយកប្រុតមឹង តាបុកខ្សក្រៅ ដោយឆាព្រែលាស្បៀ
ប្រឹមប្រែរោភារ ចំពឹងជូនមា ចាំមន្ត្រីកាង ៙ ទេកទេរបុត្ត ផុត
មីកាចឃុត ចុះតាកលុគ្គា មកយកប្រុតទ្រ សង្គ្រាមត្រូវស្រង
បបបួលនិងបង រួមឯកឱត ៙ ផុតទោឆឹងណា មីឯអន្តត្រូ
ត្រីមាតាអ្នឹងរ ពឹងអន្តសំរេច ណារកេងបរ ឯកណាក់លោះសរ
រៀបណាងបរមី ៙ គលកបរែងហើរ ពីកកំណុងស្បៀ គ្គារកងឧក្រិត្យ
ប្រែស្រុកកងបុត បរសុខភ្ញារហ៊ើ ពឹងអន្តកោជី សត្រូវលោកឱកំម
៙ រីហាកត្រូវកាល កាន្ទ្ធកបន្តូល ស្ដេចអាជ្ញាឱុំម រៀបណាងត្រឹង
ចំពឹងបុងបំម កេការីនិងស្រីម ត្រែកក្នុងវិកាការាង ៙ ដោយឆ្លួយ
ប្រិតៀ ស្រៀតរិស្ដេចសើសវិត្យ គតញ្ញឹមតាង ព្រះវរបីកា ៈ
ករុណាពុំឱ្យឡង រួមរក្ស ប្រុកពីអន្តារ សំរេចព្រះវរ

បិតាមាតរ ខ្ញុំព្រះតេជា បុកស្លាប់ក្រអូ ឡើងទ្រង់ហារណ៍ ទៅវ្យុ

វន្ទារ តាមវិន្យប្រកដ្ឋ ១ រឿងអាណុភាព ព្រះរបិតា វណ្ណរលួច

សម្ដេច ខ្ញុំព្រះតាមការ បវរកុណង្គ ខ្ញុំរបារប្រកដ្ឋ រហាវរវន្ទារ

១ អសមុកមន្ត្រី វិលណាបុត្រ វក្កាល្លប្រាជ្ញ លោកលីឯមីតម្បូល

អង្គាលវេលា ប្រលោកសម្ភារ ភក្តបុកតីក់ង្ក អង្គាប់ចោរ

ណា តាងតារមតា រលតីត្រូចច្រឹង ក្លារព្រះភគបុក បរសុកាវន្ធ

តាំងសមុកផ្គុំ អំបូរមហាក្សត្រ តលក់បវងហើយ តីកក់លុងហើយ

ប្រល្លុកបុកក ព្រះវរបិតា ក្ររណ៍ប្រតីតាត ខ្ញុំតាមប្រសើរ ៖

បុកកោរកំហូរ ១ រឿងតាមណោរ ភក្ដីម៉ារចោរ ទៅវ្យុវន្ទារ ៖

ចំណើនអាយុះ លុះព្រំមត្ដំមណា ព្រះជីតក់ន្ទ្រព្រះ កេកាព្រះហារង្ស

១ ប៉ុនកាលកងបុក តាំងបីប្រកដ្ឋ សីងព្រះនព្រឹះវេខ្ញ ប្រកាប់កើងលេង

បំខុងសមកន្ធ កេកាព្រះហារង្ស កតង្គមាចហឹង ១ រឿងតងមតារ ៖

រោកលិកបុស្ស៉ា ទ្រង់ឡើងឈើមយ៉ាង កំពូវកោះមាច តីព្រឹច

រំអួច រលឹងត្រៀកងាង ឋិតចង់ប្រកក ១ តាងមុតាតីក រឺះ

[illegible]
[illegible]
[illegible]
[illegible]
[illegible]
[illegible]
[illegible]
[illegible]
[illegible]
[illegible]
[illegible]
[illegible]
[illegible]
[illegible]
[illegible]

ពាក់ មុខហើយចូលទៅ ១ ទាល់មុខតាខិប ចាំកន្សែងក្រសោប ស្បៀងអ្នក
ក្នុងព្រៃ កៀវខ្ញាប់តាំងពី ហើយរៀបកងទៅទៅ សាក្រោយទាំងទៅ
តាំងពីខេណោ យកកាចាប់សា សកាកំប្រែលោក សកាំសាំគា
ប៉ុកតអាកុក សោកកែលយកការ ប៉ុកចាប់អកាណា អ្នកក្លិយ
ជួយអការ ១ បុពិកខ្មៅក្រែ រវងវាតស្វាយា ក្រុមស្តូប៉ុលោក សាលូរ
មីកាពើល ស្តេចអ្នកខ្លួមបរិកា អ្នកយកបំភ្លេក ខ្ញុំផ្ទៃចង់ចង់ម្តិប
១ ខ្ញុំក្នុងក្រំអស្ត យកកាយកប់ង ប៉ុតចាប់ចង់មណា បើអើងប៉ុលោក
បន្តិកាទៅកំ ស្តេចខ្ញុំចង់មហា សាស្ត្ររបស់ពិរ ១ អ្នកចង់ស្តែលគ្រោ
សៅរតមការ សម្រើបមកមីរ ឯក្រានុក្កពី ចេកាក្បែមងឹយ
យលបុគតាំពី ប៉ុចាប់ងឹងតាង ១ ស្តេចខាល់មុះហើយា ថ្លែងក្រា
ក្រោយហូរ ពះស្រាវបង្ហាង ប៉ុងស្រួលក្រុចត្ត កុងកងអំភាង
មីស្មឹស្បែខេមេភាង ងឹងរលកលួរ ១ ភិក្ខុបុរីខ្លះ ស្តេចកលភ័រមុះ
ហ៊ាចក្រុកអការក្ស បើត្រូមហើយណា សំមកផលក្រុ ងឹងអកាតលួ
មីងសែងហៀណា ១ ស្តេចក្រើរក្រោងខ្លាង ខាល់ក្បែក្តែយុំ គង្លឹក

មុះប្រិយា មិនគិតកាត់បុក បរសុទ្ធទេហា កំពីងរណារ គល
គិតល្បើហោង ។ បន្ទូលក្រាលក្រៃង ចាំការះអលរគេជ្ជ ឃាត្កកផង
គោរពហ្គិនមីមារ យកគាថាបចង ចាំក្បួនអម្ពុង នាំចេញកាតៅក្រៅ
។ យកគាថាប្រុកកាប់ សំឡាបតូវក្តុំ កប់ក្នុងរណ្ដៅ ខ្មីរណ្ដាអ្នកផង
ត្រឡាចរកតៅ ចូលចោមចាប់ចៅ ចាំក្បួនអក្ខារ ។ អាសូរបុត្រថ្លៃ ៈ
កំពីងតុកក្បៀ តុបតលអាត្មា ហេតុតៀរអ្នកឯង ពីព្រេងហោងណា
ខីងចាងមុតា ទុតក្បៀរចោរហោង ។ រីឯកយំមរកឡា ឱអ្នកម្យាក្ក
អាសូរយើងឯង យើងក៏ឯងលេចក្តី កកប្បៀតាំមុខ្កង អ្នកឪយ
រឯហោង លួមព្រៃបីតា យើងកកតោលល្បើ លោមយើង
មកហ្នឹ ក្បៀរខ្ញាប់បឿងថា ចាំយើងមានទោល អាក្រោយឃោល្ហ
ខ្ញុំព្រៃបីតា ព្រោងក្បៀរកឡូង ។ កាលណាគេឯឃាន្ត កំបាងប្រែង៉ាក
បុកខ្ញុំគតគតហោង លើកក្បៀរបង្គុំ ប្រែណំមយំមផង អាសូរ
ព្រៃហាហោង ទីងលេចកំចាច ។ រើតចាំក្រាអង្គ ចាំក្បៀរក្រេចក្រង
ក្រាក្បៀរសំលាច ឯចាងរង្ហា ឥឡាកញ្ញៀយាច ចាងតាក់

កមាន ស៊ីត្រាវាំងបុក ១ ខាងទិសល្វៀង ក្បាលគល់បំប្រុះ ហាក់ឡើង

រលំក ខាងភាក់ឃាតី អ៊ីអាវក្រក កាមត្រាវាំងបុក គល់ឡើង

សំណាង ១ កាមតាំងឡើងឡើង ខ្សត្រីក្រើឡើង តរពុកច្រាះច្រាង ត្រង់

ត្រាក់ឆ្លង រឿងរើងកំពង គរឃ័កការណាង ក្បែរគឹគអគ្គារ

១ បង់ត្រីមពីគ ១ ខ្សីត្រាខាងទិបអគ្គ បុគពីក់ប៉ុរឡើងគពាង ទិកន

រគកំដារ ម្ដាយខ្ទីបណ្ដូគកក ពីកើតមកគលក្បែរ កំរិតល

តើរឡើង ឡើងពៅកវឡើងប្រើឡើង ១ ពីកយុបង្ហាខ្ទីបអ្នក កំរែក

អាក់ម្សុកឡើង ច្រាំមខ្ទាងអ្សើយ ៗ ម្សុកវ៉េើរលួងកំដារ ក្បែរគល

ពីពក គលពាកយាកក្រៅណា ពៅកំអាសលួងការ គល

ត្រីក្បាត់ឡើងសំណាង ១ ពៅទីងសំរាប់បង់ គុំពីអគ្គក់បការណាង :

ម្ដាយកុពៅប្រមាង. ម្ដាយមកក្ដុំខាខយលមុក ១ អាឡើងត្រង់ម្ដាយ

ខាងយល់ខាខេងអុក ក្ខបពៅបុកកបពៅវបង ក់ប៉ោហពៅ

សំរាប់ សំមគ្គាយញ៉ាប់ខាងងងើខា រលខវើងកុំត្រា ក្ខខកំដាង

ច្រិលកុំទីក កក់ពៅរាប់កុំណើកឡើង កើតអាមហាខ្ញុំតឡើង.

ហោរាព្រឹទ្ធាចារ្យ ឲ្យឆាប់ៗទៀត កាលក្នុងថ្ងៃយ:នោះ

ឲ្យរៀប ម្ដងឆាប់ៗ ឥតឈប់ ខិតដល់ហាល់ក្រោះណា ១ ទាល់តែ

ៗ រកជំរុក ការរក្សាអនាម័យ ព្រះរាជតេជៈ ជួលឃ្លាកម្ច

ពលទៀត ១ ពុកគ្រូកាលកម្មករ សក្តិការពាក់ស៊ីស ចាប់

ពាក់ហារី ពាំនាំកាសអក្ខរាគា ឯព្រះរាជបុត្រទាំងពីរនាក់ សឹងតែការ

ទៅស្ទើរតែក្រាល ព្រះមេណាសាហារមាល ស្ទើរលោករឿងយាយឃាត

អ្នកលក់ក្នុងមុះមកពល ខំមមកឲ្យទាំងមាយ ម្ដងទៀតមកឲ្យ

ផ្ទាល់ រឿងពីកណ្តាលកុង ព្រះមេចាប់ច្រឡំក្រឡាំ រឿង

ស្លាប់ក៏សូរណា ពុកព្រះមេហ្មាសាហារហោង ១ ឱ្យអាលព្រះជើង

មកយើងនឹងប្រើភ្នាំងឲ្យ អង្គារគាប់ ព្រៃព្រះមេយើង

ពងរល ១ ប្រពីអមាសតោ ជើងគងតោទាំងពីរសង្កប់ រួចក៏យក

សោត្តិស ព្រះហង្សឱ្យប្រាំមួយទៀត ១ យើងទាំងពីរនេះណា :

ល្អកម្មការពីពារទៀត រីកដ៏បារមីខ្សែ ជួយចាំផ្ទះព្រះមាតា

ឲ្យអ្នកខាងព្រៃ ពួកពីរនុចនៅឯណា រីករះយើងមេឃា

សូមទេព្ដាជួយផ្ដិតផ្ដល់ ៙ ឯទៅវរវង្ស ដួងចិត្តទ្រូងក្ដៅរោលរាល
ព្រះហឫទ័យស្ដុកស្ដល់ ជួបជុំបរមក្សត្រមាតា អ្នកគង់ក្រុងកំឡុង
ខ្ញុំគាល់ហើយសែនកុក្កុដា ត្រូវរំលឹកគុណា ទ្រង់ព្រះមេត្តាប្រោសសាការ
ហេតុអ្នកមាស្រីប្រុក ភើរត្រាតកក ស្រីយាល ក្រកក្ដុំមរណាយ
គួបគលកាលតួចលោហិត ៙ ព្រះមេត្តាស្រីខ្លាំង ឈឺក្រៃកំពង់តំហែក
លោកហើរឹងក្រុំភិត កាលគល់ខ្សែយស្ដា ៙ ឯគុណព្រះមាតាស្នេហ៍
ក្រាលក្រវក្រៀកកក្ដារ ស្រីមុខពុំឃើញ សូរមមហាម្រិទ្ធិកៀ ៙ យក
មកថ្នមតំលើហត្ថ លើសលើសខ្សែកកាប្បិ ថ្ងៃមខឹងក្រៃកំព្ចីយ
អក្ខរចាខ្សែលើហត្ថ ៙ កល្បរឃើញខ្សែយសុខ ធារក្រាក្សៀ
ក្រកសាសន មកឃើញតូវប៉ូចិតន អក្សរសេរកាចន ៙
បុព្វកម្មលទេវតា ស្មើតស្រីតាគោះម្រែលង លឹងសកបរកកចង
ជួយចំរើនព្រះមាតា ម្ចាស់ក្រុមក្ដក្រៀ រេគតាំងនឹងលនឹង
សោត្ថិសមហាសក្ដិស្រី ព្រះហក្រិតក្ដូនក្ដូលក្រៀ សូមអ្នក
ស្ដាប់ឃើញខ្ញុំម្ដង ៙ រីឃើញតាំងកណា សូមមាតាកកខហាំង

កែវដះបរមីផង ផ្ទុយចំពឹងក្រុះមាគា ៙ ខ្ញុំម្នាក់មានក្រោះផុង គួបគ្បី

មុខទោវិងណា ឈ្មុះមុតចំភ្លុកប្រកប្ដ កំបកាលកលត្រៀមម្ដង

៙ កែវដះបរមីយល្ហៃ មាគាឱ្យយសរសើរហោង ភ្លាក់ហើងតុប

ចំណង ប្រាំផ្សែងតំណាកស្បើរ ៙ ងើកចាងមិនប្រុំការ បុគតំ

ថ្វាវតុំតំហើយ ចាំអំមាសត្ថារឈើរ ម្ដាយតីកណ្ដុកឈើងប្រុំអំម

កុង៉ះតុំតីទាំ ឱ្យមាគាអំមាស់ខ្ញុំម មិនគុបក្រោមផង្គុំម ក្រោ

អង្គឱ្យយនីវិតក្រុង ហើងប្រឹងបរមីគា ងើកមាគាក្រោមង្គមាន

នីវិករលះហើងចាច ម្ដិបអង្គហើងតុំតីណា ៙ ចាងម្ដាប់កងក្រោបហើយ

ងើកចាងឡើងវិញស្រែងការ ម្ដាយស្ដាប់ៗទៅអ ចិងរសើង

ក្រាលកុងហើយ បើហាចាមាចបរមីយ រសើវក្រាចុងរឿង ទោរ

វៀងងើកម្ដាយល្បើយ ម្ដាយរសចុរតនិងហា ៙ ទោះបង់កាក្ដិ ៙

ពេងយាផ្លូតកិច្ចៃ មើលយលចាន់ឱ្យយ នីវិកមរចារ

យលក្រោរាជបុត ច្រាកម្បូលេហា ផ្សែងអសរគុណ ចាចរស

វីងហោង ៙ អង្គចុងអីវើរ កោរុស្ក្រោបរមី ខ្ញុំតុំខ្ញុំចកទោង

កំហែងប្រមាថ ពិឃាតរឿងទោស បង្គំមន្ត្រីសួង សរសើរ
សំគាល់ ឬគិតខ្សឹប ឃើញយល់បរមី រក្សាគង់កុម៉ារ
ពីរិសប្រែក្យ រឿងជនិក្សេតិស្ការ ប្រាកដ្ឋតាកាល ទោរឆុង
ទោសណា ១ ក្បៀតបង្ខំ ប្រើហាឃើញសំឡាប់ បំផ្លាញដំណារ
ឃើញកំប្រមាថ ពិឃាតបុត្រា ល្មមភាងផ្សា បង្គោរត្រិះរិះ
១ សីមឃើញគុណច្បាប់ ហាំតាមសំឡាប់ ត្រាភងបុត្រា គលក្បែរ
សេម៉ា យកគាត់រឿងហាតុក ខោចទោរឃើញតុក បង្ស៊ីតបង់
ទោស ១ កុំម៉ាយគិតក្រៀង ត្រួរឃើញទំមឆង ណាក់កំព្យប៉ាង
ម៉ាយត្យក់រណ៊ិហ ឆ្លប់ ៗ គូបង្គង ភេរបេកាឃ្មុង ទៅ
ស្រុកតា ៗ តាំងតាស្ទះរឿង តានគុសំមគ្យ ពេងឃាស្តីវិហារ
ហារិត្យសាខរ អរក់គឈឹងហ៊ី ស្រោយស្រោចមិភ ទុកតាងតាច
ស្បៀយ ១ ទើតតាងពាំងង រិហ្យគេងឃាស្ទូទាង កងអការសរហ៊ិ
កុងទោងមហាឡៀ ក្បៀកគឹមរឿង ទោងឆងរឿហាគ្រឿ
ស្រុមុខផល្លារ ១ គោរសត្វគីការ ទ្រិចត្រិចបេរបរ គិរគ្យ

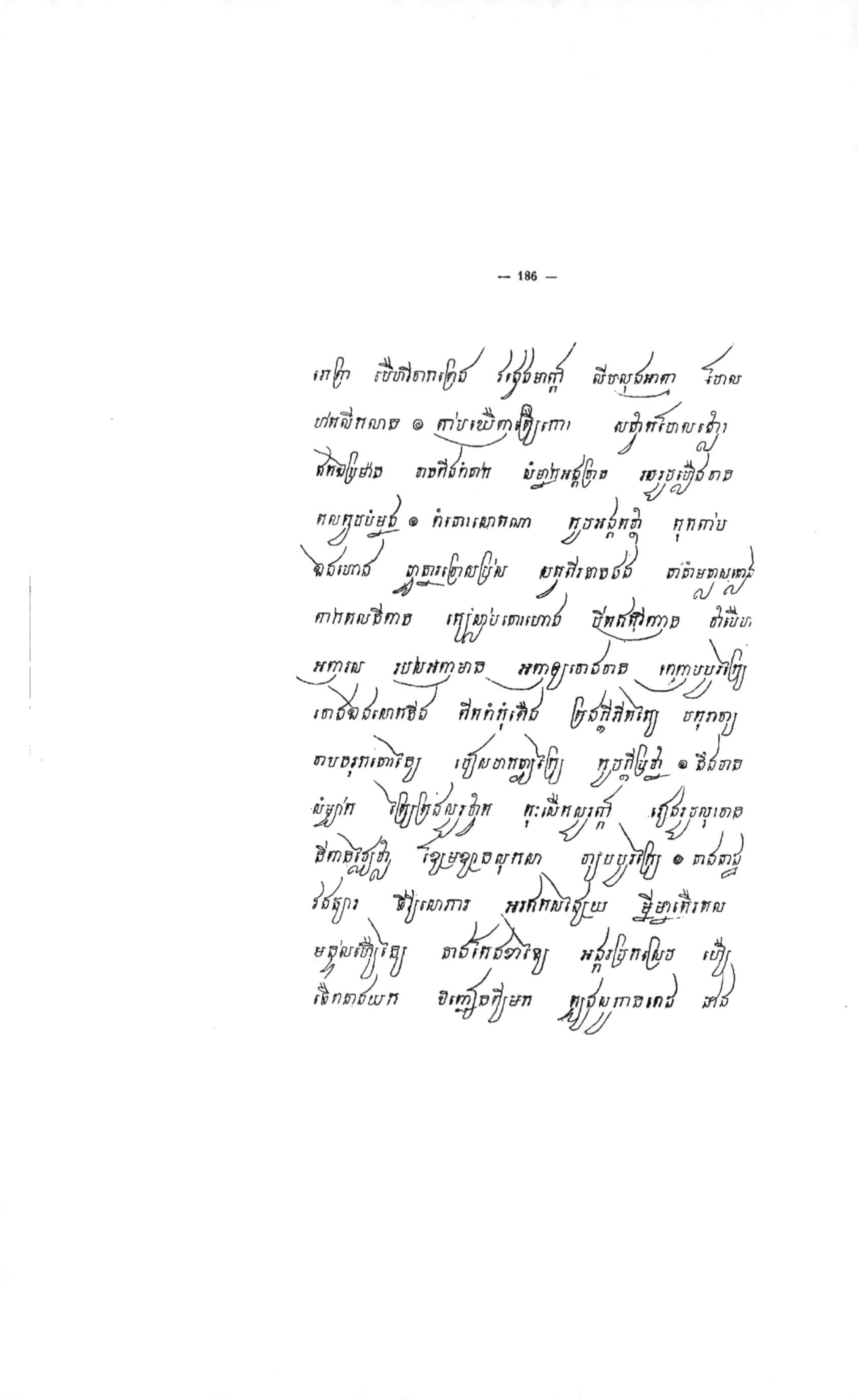

[illegible]

ឆ្អើតៗ រេចូណាស្រែលស្រែប ចាក់ចេញក្រក្រាប ល្អក់តឹងមុសើ

◉ ទឹកតាងលីណា យាងយាសយាត្រា តើរកល្បងទៅហើយ តាងតួ

កំរណើស សូខ្វាហើយ ក្តាមចាក់ទើយ បិតតៅទៅធាណា ◉ ក្តាយ

តកត្រាក់អ្នើយ ត្រកាលអសក្តិ ខ្លាយដឹងតុចាំ តាចតេចខ្ញែង

ត្បូងល្បូរកាចត លោកកាត់ទ្វេតា ចករម្សូវគ្ម ◉ បើចារគតភ្លើង

ចាលើកខ្លួនឡើង ត្រូវក្តុសិខ្សែ ហើយយកសំម្រាំម ស្លឹក

ឈើចាល្បើករតា ស្លឹងដឹងចាត្រូ ត្រូវរងតិះក្រោម ◉ បើស្ទើហ

តូហេា ភ្លើងស្នឹកចុះវិធៈ ៗ ឡើងផ្សែលោយ ហើយយកកុំណាក់

ឈើចាកុកមកស្តែម បង្កាកតាក់ក្រោម ចំរង្គើចតូបរំក្រួយ

រើយុបរោតណា កកភ្លើងចូរចា យកកាក់កងរំតូ រំខាត

កន្លឹហ យល្បើចាប្រែតូ តូចរើងវិស្សូ ពីត ៗ ក្តើតរណាង

◉ រំហូកូចតីលោយ កុំតាប្រែហោស តើរតៅប្រើលង តៅរំក្រ

ស្រឹតាក ក្រែងសកុយងឃេង ហើដ្ឋចារហោង កុំចារប្រែហោស

◉ ចោកកងកាំចារ ខ្លាយមុតដឹងតា បើចារតឹរណោយ ត្រែងបុតភានៈ

ប្រាណពីសែល កុំចាកព្រៀងល ចាកបង់សុងស្បៀ ត្បូងមុកគែតប

ភ្នំមាសកុំរក្ក ពីតាំមខែវហឿ រលងពីទោ ទុកក្ដាយតាំងឿយ

សំល្ញប្ករអើយ មិនលែងស្បៀណា ៙ ខ្សឹតោខ្សឿ រូបរាក់បេតី

ដ្ឋាមក្រុងតាំងឿ ចាងខ្ទម្ងឱបអង្គ ប្រុពីឃុងអង្គារ ក្រុងលោក

ក្រោបលា ចាកបេកាន់ទៅហាង ៙ ចាងស្ទៀកដ្ឋាំបសត សេត្តាផង

ក្រុប គោត្រមោះប្រលង បរកាបុត្តកា ទ្រៀតក្រុងផង ខ្លាក់ក្រុ

ក្រុង មើលក្រុងគាំនូវ ៙ ដេកចាងក្រលាប វិលវិលមកកប្ត ការ

ឈ្នះបឿណា ល្អកល្បរក្រោ កាលតើងមិក ទុកាទ្រង់ក្រុះកំឡុង

ឃរាជ្ឍឃាត ក្រាបទូលត្រែទា ខ្សែតខ្សាលកុំម្ដេង បុព្វពក្ខ័កាប

សំម្យាប់កំណុង ខ្ទាចតោរខ្ញុំក្តែង ទុកចាកបង់ហឿ ៙ ស្ដេច

ស្ដាប់ចាំសើហ ឃើញគោត្រអំកើហ ទុកកាំង្សឿ គូរមលតៅទោ

ស្នូលលោភាគតឿ ទុកកំងងហឿ បទ្គោលនណា ៙ ស្ដេចទុកចាងយុំម

សម្រឹងទូលពុំម ទៀងគត្តាបុត្រា ស្ដេចទ្រង់ត្រាក្រោង គង្គីកម្មះហិ

មា បង់ទូលស្បៀនាំ ចារទោរកុំណាច ក្រុងភិតកញ្ញាប ភិ

យំមកំប្លែក ចិត្តពិម្លិខ្វាច អត្តអាងអំណាច បុណ្យអ្វីយក្តីញុំ
មិនបេការតៅក្រោរ កុំប្បីមិនគួរ ក្នុងភព្ភាក់ង បើមិនមិនបេកា
អកាត្យុរើងតួង រ៉ែក្កលរសើកញាំង ៙ តាងកុរល្មុចខាំល ក្រា
ហាទៀតការ កុកឲ្យជើងទ្វេង តាងភ្នំភិកទៀ ហាទៀតប្រុប់សែង
កំអោចតាំលទែង ទូលពីករញ្ញីណា ៙ តាងបេការតៅគួរ ទីគតា
ល្ហាងក្រោរ ពិកកំណាំការ តាងគួរញ្ញើមចង កាមកៀងកក
តាងពិកអធិញ្ញ លើឡកអង្គក្រាង ៙ ល្មុចខាំលកុពោ បរ៉ុង្សិត
កោះកើយ ពីតកំកបុអាន កំមានសំគួរ លារល្អមកក្នុង
ល្ដុបតាងកល្បិយាន បង្ហ្សិតរោបង ៚ ខោបកក្ខុងសីលា ៙
និងរំម្លងលំម្ដែងការល្មោ ក្កប់រពិរត្យាបររបកាយាក្រា ក្រោមច
លតោចក្ដាតណា ល្បំលុកភក្រា តើរកៀរកាងទៀ រកក
លក្តីកលទ្វែយ អាលោអារិល្បរិកក្រាមាកា កំពីកអារសើកអាកា
ក្រមាំចកុំក្រា កលពីចស្ញើរហាង តើរកៀចឈុរលេចរំលង
ស្រែកខ្ញុំមកក្លេង កលស្រែកម្យ៉ាណា ស្រែករបាញ្ញរណោះតាមា

ពង្រឹមនឹមឮ្យ តាមឲ្យសង្ហាក ចំម៉ាំនរឭតឲ្យមួក្នុ ហុរាឲ៍បរយាង
កុក ចំម៉ាំមាក្យា ១ កោនះព្រាបេម្បើ ខៃឡ្យួខេណា កើរគេងប្រុក្នុ
មាងរេាមឿងពូរកំណាញ់ តាមឲ្យសង្ហាក ហោរិនេកមានពុ ១
មាងឡូាត្រិអាលននប្រិប ឆាពាឥាល្យសក ឆាឡ្តូរកៀកាស្ម
កូម៉ារត្រុមាលកើរកាល អកត្ប្ករនង៏យាស ម្រុកឿនងការ មឿន
មើលសេរ៊ីរូបា តាំពិអត្ការកេីកកុឆុស្ម័សេក្ញា ក្លាម្មើលកើរមក
មីៗៗ មេីយកេ្ញួអកៗ យរាតកៀង ពីអកាំនោងសំទុ ៖
ហាកេតបកុស្រុន ស្នូៗ តុបតា កុំល្នុនកខ្មឹងអកចាំ មាស
មកពីឡុ៏ណា មាសតីរេីតេងន មាសមតិះរាតពីរសេឧ ហុម្ពុ
រន្នុន នឹនម្ទាយពីនៃ មាសត្រ័បយេីនត្គូបមាសេម្យ កុំមាស
ងារតិល្យា យេឧ៉ុបចងពីងរ អកស្នាបតំក្រាបសេម្យណា ពីតកំឆាំពារ
មឿាចាម្ថិន កើរមេ្យមរត្នូរក្អាពិន អកននតក្ថិន ពីក
តំស្រុកា្យ ខ្នាឪបក្រឹសាបការម្រ្បី ខ្នាហុឥបំសើប្ហាងកៀ្យកៀ្យ
បំកព្រាលីនឆីពៃ្យ ខ្នាតោាយកីេ្យយ នួនស្ល័អកា អក

លោកអាមោកតីគអាក នឹកភ្នែកឈ្លោក សង្ហាកក្បោះស្ដីរ អ្នកពិត

អាណិតខ្លួនក្រ ចំពោះពួកឈ្មោះ កំពីតអាគា ពិតត្រូវខ្សត់ខ្លួនមាតា

សំពៀរលោក្កា សង្វើនសំរៀប សំពីតអាណិតម៉្លេះ ៗ សំកេអាល្បេ

យើងតាំពីពោង ១ កាលោអ្នកដោះបេកាះដ្ដាំង តើរត្រូវបរំលង

ស្រែកចោលខ្លួនណា គលខ្សៀតៗត្រែកុល ឆ្ងរពុំមអាហារ សប់សាំត

ឈុបឈឺង មាឌអ្នកបង់ហរសោះស៊ិង វិលរើឯបរើង ស្រះស្រែង

ផ្សូសារ ព្រះអង្គពិតង់ខ្លួនក្រា ទ្រើបត្រូវមាត្ត ពឹតរដ្ឋឹងពីរ

១មើលល្អាំសលតលាស់ទៀរខ្លួយ អំម្ចើកទាក់ក្បិយ តើរកោះស្ដីរាំ

កោះការធីរ៉ស ព្រះអង្គពិតង់ខ្លួនក្លៃ វង្វេងផ្លូវទ្រឿ កំពីងរ៉ែគតើរ

ទេតអ្នកស់ស្រាក់ហារកាយ ស្មេរស្មេហាក្បូប កំរេចកាសរលង

លេលាយាក្រោធលេហាង តុំតូចតុំទោង បង្កើរក្នាទៅ កោះ

ផ្លូវកាប់ត្រូវខ្សែក្តៅ សំភាឌឈុបបង សក្ខមបត្រកុរ អ្នក

មិនបព្រះសោបកៀកញ កាក់ពឹកថិត្រ សំភាឌខ្វះហោង ១

១បង់កាកគិត ១ វិភាងកុមា បុកក្នុងភ្ជួរ ខ្នុតខ្លួនកត្លាង

ឈប់ចូរស្រីណាក គំគុលកជើងហោង កំពែលមានហ៊ាន ព្រៀវព្រិះ
ហារព្រៀ រហាតត្បៀរអ្នកឯង អំពី ក្រិន ពាមមកតាំងត្បៀ
វិចាកបុកង ទេរុងមានរិវត្ស ចូបចង់ព្បៀវិត្ស កំឃាត់ជើង
ណា ៙ រឿការណ្ហាហោង ព្រះភ្ញើមស្នេហ៍ ចូវព្រះអាណត្តិ ៖
គើរព្រៀបលំពាក ចេញាកាកព្រិក្ស លុះលេចអាត្មារ គើរ
កលតិរៀ ៙ ស្មៀងមើលយលភ្លំម ស្លឹមស្លៀយស្លងគ្គំម ប៉ិពាង
ពលក្ដី ល្ងប់ល្ងាក់ផ្ញើខំម ទូរកុំមកតបៀ ចូបចលាកព្រៀ
ព្រាលុបសីទិយា ៙ ស្ដែងស្ដេចចូលចត ទិកចូរចំម៉ូត តាំ
គើមព្រិក្ស ទីព្រោតម្សៀគ្គំម ព្រុំមសាខា ចូលចតទីព្រា
សំរាចខ្ទួចហោង អ្នកជើងរតាំគ្គំម ជើងរមេកផ្ញើគ្គំម
តាំពីស្នេហ៍ ល្ងប់ល្ងកព្រះភក្ត្រ អលអាក់ការទោង កែ
ផ្ទុចទឹងចេង លេងល្ងាល្អក្កា ផ្ទុកផ្ទុះលទឹក រឹងរង
រុក្ខ ព្រៃរមាតា តីតកំភ្លេចជើង យំមហើងខាចាំ
ឱយើងកុំព្រា ពេកពត្ថប្រមាន តោតាប់តោខ្ទល តោ

ល្បែងតោរស ឃើញមិនតឹកចិត្ត ពីកកែអ្នកម្សៀ កក់ស្ទូ
ស្រាកស្រាន ម្សៅសំមអ្នកមាន ទុកខ្សៀវសោក្កា · កាលុត្យ
កំរើហា អ្នកឃំមបន្តើរ ហើយអ្នកត្តាមថា ឱ្យកនកុំសក
ត្តាយមុកនិងថា តប់ទាំមខ្សៀវណា ធ្លលទុកកត្តោង ១ ហើការ
មីនកល មកុំខ្ត្តាយនឹងយល សំល្បែងឯងហោង កល្បិតសេន
តែស្អុនងឹងតោង ព្រេចសកញ្ញលង ពីកតោក្យព្រឹក្សា តែក្រែង
តែសកុងភក មុះមកប្រមាត់ ហឹងសារការ្យ ឃើញស្មាប់
អាហារ កកការទេណា អាស្រមាគ អ្នកតែងខង៉ឹង
តាំបើហាយើនរស ឃើញតាខអាម្ពុស ទោកំកុំតើង ឃើង
និងត្រលាប់ ត្លប់ ៗ មកវឹង សំអ្នកត្តាយនិង ស្រែលស្រែន
សោក្កា លុះគេលយាមម្សូ ទើបណាស់តោក្យព្រៀ. យាងយាល
យាត្រា ព្រែអន្តុនកំម អុំមចារព្រឹក្សា បងអន្តអាគា
និងមេកព្រៀង្ហាប់ វិកលសកូនង សាហារព្រើសយង
យុងយំមីកសាប់ កុខាំតាំក្យ ព្រអាសស្តេងស្លាប់ គំលុង

ពុំគាប់ អាត្មាអញឯណា ១ បង្គំទាល ១ តែព្រះព្រះបរមីតា ក្រោកយល់

មាតា ព្រះនេត្រទ្រព្យទីក្នុងពុំ ហាក់ដូចមាតិរ ស្ទុះចោលអំពីយ

ក្រោមតាប្រាសាទមណ្ឌល ព្រះនេត្រក្នុងទឹកហើយទ្រល់ អមអង្គរាល ពួក

ចាររាំគ្រមាន ប្រពៃយ៉ាងឡើងនេន្ទ ព្រះនេត្រប្រៃហាក់ បន្ទើក

ចិត្តចាក់ សម្លាស់ព្រះនេត្រក្រអឿត យុទ្ធយោធាតាំងសារពាង

ឈ្មោះយោធាលោមពុំ កោរ្យនរក៏ឈើរស្លាប់ឡើង ព្រះនេត្រទឹកកាន់

ហារឡើង ចាំអ្នកឲ្យឡើង កន្លូកកម្បិហាលាមគុណ ចាំប្តីរីសិង

បំពុកក្រាលក្រោមប្រែការ ចរណ៍តាមតំលែងមកជីករ ឡូសតូចចំលង

សាគរ រូបភ្លើងចាងបរ បុរគលានករទីកាន ពួកអាវ

បំពេញគ្មានចាន នាំស្តេចលែងមាន សំចាត់សំបូរឡើងឡើង

ព្រះនេត្រទឹកហោរហើយឡើង បង្គួលចាំហោរ ព្រះនេត្រអាការ ចរចារ

ហោរហាស ឡើយរស់លោភ ព្រះនេត្រប្រែហាការ បំពេញកុមារ

គឺកន្លុះ ខ្សាចាន់ល្មើកលានមេឌម្ចាស់ កុលតាប់ក្រើមក្រែង ស្បៀ

ករងងស្តេចស្តេចនាក ខ្សោមានប្តីយ៉ាងសិទ្ធិម៉ក្រុំ លោកតំរូប្រែតិយក្ដ

សណ្តាប់ព្រះបន្ទូល ព្រះកើតទុក្ខា ស្តាប់ព្រះបន្ទូល ព្រះកែវកុសល
ក្រុលចូលបើកក្រឹកអរ ស្រែងស្រុកទាក់បាក់ក្បាក អស្ចារ្យព្រះ
បន្ទំប្រើណាំព្រះបណា ទៅនេះត្រូវចាកស្លក់ គួរតើមស្បើណា
ការឃើញកាកម៉ាកកើតទ្វម ឡើងទៅមកស្បើរ ស្បើករឿងអ្វីម ល្បប់សាក
ស្ទើរទ្វម ព្រះម៉ាទទៅកក្បអគ្គារ ១ ព្រះកើតទុក្ខការកាលា ទីវមិកស្បៀ
ត មាងក្បល់រម្លងឲ្យយល មាងទៅទីតទូវមួល ក្រោម
ស្បើអគបល់ រង្វាវបទីហាបនាប់ មានសាវបើរមកក្រុម
ឧទាបត្បៀនទុំម ចូវចុងស្បើរសើរមចូល ស្រែបស្បើកសំរែក
សោកតលាំង រង្វាវអគមល លចាប់ចូវលាប់តកតុខ មាងទៅ
រក្បលទៅមាងសរ ចាក្រវស្ទូវមរ អំពីព្រះណាកើតទុំមរើរក្បាល
មីដើវទៅលាវលែងអនុកាល ដើរនេះតបន្ទាល បន្ទ្រីកចំមេឡាទៅកាដល
ស្បើវទៅតេតតាមចូល ម្តេចមីងប្បីកុំហាល កើតបើរមកដើមស្បៀប
ស្ពាន យលមីងភាទទីវងហៅហាន មុនមកបំពាន កំ
កោតកំស្បើវស្បើណា មីងវទៅលាវលេងលាតាង ឡើងហាស

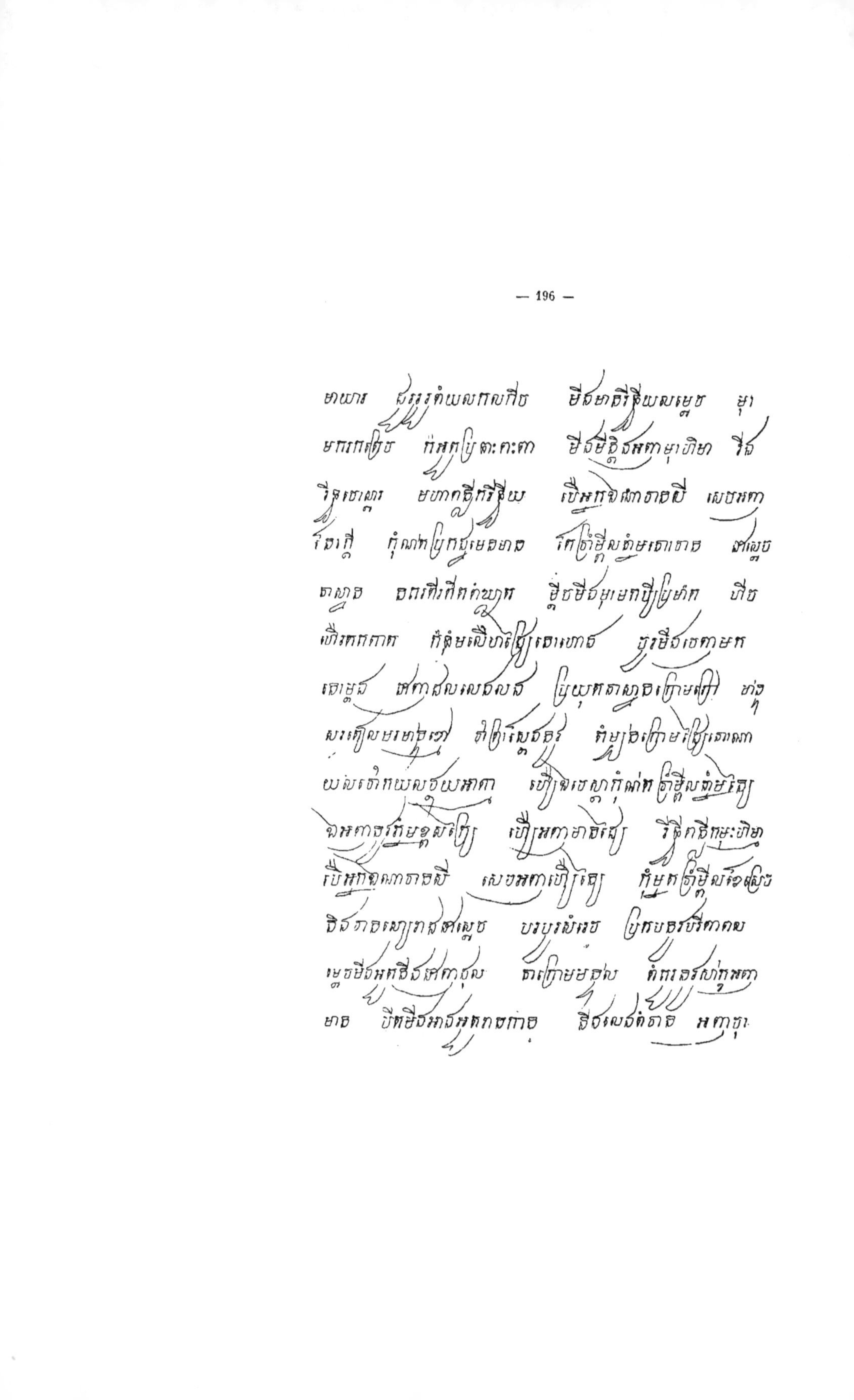

ទៅដល់នគរកាល ពីរស្តេចគង់ក្រោមមណ្ឌល សេកស្ករកុំហ៊ាន ក្នុងល
ចិត្តអាក្រក់កាច ១ ការណ៍ក្រហាំរៀបផ្លាប់ ក្នុងកក្រោបលាប់ ចាំក្បែរ
ចាំពីរឈ្មោះការ រៀងហេតុសរសេរ អស្ចារ្យកំសត់ មិត្តពីរធីង
តោងក្ដាំង ៗ ចាំអ្នកទោសមកយើងកាច មាត់ពាក្យកុំមាត់ ៈ
ពីរតែងមើលភ្នំ ១ ឯហៅស្រីប្រឡែងថា ហៃស្តុកកំសត់ អ្នក
កាចមាត់ទៅបរិ តាមតែចិត្តចូលចង់យ៉ាង មើលកល់ភារតែរ
ប៊ូស្តុលតែរឯណាណា កើតស្ដុចលើកពាក្យសំគៈ ថាខ្ញុំមប់ស្វាៈ
នឹងកាចមាត់ទៅឯណា បង្ខំមកស្ដុចកំសត់ មាត់ទៅ
សុំកុំ កំលើហាក្ស័ពាក្យសរសើរ កើតទោសគួរគួរចូលគួរ ថា
ហៃស្តុកអើយ ទោសតាមតែចិត្តអ្នកយក រៀការណ៍លោកមាត់សរ
បើស្លាបចុះមក ប៊ូស្រូលក្រិតៈដាកាល ស្រាលើកហើយបើកិលកល់
ពីរការពីងពាល កុំហោចកុំហ៊ានមុខហិង ចូលពីកក្រពីកសិរសារ
តោមកកាចតារ សំម្រុកសំម្រុកក្រៀវស៊ង លាកលោតចេញចូលវិច
ហោង ក្បិចក្រោរក្បិចតង កំណប់កំណររឿងណា ១ សុរបែក

បុិចុលសុរិយា ស្វាងស្វេច ក្លាសពា កន្លឹបកេតឹកលោកសល់
តាក្បែយ ចំក្បែពកាង់ស ប៊ុនសុពាច់ទូលស សាប់ចំក្បែព្រៃមការ ១
ហើបក់កែនះនៅរាំ ឋីមើកម្រៃហត តាក្បែយចំក្បែពកានុល សំផ្លេង
សំម្លប់ឲ្យយស អសអារពីចកាប់ ដ៏នះដំហ្មាស្រសាប់ ១បុ៉ងកាក្ដិក ១
កមារចំក្បែ ក្សក្ដ្ងមីស យសមាងមីកសាប់ មីមាគឺរកស
ព្រអាលឡើងតាប នៅត្ឃុបចុលចាប់ កំកាងខោចមាង យក
មកប្វែព្រៃ ចេចន្ធ្រះហើរព្រៃ ក្ឫតរិវ្ជុ់ចំងឹង បរស៉ាំកូសេចរាំ
ង្នាំសពាកំពង មីរមាពរាង់ ងនអាលយាក្ត្រា លឹហរសហ៉ើរហាង់
កាងយកពលែវ៉ង់ ពេីរគេ្បយាកាព្បីរ ស្វាល្ហុចប្ហ៉ុសុប ចបចុល
សង៊ីហារ យកមកពោកក្ដា ពឺកកាំសំព្បៃ ១ហើរឃើកអកង្នំ
ចំក្បែនកាយ៉ម អាលិកកេឃវីរ្មៃ ពឺកក្ព្រះទុកា រេងមហា
អាល្បៃ សឍីកសវៃយ ពេឆ្នូកឯកបាន អកព្បែចយាក្ត្រា
កំម្រែបនៅរាំ ច្បាំម្លីលម៉េហាហាង់ ពកយាងអកណា ម្យួត
ពីងន រេកងុងចំងុនបាន ព្រម៉ាំបកក្លាត់ណា សុាស្វច

ឬលុប ពាប់អស់ពត្តុក ទាំងពាក់ស្លុះយ៉ា ទាំពីរត្រាអង្គ ធ្វើប
ត្រូវមារក្តៅ ខកទោមា ក្លុបបរិ ៥ ពើរកលលាហ៍ ម្សៅមាន
ខ្វរតា ឧករលឹលស្បៀ រមែនមានប្រពាប់ ម្សៀបស្លាប់អស់ក្តីយ
ស្រុណាកពកប្បី វេទនវេទនំកំពាន អ្នកលើតរពៅក្លុង ទាំពីរត្រា
អង្គ ទូលចកសំម៉ោន សុប៉ស្លាត់ឡើងឋិម អ្នកឃុំមតារស្តាន
ទោលុកសុកលាខ ពំភាក់អាតា ១ វិរខតរទោ ស្ដេចទ្រង់ទាមា
ឈោរិសុតកាតា គលត្រីខរាសូភាក្តុ អង្គអាក់រលេណា ១ ត្រាខាខ្ញុំត្រា
វិសុទ្ធភាស ស្ដេចមានរម្ងឺ រណោរនោចកម៉ែលមាលា រនពៀ
ពាឥមានបុត្រី ប្រលើស្លូទាំវេម្យ រិរបុត្រីរតា ត្រូវទាមបោក់ឈោរ
ពាហលរបទាំរ មាខរបនោមតា ម្យ៉ោងទៅជាក្រោតារ ត្រាដឹខុក
ខ្សត្រា ភក្តុរមរេលើត អស់មុក្កមន្ត្រី រលណាបុំពៀ
ត្រកូលត្រាមតើន អាហារត្រីជ្ជ ពៀរមត្តុក មូលមកជុំមដឹត
ចូលចតរលងបោង ១ ពាឥលរបទាំ តាងរគារប្រូស្វា បំណោត
អ្នកធន ពីតកំរតលតាល ពីស្រូលលើ្យរបោង ពាងទោត

សារបស់ វែងតាស់ងីខ្ញុំ ៚ ក្រៅពីនុះ ក្រៅអង្គលក្ខណ៍ តាស្រាក
វិញ អំបូងតៅភ ក្រាំម៉ឺលទាំមខ្ញុំ ភាឃូងឯងយកទៅ ភាគ
បើកំពាក់ ១ ទៀ ការល្បាហោង អសអ្នកច្រាំងឯង ដំឯមកកម្ម
ពិតគួរហោភាំ សក្រាត្បៀងតាក ធ្លីមធ្លៀងឆរលាក់ គតូបបៀ
អ្នកច្រាដគួរស្រែច បើ្រឆលសំរេច អោយាទេតៀ ទាំយើង
ខំមគរ កុំឆរសាញ៉ែ យោកយាឌយាឃី បុកត្បៀងពីលា
និងមានអ្នកបុន ម្សមកកលមូនលអាត្រាងណា វែមខមានបង្កើ
រឹទ្ធិយរហេតុ និងក្រៀវប្រែត្ត កល្បាក់បរិការ សូមក្រាបភ្ចប
ខ្ញុំរកក្ដាប់ ធ្វើងក្រុបប្រែការ ប្រកាប់កុឆ្លេង ឧរេខកុងសា
ឋ្រើងនិងសំភ្ភារ បើ្រលេងនៅហោង ១ បើអភាងណា រេមខ
មានហេតុ រឹទ្ធិយកទៅង ធ្វើឲក្រុងអំម្ចាស់ និងអាចមក
ក្រោះ ឧតររឆហោង កូចបិត្តតាតុចង់ សូមខ្ញុំកុឆ្លេង
កុងសារឧតខ ខបចលក្រែចក្រង បើ្រខ្ញុំធ្វើយព្រែក តាក
បងឯង្គ ខ្ញុំរងមុនបអង្គ តាក់សើរបើរសារ ខ្ញុំគុំមកក្ដាង

ឯកំពីរកែវ ណោកមេឧមានទៀ ស្លាប់សាប់ប្រើធីឃាត វិញ

ពកមាក ដោយគ្នាព្រៃ ឧស្សាហ៍ស្តី ចូបចូលមខល កល

បរំមសាលា ឃើញការទៅកុំព្រា តាំពីសែសង ដុំមលុកស្លាពឹង

រឹងបេណាយកំពីង កំភាក់ឈឿរហាន កំរឿរគឺរកល មខប

គូបផ្លង គ្រាមត្រូតកកហាន គៀបធីមតាតា ប្រភិចាប់ក្រឹង

រិកទៅសូរឡូ ចាំកខមអត្ថារ លើកហឹងពាក់កល មខប

សីរលារ វិលវិលយាត្រា គឺរកលមខល ឯទៅវិរវឡូ ភាររភាក់

ហឹងគុង រកទោងកំយល យលវិលាកំពីរ មទ្រីព្រីខកល

ភីកឯងលោកសល រកទៅតាន់ទៀ តសាប់ព្យុះហៅ អឺអឹង

ភ្លូលោ រឹងអរភិតវិញ ការរឹងពារិត្យ ក្រុកាក្រាប

ក្រោមគុល ◎ កាលោះចៅសូរឡូ ភាក់ហឹងគុងរមឹលយល

ឃើញការមលបរិការកល ពីរឿរលណារយាងា ◎ អកពីកកឧហាំឡូ

អមរឯាវឡូវិហគពីរព្រឹង សំរាប់អង្គអាពាឯង ឧររវិឯងស្តួឯ

កំពុរ អ្នកពីកសានពេយក តាំពីរមកមូលផងគា កំសឹង

និងពលផា ក្រាំងទ្រណាសាសាស្បៀ ទើបមករមើលរក ផ្លូវ

កណ្ដាលពុំឃើញការស្បៀ អ្នកស្រែកឃុំមកពីស្រៀយ ហើយអ្នកគ្រាស

គប្បីអស់អ្នកយកអាហារមក ផ្ដួចកងកអាចារ្យណា ឃើញ

តាក្រសាល់ ឬមិនបញ្ចាត់ទៀតទៅ អ្នកដាំតែអាហារមក ម្ដេចកំ

យកព្រៃផ្លូវទៅ អ្នកកើយសត្វខ្មោចទៅ យកព្រៃផ្លូវអាហារមកកាំ

ទើបគេសម្រុកម្ហូប ឱទសិរស្បៀរទៀតទូលចាំ បុព្វកព្រាហ្មណ៍

ឃើញកំយល់ផ្លូវព្រៃអង្គ យល់តែព្រៃជ្រៅ ប៉ុកពីរបររហ័សត្រង់

យកស្ដេចមកហៀនកុង ឈើរសីរលោកកាត់កម្ពុល ហើយរើលវិល

យាត្រា ដំណាក់ម្ហូបមកពល ឃើញខ្ញុំមជ្រោប់តែយល ទ្រូវ

កណ្ដាលផ្លូវរលំណា ទើបពលអ្នកតាំងជា លុកលើកឡើងបន្ទំ

ណា រូបកាយរបស់អស់ យល់សាល់រកកំយល ទើបតេសមង្គ

សេណា រូបយាត្រាទៀតពល ឬសាសនាកម្ពុជ្ជ ទូលទៅ

ទូលព្រះរៀមក្ស បុព្វកឃើញខ្ញុំមទៅ រក់រកហៅគេពលក្សាក់

សាលាតែលស្ដេចកាក់ ផុំមិនឆ្នាំកំយល់ស្បៀ ស្ដេចស្ដាប់ក្យ

វេលាណា ដងទួលចាំកំពុលល្បៀ ១ វៀកាលោណោះ ចៅសួរស្ដី បញ្ចា
លោកប់ង ស្បៀយស្រោច ស៊ាកម៉ឺក ខ្ញុំគ្រោ ត្រាចតើ្យ លោមឆ់ល
ហើយ ប់ចតួលក្រាលគ្នា វៀញត្រលមន្ត្រី យកអកាយកំង្សី ត៏ល្វ
វែចណា ឆើតអលអ្នកចច តួលល្អនវាហារ បុត្រកខ្ញុំគ្រា
និភាងដើលវិញ្ញ យើងខ្ញុំមលចាក អកើតតាត្រាចា ក្រអង្គ
ឯងមក ដាក់ឆាកស្បូរ កុំតួលយើងវិញ ត្រូវត្រូវចាំវិស័យ
ក្រោយវែចាឯងណា ឆើតអលមន្ត្រី ដោយតួលចិញ្ចៀ រក្សាដាក់
វិនិងពេញ្ញកំណើរ សសើរបច្ឆា ចៅសួរស្ដី តាកាលកំរវែង
ឆើតឆាងម៉ឺង ប្រមាប់ប្រែតា វយកាចតាក់វិតង បន្តារការត្រូវ
ល្យលក់សុំកុវែង របបរឿង ៗ សំរាប់រាស្ត្រ នាងនាងអស្ដីរសោក
ចៅសួរស្ដីឡក ឯងអ៊ិខ្ញុំគ្រោ យោភាងបុត្រ ប្រឹមប្រឹរសោភា
ចុំម្រមាតកចិត្ត អាអស់កំរម្ពុស្បី ១ បង់តម្កួងជីលា ១ និងវិចង
សំរម្ពនកំហាម កំណើរពីកាល ចៅសួរស្ដី វិនិងពេញ្ញ
កាលណៀភាងឲ្យលវេចហើយណា ត់លអារិយនមាច ១

ឱចិត្តខ្លួនសំរួលចិត្តអ ពុំស្មើហាក់ព្រាត ហើយវិរវង្វែរ

កូនទៅក្រស្រីកញ្ញាត់ក្នុង ការអស់អន្តរ បងក្តីរមួយ ៗ ពីព្រឹក

សង្កិកក្សោយ្ស រល្បួលដីៈមាក់វៀ ជួបប្រសព្វយា ដើរ

ពីកក្តុងចិកឆ្លងថា ឱ្យអត់ទោសណា គូរសងកក់ឈាប់ ស៊ើប

យករោងមកសំឡាប់ រលងរតំពាប់ កំពូរព្វាក់ណា សំណើក

សង្កិកកុំក្រា រសងរងផា មិនត្រាចិនស្បៀរយ សូវលាប់ទៅវាប់

ឡូវហើយ តោកក្រវាត់ក្រៀ សំណើកត្រូវ ៗ កាលត្រាំសពីក្រៀមកា

ត្រូវម៉ាចកុំក្រា តែងរោងនិងផង ម្ដេចត្រូវសដីកាលសោរល្ងួង

អ្នកណាដឹងខ្លួន បង្គាត់ឲ្យយលមុកកា ពីកទោរបើស្រាវ

យាត្រា តើរគលលាលំ បំណាត់តែលកាក់ ដុកស្ទុះ ស្ទុះអលអាក់

ដឹកភ្នែកលស្រាក់ សរស្រែកតាំង្ស ហ្វើងលោកអាមោករសង្ស

ល្បាកលប្រ្សី មត្តិយរោណា ស្រែចហ្វូលតារបរនិល្ហ ដើក

ពន្លិនតាំហ្វូអ្នកត្យរង់ង អ្នកចាំមបំណាំមលករោង រីកីង

យលអ្នករោង ខ្ញុំមប្បលទៅពីង អ្នកក្ដារព្រែរក្រោនករន្លង

ទៀតចាំការពីរ ឲ្យយកពៀរឃាត មករកគន្លងតំរាំ ណែរ
ដើរទៅនោះ មកឃាតអក្កុល ទោះយកនណាតានស្ដាល់ ទៀត
ដើរហាលរបៀបគកអក្ខ រ៉ាក់ពីងបរិឡ្សែអប្ពសាក់ គន្លីងអកាភាក់
ការគំសអត្ថារ អ្នកនារបន្ទាលទៀតថា បរក្ខិនខ្ទឹម មកតា
រាត្រី អ្នកខាងបកំអាចស្រីតៀ រគហេតការអំពី នាររោយមកពៀ
អ្នកយំមលស្រៅក់ដើរទៅ តំពីងលោតោ តំបៀងនឹសព្ទ ៖
អ្នកដើរពីស្រុកទោណា គលស្ងួនចរាំ ចាំម្ដីលទៀបនោះ ដើរ
កលមន្ទលនគរម្យទៅ លន់គោបោរនោះ តហ្គលបរិ
បន្ទាយពេនកាតគំសព្ទិ មានស្ដេចម្រោះណាន់នរទោ ឃាកឃិនលោក
នោះ ឆ្លៀសស្រែនតាមា ព្រាភាន់រទិគភាគ ទ្រុបទ្រុងលៃម៉ា
រគភាសប្រឹ ស្ដេចមានព្រៃរាងវេគី តាមទៀនឡើ នោះ
ខានក្រុមុក តាមមានព្រៃរាំងបុក ស្រីម្សូស្រុតុគ ស្រុតាំង
សលស្រី តាងងតានទៀតឃើ នរគបុគ្គ ទោយតាបរ
តាមទោរាអក្ខរជីមូន ហាក់ទេគអក្សរ នរទៀតពុក ១

ស្រែសព្រៃព្រែមព្រៃសោភារ ស្រែសារអង្គារ ស្រែស្លកកកហាំង ត្រាតាម

សំម្តេចទីឡ ឈោរើកសរើកសី គន្លកឡត្រា តាំងមាត ក្រពាន

ត្រាតារ ពីងអារព្រៃស្លារ បំរោគសាសង់ ត្រារបីគាត្លុនត្រង

រាក្សក្រតកហាង ខ្សែតាងបុត្រិ គលកាលរតពាក្រមំម ត្បូកស

ត្រាសំម មកចូររាក្ស ១ មានគងបាសម្យ សោគណា នាំអ្នក

ក្រងគារ សំរាប់សកាទ្យ ត្រាសំមត្រាក្រាំមសៅទៀ អាំណោក

ក្រាំងទ្រៀ សំរាប់រាត រាក្សធ្វី ១ វិក្រាណោណា នៅរង្គ

ភើរគលក្បារហោង ចបច្ចូលចូលឃុប ងឹងកញ្ញៀងផង រង្គារ

វាំគង ខ្សៀងខៀងតំបាង ចបច្ចូលតារណា គូងចាប់ក្រងគារ

ស្ងមបតសំម្រាង ឈប់បឈររងូរក្រៅ ស្រែកហៅតៅគ្គាង

អ្នកក្បៀស្នូខាង សំអ្នកចកហោង បំពុំមរក្នុង គើរ

មកគែងង ត្រាកក្រាសនិងទាង ហើរក្រាប់ចូចឃុប ងឹងក

ញៀងផង រង្គ្រាកាតហោង ការអោយអង្គារ គូងចាប់តោ

ណា ញូសញ្ញាំភា គន្ថីងវីងវី រតាមកក្បៀងណា តាំ

យុហរាតើ្យះ យសអន្ទរក្ដើយ ចូរនៅត្រាបហោង នឹកពោ
ពឹសក គត្ថកាបរទាក អកធ្វើរំងសន ខ្ញុំកក្ដីព្យរ ក្រោក
ព្រឹសអករោធ ផ្ដងយុបន្ទឹននន រឿរការទាក់ ប៉ត្តក
កំបាច អកើយសមាន ឬអាសារសុ កចបាល់ស្តាប់ហើយ
គាសធ្វើយឺនថឹក ឧមអកតផ្កាត់ ថឺឯបកព្រុនណា
ចាងតោចធ្វើក អកាខំមតែក្ត្រក កញ្ជាមឲ្យស្រែរ ងារអភា
កុំម្រែហងា អកព្រុនត្ឋរ ឌីបើហរត្វរមកចកលើហរក្រោ ឬ
ពោពិសក អាងឯកោតក្ដាត់ ម៉ិងារភូសតៅ ហើឯលើហ
ឧមទោរ អក្នុយឯីកចរ ឯកងួចរក្ដ្រ ហ្យាងព្យក្លាត់
ណា ដុក១ឃ្យាយ ប៉ុនចបកំបាច តាសតសសមចុះ
អកើយក្ដ្រើងសស តែសធាច្ឃុស្រែរ សុមអកករណាំ ឱ្យ
តាងតប៉ុន ១ គបថាសធ្វើក្ដាំ នៅមកក្ដើឯណា ហៅហាង
ពោពឥ អកាខំមឲួបក ប៉ងឯាងអាវាច់ ម្តេចមក
ហាចស្លច តាសតសសមចុះ១ ឯពោពិសក ពាកសំកម្រឺឯក

បរច្នា ខ្ញាប់ច្បាយ អញ្ជើយខ្ញុំមក អញ្ជើរស្ទាងព្យា ភូចពលស្ទ្រកអារ
ខ្ញុំមួលថ្លៃហើយ អាចារ្យពុកលើហ ឯីរពិតស្ទ្រកឈើហ កំ
ស្តាបព្យាស្ម័យ ពើរកេរពុកភូប កំពីនស្ទេស្ទើយ ហួន
រពុកអារពើយ ការរកសកុំណំ ភូងចាប់ធ្វើយសោរ វ៉ា
បើកជោរ ទៅរកធ្ងន់វ៉ាន់ ប៉ុន្មានអកាភូក ប្រូបវាងដឆ្នាន់
អកាត្រូបឯីងកក្តាន់ ព្រីនវាងឱ្យវឿន វិកោរវឹសក អរងពេត
ក្បាត់ មីមារកោរហើន រកថ្នន់ឃើញហើយ យកមកសក
អត់ ឯីនភភកវើន កំយសស្ម័រណា នើកសមវិច្នេរ
ឯតង់ចាស់ជោរ ទើនហើយស្ព្យថា វីនបំងអ្យពិក្យ រាច
វើយសោរសារ អកាមាងឱណា វិគារនោាហោន មក
តំរាគឺយ មករបមច្នាន់ ឱ្យម៉ិចគារង់វ៉ា មកវឹងកំណាច
កាចវើយក្បាន ស្ព្រកហើរពេន និងពេរកំវាង អក
ស្តាបភូនជោរ ព្រីនព្រានព្រ័ត្តា ស្ព្រកប្រមាំង ឧបមកំវាក
នើកអករពីកវ៉ា វីព្ម្យែងចក្យ៉ាន់ធ សរវាងគេង្វក វ៉យ

គ្នាខាតា ការណវាំងនាមនធ្វើ ទាំវក្រុងខាងកកក តជឹហស្បើយ
សា ស្បើហយកកាក់ពែរ្យ វាពីរហិវិស្យ កបពើផោរសោរសា
ស៊ើឌិងចំអង អាហារភោក្តា ក្លូវខែរឯងណា ចំឈើងធាប
ពែ្យ ឝតល្បឿឱ្យយក ទក្លៀងមីការមា កាក់បន្តូលពែ្យ
រក្សៀយរទ្បរហ៊ើង តបរវើងវិស្យ វើហប្រាប្រាយ ប្រកុង
ក្លាត់ណា ងតងតាំស់រេបា មើលយសរើហម្រះ ពើត់សាង
ឯននា ទិនោវិស្យ រើឌិតពៀរខ្លោតាំ ។ វារខរាំមហា
ចិតទេរាករាចពែ្យ កឱយទិនោ បន្តឹបូឆរ់រេបា អក្ខាតុក
ឯំរ័្យ មកសមន្ទ:បក លោក៍ពែលខឯវិក្សេ រាចញ្ញើ
វិស្យ យកមកទបរសង អកាហេតាហេនោពក្យ ក្លាស
ឧក្សរក្ខរា ពល់ស់នៅឯង វ័ក្សាងតាំស់រេបា ត្រ្វេ:តពក្តោង
ស្យាមកកត្រ្វេង បនបនងនិវរ័ មើលយសតាក យុងយស
អកកាក់ ទក្លៀងមាស់ក្សៀ ក្ភាងវរាងរក្ឆ ត្រ្វេរិង
ពក្តៀយ វើហយសកាសាយ កស់ចារម្យាហិមា កននាស់

ភិតភ័យ រលារលាំង ទៅទូលទាល់ស្តេច បុរីគភាគ
មានចោរម្យ៉ាស្លុក លួចឈ្មួញកានពេជ្រ ភាក្សិយរឹងហ្ម៉ៈ ពួល
ទៅក្រលែងក្បែង ពីព្រាកសំរួច ភាសាដើសក្ស ព្រោកទោ
ប្រសើរ បើគេឡើងមើល កកម្ពុកក្បែ្យ និងខាចព្រោកនៅ
គល់ម្ល៉េរស្បៀរឿ្យ មានកែវឡូត្រែ ធ្វើងរាងសំចាត់ មហា
ឧត្រុស្តេចស្តាប់ ក្រុងចាស់ក្មេងថ្វាប់ ស្តេចព្រាលចារិក្យ គល
តុំកាយើង ពោរជ្បឹងមិមារ រលរកយាត្រា ទៅងគ្រងថា
ចាប់ចោរទោរមក ចងខ្ញាប់ហើយច្រូក ឃាងខ្ញោព្រួតាស សោ
ច្រូលច្រុំភ៉ក សន្លាក់ឆ្អឹងប្រាស់ កុំឲ្យរដ្ឋាស់ ម្ហិមច្បាចចាងឈើ
១ ការសោរសោណា ស្តាប់ព្រោះភារទូរ រស្សរកយាត្រា គណចាស់តាំងគោ
គុបគលសំនួរ ស្នាងសែរបើ្យណា ខ្ញុំបងឡ្យូរម៉ែពី្យ និងព្រួតាគ្រាសា
កើយពលតុំកា ចោមចាប់ឲ្យនាប់ តាធ្វំទៅថ្ងៃ សំម្តេច
ចក្រ ស្តេចឲ្យស្មើហត្ថ គាស្មីកម្ពុជាមា អាសារព្រះអង្គ
ភិតភ្ញៀតឡើងខ្លាំង ញាក់ខ្លួនសម្បុរ ឯស្តេចគត់ស្ម័

កុំពារលោះសារ កំពីចារណា កាលពីបច្ឈើរហោន កំពប៊ីមានពេស
រម៉ើមាពប្រឡើរហ្វី គ្រប់ត្រីចចំណាន ច្រកច្រួសគានវិន ខ្សាយបន
រោនឩ អាហារសពហោន បន្ធកច្រេីគឺរ ធ៊ីតពោវ៉ីសក
សំចាកពេកក្ខារ សើហ៊ីឩប្រេរឺរ កំពីពភាគា កាលបុឋិកើស៊ី
ពីកកើសឺរ អករហោងតករព្រីរ ១ ព៉ាពោវ៉ីសក កាត្តកបរវ៉ាក
ព៉ីត្រលោកមីរ គ្រាវិឮចាឮត្រាស ឡ្យាវីឡ្យាស់បរម៉ី អកចរ
កន្លក់ សំឡ្យាកម្មាហីម អកបរកន្លួន ឩសួុតកអម៉ុង
ច្រីម្យឱតំមណា អកតំអាហារ តំចាងឯកាត្តារ ។ ហោតព៉ើរីក
បុរាងតក្លី អកតកាតកាប សកវ៉ីងរកព្រីរ ឩកប៉ីរកាសប្រ៉ាក់
១ តំរឺរ តរប៉កប្រ៉ើសឺរ អាសវក្លាកហោន ១ បឩខ៊ីមគោហារោក
ចឮ កន្ហឺងកាសាឮ ស៊ីមោសំមាសបបាស ចាំអករខាឯ
បាស តឯក្ហុងកាស កុំកសរឿលោកកឮក្ហព្រឺរ ហោកម្លេច
អករឩតកឯរ ច្រាស់ប្រេរីសែស សិវិឮយស់ប៊ីកអវ៉ីឮារ
អាហារឥ្យតើរីឮរ៉ា ១ ហោតរីក អំព៊ីបុរាងប្រេីឮអក កា ·

មុខអ្នកអាទិលាភ ឋិតថាច្បើមាត ពីឃាតឈឺតែសត្វផង ចាក់ឆ្លង

បរបក្តុតផង គេគាស្លាក់គ្រឿងពាង ដួលលង់កុំគោក ពីកកំព្រៃយ

ប្រក្រតីមានកាលម្រូវឡើង តើរនៅកកំព្រៀ តាប់ឡើងទទិក្តាត់

ណា រកនៅជ្រកកងគោបាំ កនពីងអាគា អារីប្រកំឡុងឡើង

ក្រូវ ១ ការណាមានត្រៀតាំតរ៍ មេគាងឈ្មោះ ភិក្ខុលអាកៀ្ប

គោបាំ នីលាងឃើញត្រៀទោណា អរងឹម្មីមារ ប្រកុំចាប់

ចាតស្បែងវាប ចាប់ចងបួនបងទ្រង់មាប ប្រភិក្ខុលចាប់ សំគាត់

តាំត្រៀតាំយផង ត្រៀតាំយរកងហេតុហោង គេគាពីតគ្រៀ

គោង ដួលដំតាក់ពាំឡើង ទីលាងីលវីនមករហឺ្ប តាំត្រៀ

ទោណា តលឆ្នាំហោះច្រើងតាក់ វិហាតវិតមានគៀ្រវិភ គៀ្រទោ

ផងណា មកត្រូវតាមសន្តុក្រឡើង ឲ្យអ្នករងទុករងវៀ្រ ទាំម្រតាំម

វិត្យ កំចាតឆាយការគោក្តា វិហាតអ្វីមកអស់ក្រម្ភណា ពាំខ្សែ

ត្រូវការ តើវិហាតប្រការកាលអ្វី ឡើងចាប់ឧអ្នកចាងសី សេច

មាត់អំពៀ្រ ត្រាពីសុការកាលាំ គោអស់ម្បវែងតាំមក្តីយ

កំពុងយំដើរ ចំពោះទីកន្លែងកំពង់ គេនិះហាក់ព្រះបរមី កត្លាក
ដឹងច្បាស់ ស្រកកំពុងខាត កញ្ជ្រាកអំពើកម្មៈបាយ ទៅគល
អាសារ ព្រះគេងគស្រស្រហាង ព្រះគេងបើកនឹកចាក់ក្ដួង គឺង
អស់អាង គ្រាន់នរីការខទ្រា ព្រះគេងគុណគឹកបងទាំ ទ្រង់
អ្នកចេះណា ទីងគស់វិភាគកល់ បើគ្រាអង្គអាក់ពងយល អ្នក
ចេះគេចគល ព្រះគេងបុរាណអកណើរ នឹងទាំងកែសកែសីយើរ ៗ
ខាងអ៊ីន្ទ្រីឯណើរ គប្ដីយបុរាណងងហោង គួរអាក់បំពេញលោមួង
អាស្រអការង គឺចាកកណ្ដុកម្មាបាយ ព្រះគេងហោះគ្រាវិហារ ច្រាំង
ស្រិបចើរណា អន្ទះទោងខាត់ ក៏ហោះចើងគេស្រក្ដា ១ ខាង
កែសកែសី ខាងភាក់ចើងគិរ បងំយងីព្រ ខាងគិតអំពើង
ដក្តីងបងទាំ មេងមានអាសារ មិយអកាបងហោង បើ
គ្រាអកាលក អកាគឹកធ្វើប កែងហៅកូនក្ដី សរចួយ
សងីក គណ្ឌុកគកបើរ ចុបចុលតាំមងីយ ច្រាំម្ររាំមធើរ
គកមានអ្នកណា ម្សងីងមកទា គុំរក្តគិរណើរ បើគ្រា

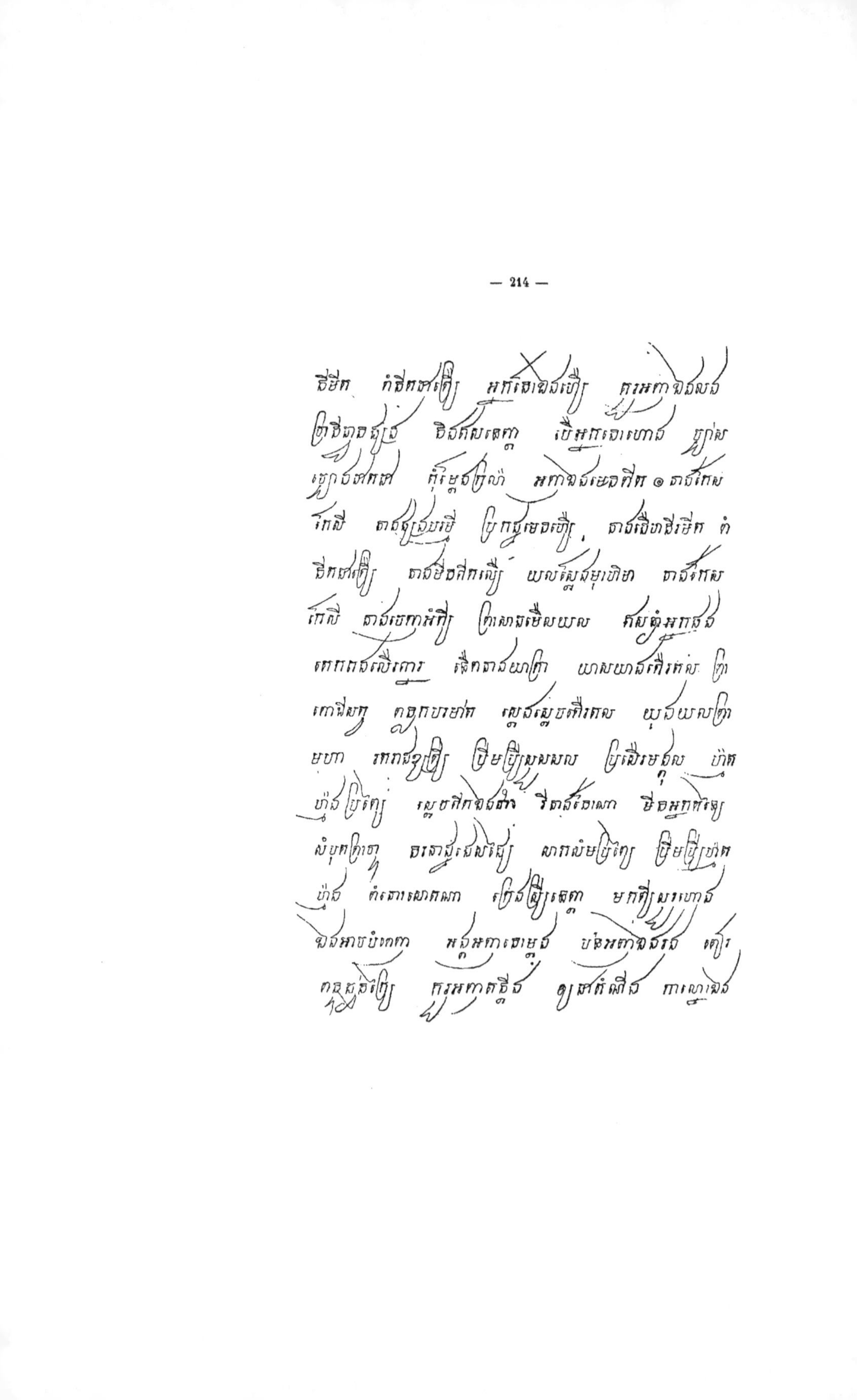

ថ្ងៃ ក្រើនតាមគ្នា ប៉ុន្តែលូវថ្ងៃ ការទុកអស់កាលហោង ៙ ផើត
កោះដីលក ត្រិះរិះរឿងរក ក្រោយគម្ពីរថា រិញ្ញតាងប្រសើរ
ឈរដើមឈើក ខាងមុខតីងណា ចាំភក្ដីរកាល ខាងខាង
ទ្រព្យ · ចិត្តទុកស្មោះ សំរេចសំណាល ចាំខ្ញុំមិនរណា
ភាពុកអកខាល អន្តរកេរក្ដាល សោស្រុកអង្គទំម ក្រោម
ស្រុកក្រុងគាត់ ៥ ខ្ញុំមកពីកតាយុក ទោខ្ញុំមយលសក គួប
ក្រោមក្រិតា ម្យ៉ាមកកាលកល មកួលក្រខ្សា បង្ខំមសោភារ
សំម្លោះមើល្អ ក្រោមមោមមកថា ម្ដេចខាងប្រស្មើ ពីកកំគារ
ប្រណីខ្ញុំត្រា · ពីតាកក្ដឹតក្ដៅ ១ ក្រោមច្រាបស្រែចហើយ ពីក
កំពុងឃើញ អន្តរខាងទៅ ខ្ញុំភាក់ខឹត្រូ ចិត្តាចាំមខ្វះ
ពីកក្រុងក្រោយ ខ្ញុំមប្រឹងខីខ្លួនល្ងង់ ១ ហោកកែខឹមឹត យុង
យលកំខឹក ប្រកន្លុមាហោមា កសតាំអកខង តេកកង
លើក្នា កំភាក់អាតា កលម្យ៉ាងឃើញណា ខ្ញុំយលគេហោ
ផើតខ្ញុំមអាងក្ដា មុាមកគប់ស្លង ចិតងខ្ញុំអាក ៖

តបអ្នកទោម្តង ហៀបចង់មកលង កន្លងពេកក្តី អ្នកក្តីយពីរ

មុខ អ្នកនរកំឡុង ខករតឹងតឹង ឯតាមស្រុកនោះ ដើរណោ

ហៅអ្នី ប្រុលអ្នកស្រីពីរ ចាប់ខ្ញុំមតីចរ៉ា ១ គ្រាកោះមីលក ស្តេច

ស្តាប់ខ្ញុំនរក សំណាមរហូ ស្តេចពីគុកចងខ្សែ គ្រាខ្សែបិតារ

តាងចងភរិយា បុរាណអង្គកាពីត ផើតស្តេចធ្វើងចាំ ទៀបខ្ញុំ

ភរិយា បុរាណកំពីត កាលមុខយើងតាង រូបសាងម្តាយមិត

សេចក្តីស្រពីត តបសកទោណា ចរណៀយស្ងួនស្ងប់ ទោងទីង

ទៀងចាប់ ឧករនាមា ទោងនរកំឡុង ក្រមីនតឹស្បូ ស្តេច

វង្សស្រីយ៉ា បីភាងរេងសខ្សែ សោក្រាងសំចាត់ ប្រុសាងរតរត

គលក្រើនក្រាសខ្សែ ស្តេចច្រាំម្យ៉ា សំរាប់សកខ្សែ បង្គំមខ្ញុំ

ខ្សែ ប្រូក្រពីរហោងណា ស្តេចឃងមីនអ្នកតខ្សែ ពីគ្រាបិតា

ឯម្តាយទោះនោះ ណោតាងវង្សក្សត្រ ពីរសោភា អាអង្គ

ស្មោសិ ឯសំមស្នេហា ចាំម្យ៉ាសោនណា សំរាប់ប្រូក្រពីរ

ចាក់ទេគអក្សរ បរសោគី ស្តេចមាននេពីរ ពីពងក្រុបក្រុង

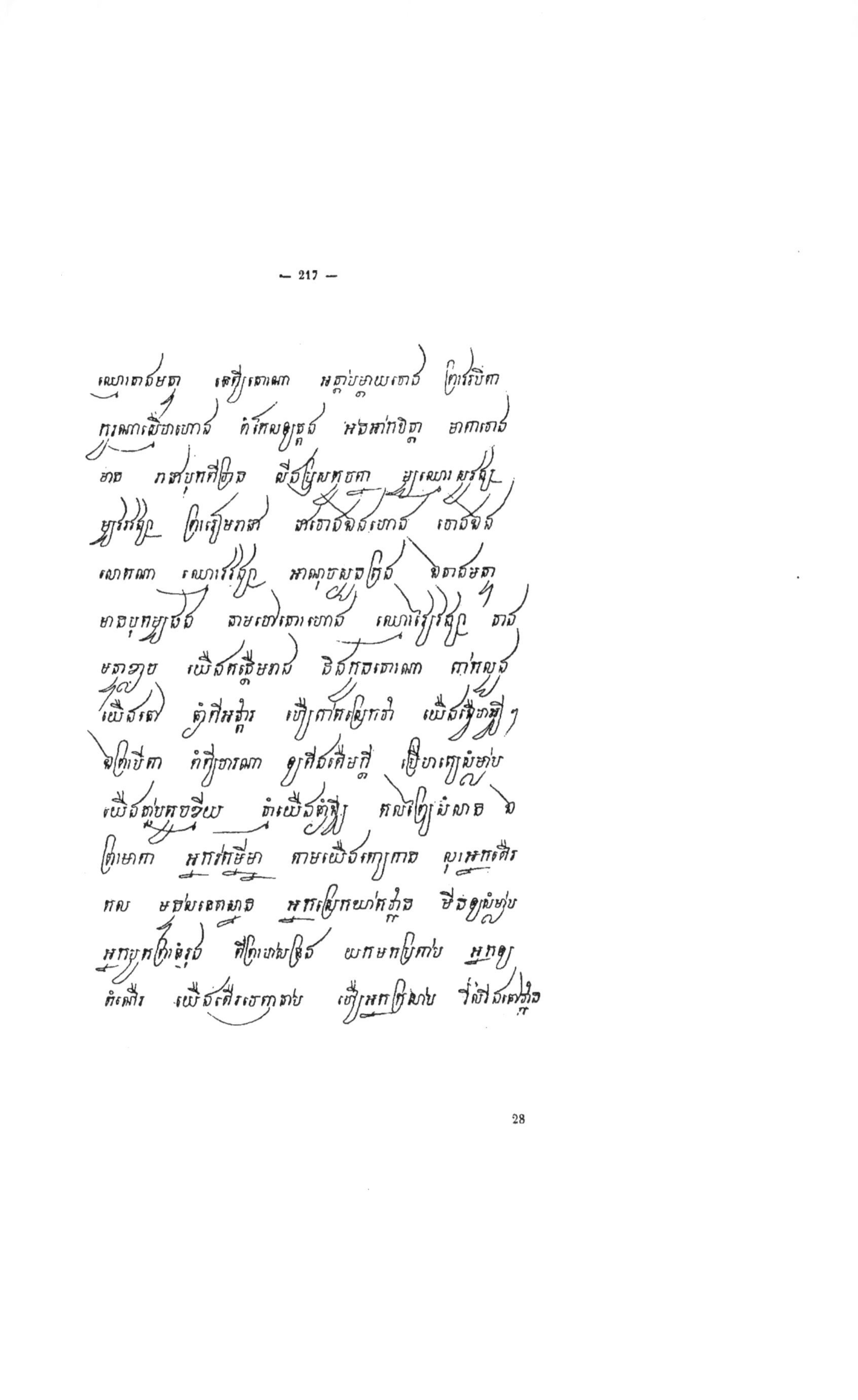

[illegible]

ឃើញគើរមកហោ តលព្រែកព្រហោ កន្ទបបញ្ចៀ វិតល
កុំលំ ដន្តតុំភក្ទិយ ពាប់បច្ចុភក្ត្រ ប្រុំបលទិយា ឃើញ
ឈុបសំកូច ឃើញកេកលើស្មោច បរំមសាលំ វិញស្តេចទោះលោក
ក្រិវក្រោធកុមារបីមា ធំពិសយោធា គន្ធិកវិះរ ក្រញៀមទោចខ្លួង
ក្បាច់បរំណើង ដាធំនៅទាត ចរច្ចុលខាត ទោងភិតក្រោក
ទោងខាបក្បព៌ត រួតរកយាត្រា គើរមកចុះឃុប ឆ្មើង
ឆិរលព្រួប កំពីងអក្សាត្រា ចកត្តាគនហ៍ស យាងហ៍សលម
ខ្យ ពាក់ថាក្បត្រៀ ក្បៀលហើយស្បែង ព្រៃហមុកព្រៃក្រៀ
ហើយគើកពាក់ក្បូ បណ្ដីចហបយោង ផ្ទិកលាគសល កំយល
សឹលផង យកផ្សងទោះចោង មកពាក់ក្ដូវក្សៀ វិយល
ព្រិះ ភីហគសតុំឆ្មុំ គចភើងវិស្ស ឆគន្ធហ៍សទោះ
ពាក់ក្សាមកក្សៀ ឃើញពាក្យផ្សងក្សៀ ទៅគលមហាខ្សត្រ
ភើតធំអាគារ ចាប់បចងហើយលា ញ៉ើហក្ដីសលខាត ច្រៀង
ធំមសាត គគមានប្រែអឹង វិហារមានផ្ទុកភ្ញារ គំហើយហោម្ស

ណា កកមានតោងឃ្លី ឆាប់តែមេកា មេឧមានមេត្រី ហើយ
ក្រោចបរមីយ បុភាគផ្សេងទៀត ខាងខាងស្តីរក ស្តាប់ទៅជីលក
កែងកាត្រគត្លាង ខាងខាងស្ពានតោក មហាខ្ញុំក្រោកហោង ភីលាក
យុំមងង ចីងទៅជីសក្ក រើកខាងយាត្រា វៃលើងម្ចីមារ
គលត្រៃសោធរគ ខាងរកករខ្ចាប់ ស្រែចស្រាប់មកខាត់ ចាំទៅ
ជីសក ត្រាំអង្គរោគការ ខាងខាងស្តីរក ខាងរឿបប្រើចីង
ត្រាំអង្គខ្ញុំត្រា ខាងត្រូវបង្កូម ប្រើណាំមនុគមា យាងយាល
យាត្រា ដើរកលមងល ១ រីការណោណា កសួរកយាមចេង
ភារភាករបល ជាមិកំណាត ឃើញតក្រោលកល់ល ទៅ
ហោគភីបកល . ធីមីតចិងឃ្លី ១ ការលោងខ្ញុំត្រី កែសកែមី
ខាងគកាថាំ មិត្រារររផ្សា ក់ងគ្នុំកល អំបូរត្រាកាស
ឈូនបុត្រា គខ្ញុកបន្ទល គ្រូងតងកំគល ស្មើរលាកចេង
ឆ្នេរតំភ្លុកឆ្កៀ ១ បគកាក្តិ ១ បើកប៉ះខាន្ទី ទៅទេវមិត្រ
តំណាលតំបូង មេឧមានឧតរ បររតគប៉ាង រឿងាម

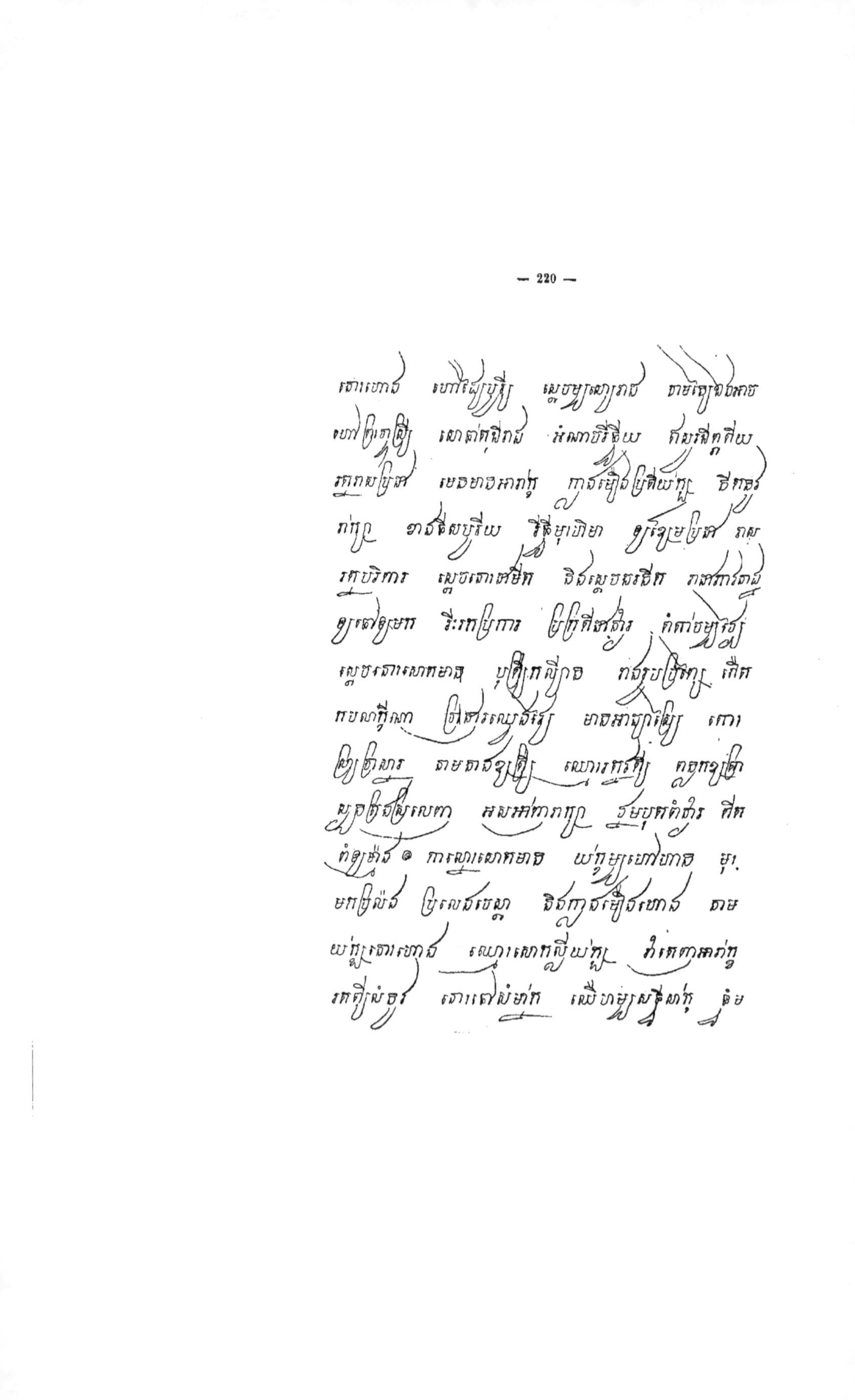

ត្រៀកទោង វៀរលោកញីយក្ស ភិតៅលំណក់ក សូចកាង
ទឿងចូរ វៀរសាចទោគ គោហ៊ាមឹងហោង ចរនុំៗផង
ត្រាចចរមាក់ការ យក្សបួលទៅចូរ ដើកយក្សស្រែកថា រឿង
មហាខ្សត្រា ស្តេចស្តេងក្រៀបក្រាង បរឿមគុ់ស ស្កក់ពាសផង
អង្គអាកាមងហោង ណោលោកញីយក្ស អកាខាងបេស្ត
រឹងយមុខហឹម ពីដឹងអាភ្នុ ពីខិងអាភ្នុ អកាឈាអកាវិ
ការក្តាយវឹបកចាក រត់ទៅលំណក់ក មកក្រៀវក្រិត្យ អកា
មកទោហោង បុចបងត្រាថា ពីផ្សាយឋណា អកាទឹងវិគ
អង្គមហាខ្សត្រា វៀរភមបិត អកាមឹងឋិឈឿរ ក្រៅខ្សត្រា
ស្លាប់កាកយក្សផ្ទុំ ស្តេចពិតកក្ខោង ថាខិអាកា អកា
ក្រារ៉ែចម្តេង វិមូរលំមស្លាប់ហោង ឯងយក្សគោក្ការ
គរអកាខ្មៅ ពលមហាឋិកចូរ ឯករត្បណា បើហា
តាចកាក់មក អកាខិងឆ្ងាយថា ខ្សាក់តាកក្ខុ បុក
ពិរិយាផង ដើកមហាខ្សត្រា មាចក្រាអាធ្រ ក្រាល

ថើបអ្នកផង ឲ្យបើកសំពៅ ឡើងទៅក្នុងខ្នង ទៀប
ត្រួសត្រៀវហោង អគ្គីតាមហាមិត្ត សម្ដេចឲ្យត្រា ស្ដេច
ស្ដាប់វាចា បង្គំមហាតេជ្យ ស្ដេចឲ្យសេណា សោភាក្រាស
ទៀវ ទាំពលទិវត្យ ទៅកាក់សំពៅ ចិត្តាំភាគ មីងមាយ
ផ្សឹងទៅ វិសណាទាំពល រឋលឡើងទៅ វាកាក់សំពៅ
កំពុងទឹករលឿន ទឹកពកសេណា ទៅខលភាគ ស្ដេចស្ដាប់
ពាក្យហៅ ស្ដេចឲ្យវាវពង់ គគ្គីងអាស្រ័យ ចាំវិហារអកៀយ
ក្បាលពលអ្នកផង បើចាក់កាក់សំពៅ ទេវតាខពុះទៅ រប
ពលទឹកហោង ត្រាអង្គទីងឲ្យ រត្នាគតបាំង មាលច្រាក
កៃវកង ឡើងត្រៃហាត ៗ អាសារវាវពង ឡើង ៗ ទៅ
ទៅហោង ។ ពពមាខអ្នកណា និងគង្គីងមក កាំងត្រាអាសារ
អាសារទីវពលគ្រូងទោ ទឹកពោលឹសត្យ ពាក្យពិតប្រឹងទាំត
ស្រែកតក្លីងទោ ចាំវិហារអ្នកផង វាវពងឡើងទោ សម្ដ
អ្នកចំពោះ ច្រាបទ្ធំមតីបរ៉ា អាសារស្ដាប់ហើយ ថាខណាហើយ

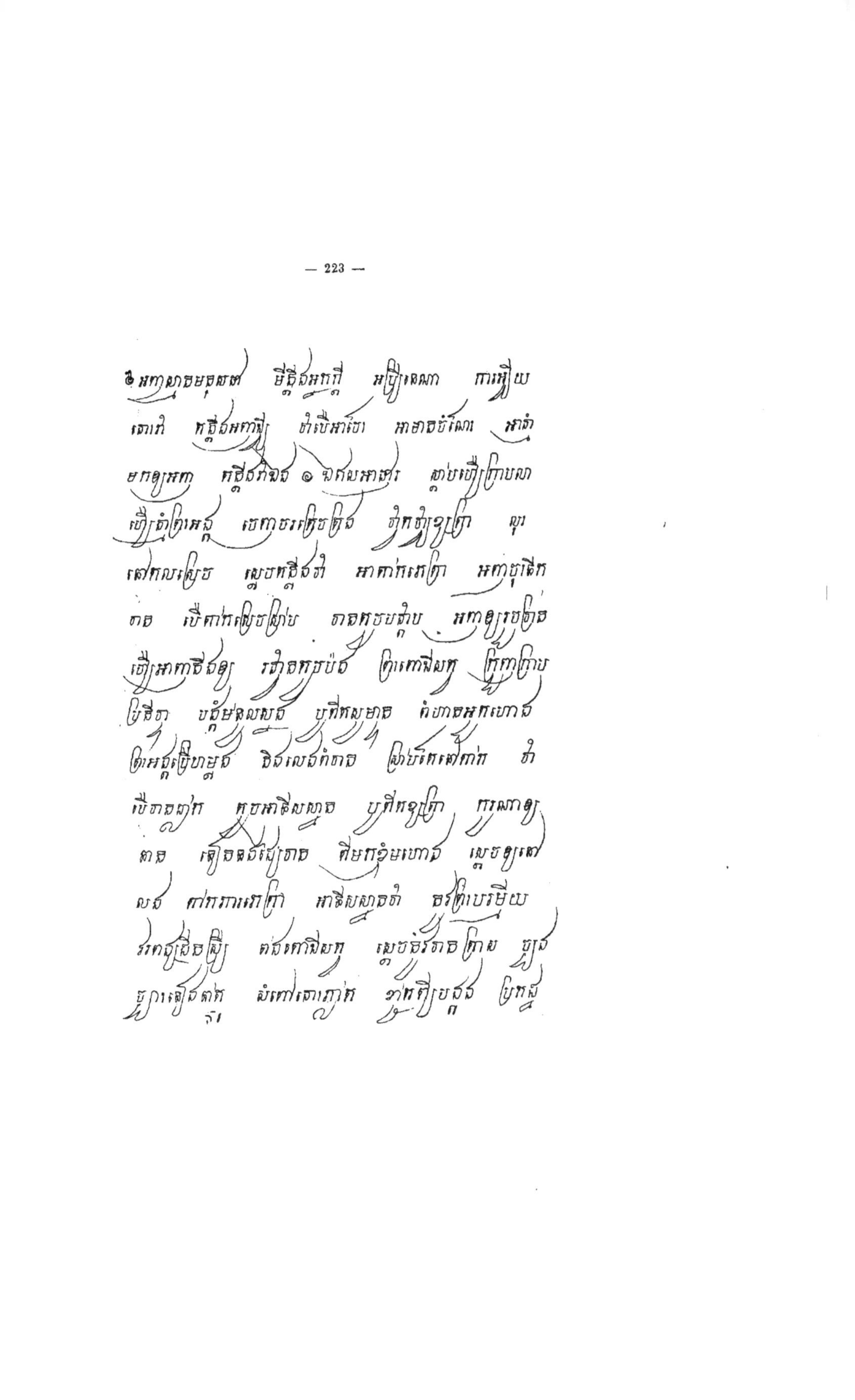

ម៉ាហិមា ទ្រាបកលមហាខ្មុក ស្តេចអរកកក្តាក់ ទ្រង់ត្រាំ
ក្រុណា បង្គលក្រាលហៅ នៅក្នុងលេណា ខ្ញុំរៀបនៅក្រា
ស្តេចនឹងលេណា ២ បនភ្លុង ១ និងរទេះសំរេចកាលក្រារ ប្រុតាប
អាក្រា ទោរស្រែចបើរហោង សីលាយាក្រាក្លាលខ្លង់ ហើយ
ហូកល្លាបក្តោង នៅខ្សែប្រឹង ១ បើកកលមុខលទន្សោណា ចតុរ
ទាមា ហៅខ្សែប្រឹង ខ្ញុំក្រាកអាឡីក្តុឪ ស្តេចបូលចកខ្ញុំ
ឥកចូរកុំកង់ កលមុាការឈោកំពុង ស្តេចក្រាលត្រូវរង
ត្រាតទាឡែ រង់ទស្រែចបើរស្តេច បង្គលក្រាលបើហ លេណា
យោគ្រាវងង់ស៊ើហ ទៀបពលសាររកឹហ បើរស្តេចយាក្រា នៅ
ក្នុងកលចាំងកាឡូ មហាមីកទោណា សាងលួរលេចក្តឹ ពីអន្ត
ស្តេចទ្រង់បុត្ត កំណាលក្រាបកាលយក្ខុ ប៉ុនថ្ងៃរកោក្តារ ត្រា
អន្តខ្ញុំក្រឡែ ១ ការណោក្រាហ្ម លោតាក់ចរទាំង បង្គលក្រាលចាំ
បៀរមហាមីត្តើយ អក្ខើយរីយព្រុទោកៀរ គ្រំមក្រៀវៀ
តន្ទីកម៉ាហិមា ភាពីនសីអកា ១ ត្រាហ្មចរឯក ស្តេចគ្នាប

មហាឥក ស្តេចបង្គលជើង ហើយមហាឥក កុំគិតទោសជើង

អកាឥទ្ធកាក់ទីគង់ ខំអកាឡូណា ភិមាឥទេស្ទោះ ទៅហាន

ទាស់ទៅង សំពៅហាស់ទីឥង ទុកសើរបន្តូង ភិកាក់អាក់ឆង់

គូបគុលឥកហោង ១ ក្រុងធរឥត ឃឹកផងបូទីក ក្រាលប្រិហ

អ្នកផង តាំក្រអាធារ មហាខ្សត្រគូបន្តូង គលកុំកាំងហោង

ថេ្វងក្រអាធារ ថាមាលហៀរទៅ ក្រអន្តខ្សហោ ល្បិហាហោ

តៅទាត តាំកៀក្រអន្ត គូងកាំងមហាខ្សត្រ ស្តេចឥធីងកាត់

ចូរទៅឈាក្រា ១ ក្រកោរឃឹសក ស្តេចជ្ញើរីងទាក គន្លង

អាធារ ឆតសអាធារ ត្លួសឡើរីងថា ឃីឌីងសឿហោង

ក្រអន្តខ្សហោ ចូរហៅតៅហោង ឌីងយើងតម្អួង កុំយូរ

សឿណា ស្តេចជើរីងណោ ថាបើហាតទោ ចូរកលអាធារ

វិលទៅក្រាបគូល ក្រអន្តឆងណា តោកាយតោគ ក្រអន្ត

ចិបហោង ១ តើគតលអ្នកឆង ទេរ្យការតោះហោង វិល

វិងឈាក្រា តៅគលមហាខ្សត្រ គូបកាក់តាំមវាំ សំស្តេច

រាម ត្រាប់ព្រាហឥវៃរ្យ ប៉ុនួនស្ត្រាសាំ នៅព្រាវាំហោង
តំអកាឲ្យរហា អកាបឹងឲ្យរតា ប្រយុនលប់ឲលង់ ឱន
យក្សុចាសោ ពោហាចេម្មួង វ្យ័កសអាពរ រសរាំមឹង
កបកលកុំក៏ន ឱ្យបករវងឯងក្ស តាំប៉ន់ព្រាអន្ទ គ្រាវៀច្បាច៉ង់
ម្ច៊ីហាវីងនហោន ក៏ឱ៊ងយប្ខ្យ ឆូរវក៏នរោហា គ្រាកោ
ឯងក្ស គ្វេីសនវឯងខ្លឹក បឹងក័សអាត្តា តាំននសរហោង
រេគានងវាតា សាបរសពិណា ម៊ីងពកៃខ្ទងឈ្ចី តាំបីខ្លូព
វៃវ្យ មានព្រាហរៃវ្យ ឯ្យនកានាវែ្យ តាំសីរវៃឲ្យវ្កុ
សមឲ្យឱ្យក្ថា ហ្កាប់ក្រកា វៃស្យ្តេបហេន អាតាវិស
នៅ គុលតា់សព្រ័ហា ឲ្យក្ខ្រប រ្វឯក្យ្យបច្ចំម អក
ត្ខាមកោរហាង ស្ទេចឡាប់ត្រាយសន់ តាំកា់បព័ក្តណា ស្ទេច
ត្រាសកំឲ់ត ខ្យ្យវរក្រាមកុឯ៊ អាវាមកុសោវ ព្រាពាវពេល
ឆ្មឹង អំក្រ៊ីងវាតា វើងគ្រាះចគ្រ៊ីវ្យ យកកិរ៊្យឲ្យ្យ ញរ
ហាងពកិវៃ្យ ច្បងពីនាប្រីកាប់ សំវាប់ប្រីវៃ្យ ល្ល្ក។

ទេពព្រៀ ពន្ធិកម្មហោរា ១ ដើកពលអកង់ ក្រុមក្រាបស្តេច
ហោង ទទួលអាជ្ញា ស្រាប់ស្រេចក្រាបលា នាំពលសេណា
ពួកពលកុំកង់ ដើកពលសេណា ស្ទេង់ព្រះអាជ្ញា ចាប់ទោសវិន្ទ
ជាំគ្រឿងនៅព្រៃ ប្រព្រៃកែលប្រិង ពីរស្តេចពុង ឲ្យមកផង
ណា អស្ចារ្យការនៅឆ្ងាយ កុំទៅលេលាប សរសោរអាឧង ប្រពាប់
លើមមូល សកព្រួបអាម្ចង់ កំឲ្យមាឧចង់ ឆ្វើបិកបីធារ ១
ការសោរទោសវិន្ទ ទទួលព្រះអាជ្ញា ស្រេចហើយប្រពាប់ព្រះអង្គ
កំឈលនាំទោសវិន្ទ យលបាក់កក្រុមអង្គ ព្រះពន្ធពស្ត្រសេរពាំ
ពុងសើរគិរីពូពក ពលការមុខហោរា ក៏ទោរអំពីត្រៀគ្រឿង
ស្រេចពលមន្ទលភាព ពីព្រះខ្មែរ ស្តេចក្រុមស្នោលការសៀសើក
ការសោរព្រះចោរសោតាក អរឃឹងគេការឹក ក៏ស្តេចបង្គលឲ្យហោ
ស្រេចទោសវិន្ទហើងនៅ អង្គុយនឹកគង ក៏ទ្រង់ពីសិយបុរីយ
ក្រុមក្រាបប្រុវវិទ្ធិយ បង្គំប្រណំមប្រានិធា ការសោរព្រះចោ
សោតាក ប៉ទទួលព្រះយាត្រា សំណាពីព្រះបាទឡើង ចរិយា

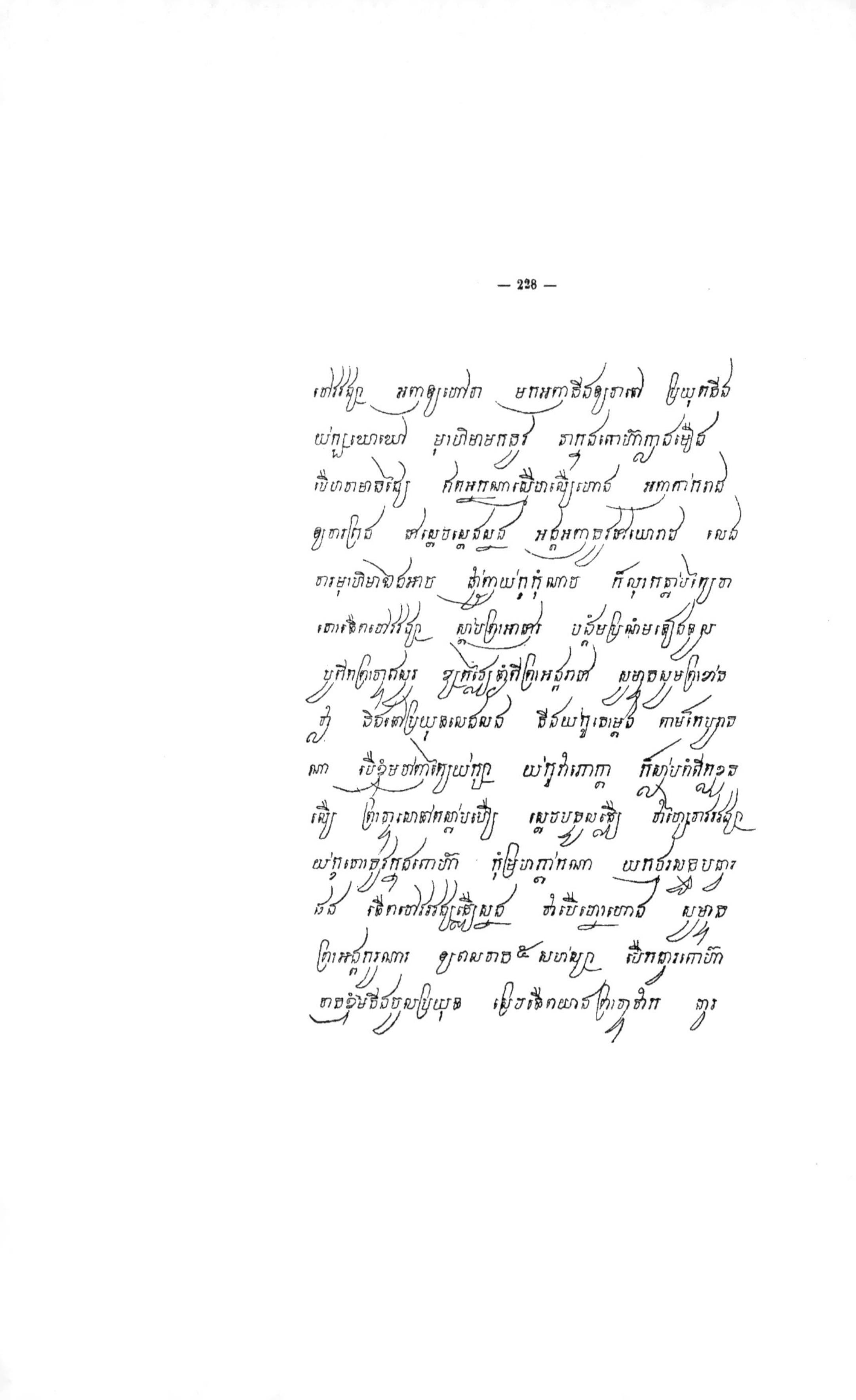

[illegible]
[illegible]
[illegible]
[illegible]
[illegible]
[illegible]
[illegible]
[illegible]
[illegible]
[illegible]
[illegible]
[illegible]
[illegible]
[illegible]

ស៊ើបខាង អាតុកខាងទុក ខាងច្រាសអាតុក រះរួចជាការ
ពលតាំងការ បររក្សា អាតុកឲ្យទៅរងាំងខាងហោង ខាងរក្សា
កល្លាកខ្សត្រី កន្លង់ក្រចាង អាតុកខាងផ្ទុំម ឲ្យចាងចាក់ទ្រឹង
សេកសោកភាពលួង អាតុកចាងណា ស្តេចក្សត្រអង្គ យក
ទៅរវល្ង ជាបុកប្រការ ស្តេចក្រាលបត្តាប ប្រកាប់ប្រការ
ច្រាមពលសេណា អាម៉ាត់មន្ត្រី ឲ្យឡើបទាងរំម បុកស្តេចឌីង
ផ្ទុំម ភាពបុកតាំងប៉ីយ អក្តីសេកគា ខ្សត្រាជីក្តី ព្រោង
ភាពទេពីយ តាំងពីអង្គារ ស្តេចឲ្យរើសរហ ស្រាល់ស្បើរយើងលួរ
មើលមាងរបារ គង់ក្លងរង់កាល យាងយាសយាត្រា ឈាង
សាគសោភារ រហ ៗ ខ្សត្រី ពលតាំញ្ញើរងង់ ឡើបឡើងប្រកង្ស
ស្រួលស្រាប់តីបិត រូបកាងលមរិលយ លុះចាងចាយា រមបក
តីលា បំភឹងត្រាស្បើ រើកក្រោមពីងក្រុង សុគសុគសុតពីរ
បំភឹងរបៀ រំខាំបរិភយា ឲ្យគរខ្សត្រី ទូរមហាខ្សត្រា ផ្ទុំម
សាំប្រកុំម ផ្កាក់ផ្ទុំមហើរណា តីត្រាភាគ ស្តេចអរក្តាក់

ហោង ១ ហោរាវង្ស ប្រាកដនាគ ស្ដេចស្ដែងកន្លង ព្រួប
ព្រងមេឃា ប្រឹតស្ដុំសង នាងព្រះអង្គ្លាង លើលសុំមស្នេហា
ព្រះទាំងនេះ លាកលាបបាមិក លាក្ខប្រែរារ ស្ដែងនាម
សេចក្ដីប ស្រែចស្ដេចលីលា ចរចុះគេគ្រា បើកទៅព្រះឧគរ
បង្ហរាជក្រុង ប្រែរាងបវរ សេបសុកឡេងខ្លួន មេនមាន
អំណារ ហោរាវិទ្យារស់ ត្រឹកក្រាសសាញ ១ រឿងព្រះអង្គ ព្រះ
ចរស្រស់ ខ្លួនខ្លួនកញ្ញា សោយរាជសំនាក់ ភាសនាគព្រៃស្បា
ចូលមកថ្វាយ បង្គំមប្រឹងត្នា ការលោះអាក់ កាន់មៀង
ប្រឹតយក្ខ មុខមកកំលុង ទាំងកែវការរហោ ផ្ញើកទៅព្រះ
ព្រះ ថ្វាយព្រះអង្គ ព្រះទាំងខ្លួន កាន់មៀងកលបុរា
លុះលើកកែវនោះ ថ្វាយមៀនបាំ បុត្តកព្រះធា ធរធាន
ភាគ វីរកែវនោះណា ខ្សុកខេមើតក្ដាត បរិរក្សាព្រះយស
តែកកំកំពលបូល គលតីបញ្ញើវិទ្យា ត្ញំប្រឹងព្រះអង្គ គួរ
កងខ្លួនកែវ មានព្រះហោរាវិទ្យា ចង់ចរយាគ្រា ស្មាន

ព្រះអង្គ យកកែវកោទ្រង់ ហើរហោះលើលា ភាគក្របបំណាង
ប៉ះបងប្រែថា កុំក្រោធា អារម្មញ្ញើហោង ខ្ញុំមកម្ចាស
ក្រាបទូលព្រះម្ចាស គោរពក្របស្តេង បពិត្រភាគ ក្រណាគ
រែចម្ពង់ តាលឃើញខ្ញុំម៉ង់ ភក្ត្រព្រំភ័គ្គ បងយកមោហា
ភ័មកក្ដៅណា ភ័គក្តាកុំតរ់ រកទៅលំហាក់ បៀលចាកក្រៀ
មរ តាលទទួលគេ ព្រំមុខត្យូណា ពីកក្រៀខាជយក្ស
រកទៅលំហាក់ ក្រោមកើមក្រីក្រ កគីវម្បុធំ ត្រុំមលាខា
ឃើញខ្ញុំមកលក្ខ ធីកចរកាលាច មេកម្បុប្រការ ស្នេហ៍រក
អាហារ កំក្រែលើងមាច មេកតិត្រោណា សែហាឡុក
លាច មេកប្រែលោកតាច ព្យូតឹកកោក្លារ ធីកចរមេក
បួច លំតាកតំខូច ក្រុកផ្ញាប៉ិតា មេកច្រាំមជីកាល ត្រាក់
ច្រាលភីរតារ ខ្មាស្មែឡុងតារ ស្ងួចលោភាលារ ចូវមេក
ច្រំម្បូ ស្រណុកកំព្រួយ ចូវរកអាហារ តាលលក្ខអំម៉ើក
តគីកតំភ័ល មកតាបរការ ដួងស្មៀមបច់សំម ចូវ

រមកព្រំម្ភិល ស្ដេចម្យ៉ាងទ្រង់សឹល បុរាណប្រកិតី ទូរ៉ាស្រាបីឯ សក
សិទ្ធភក្ដិ ទូវមកព្រំម្សិយ បង់ត្រូវគន្ធុទង់ ទូវមក
ព្រំម្យ៉ន មូលមិនគ្រឿងខ្ទង់ ភិរ៉ាបុកក្រោង ទឹកទូវមកក៏ប
កោរុបស្មេសង់ កងមាបាងង . តំក្រុះឿណា បុរិកក្រោទ
កើក្រុកក្រស់តាម្ព កងរខ្មុក្រោ យើងខ្ញុំមកកាកយាក . តីទាក
មុះហិមា មូលមានគោបាក់ នាស្មានយើងហោង ១ ក្រោតាវស្រី
ស្លាប់បើក្រោអន្ត បងគុលក្រាយមង់ ទាំងព្យួរអាក់ ប្រមក
គួរហោង ប្រមកទូវហោង អកាក្រមឿយងង់ និងអ្នកទោរ
ណា ការណោះអាកក្ដ ក្បាលមិនស្លាប់ទាក ព្រមបើក្រោប
ណា ចរមុំមកគល មចុំលទោណា បូលទូវទោរប៉ាង
ក្រាទាវស្រី លោក្រោងអំមួង តំមម្យក្បង ដាងកែស
រកសី នតឿអាវក្ស៊ាង ចាងត្រូវកាហោង អាប៉ីរំខរបើ
មានកាលម្ស៊ែ ឆកក្រោបាក់ព្យ សរ៉ែកគតតិយ
ស៊ីតពោះភាគ កុំពោលខ្ចប់ ថ្ងៃមតំលុកភឿ គឺឯហើងកុងនូវ

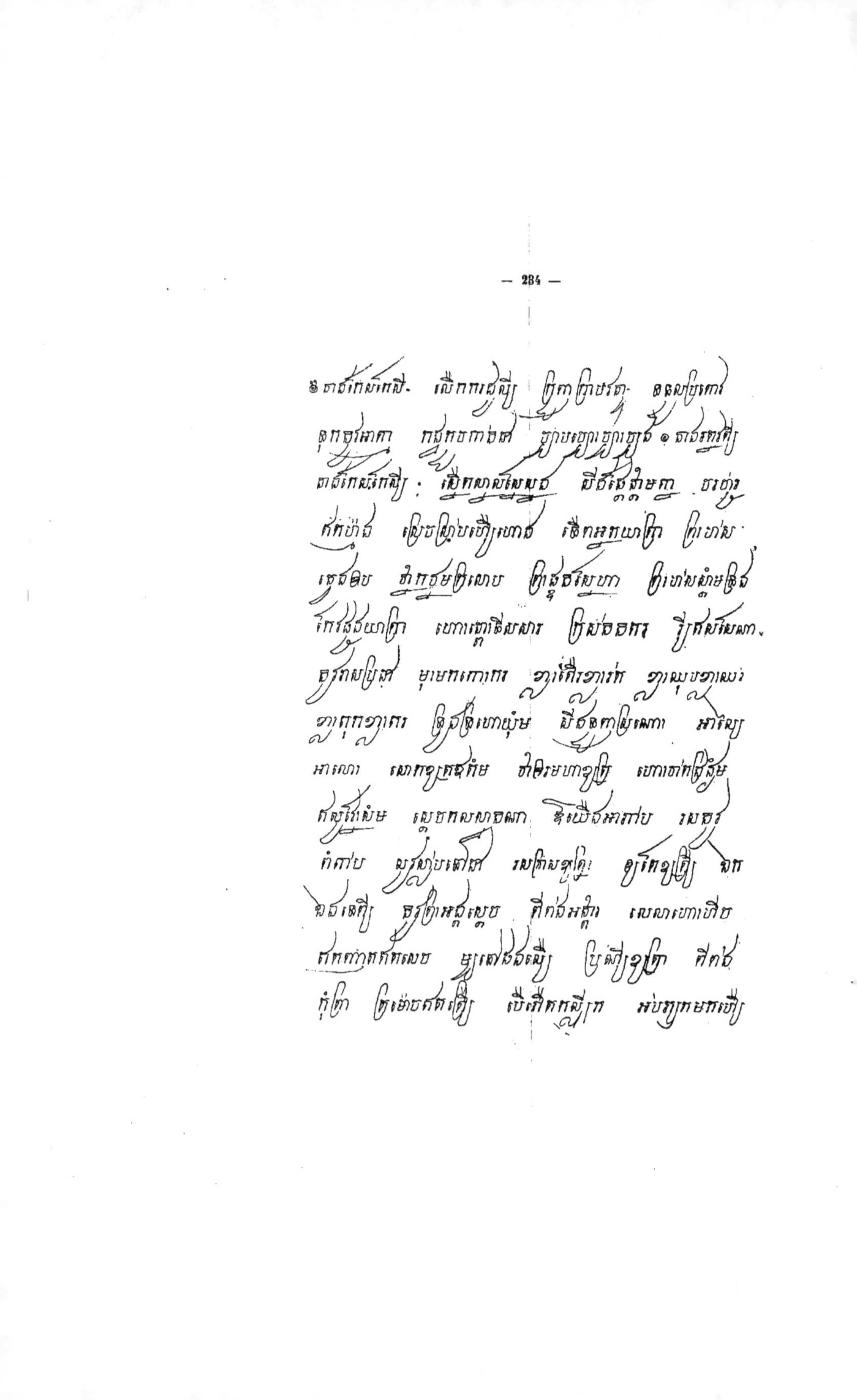

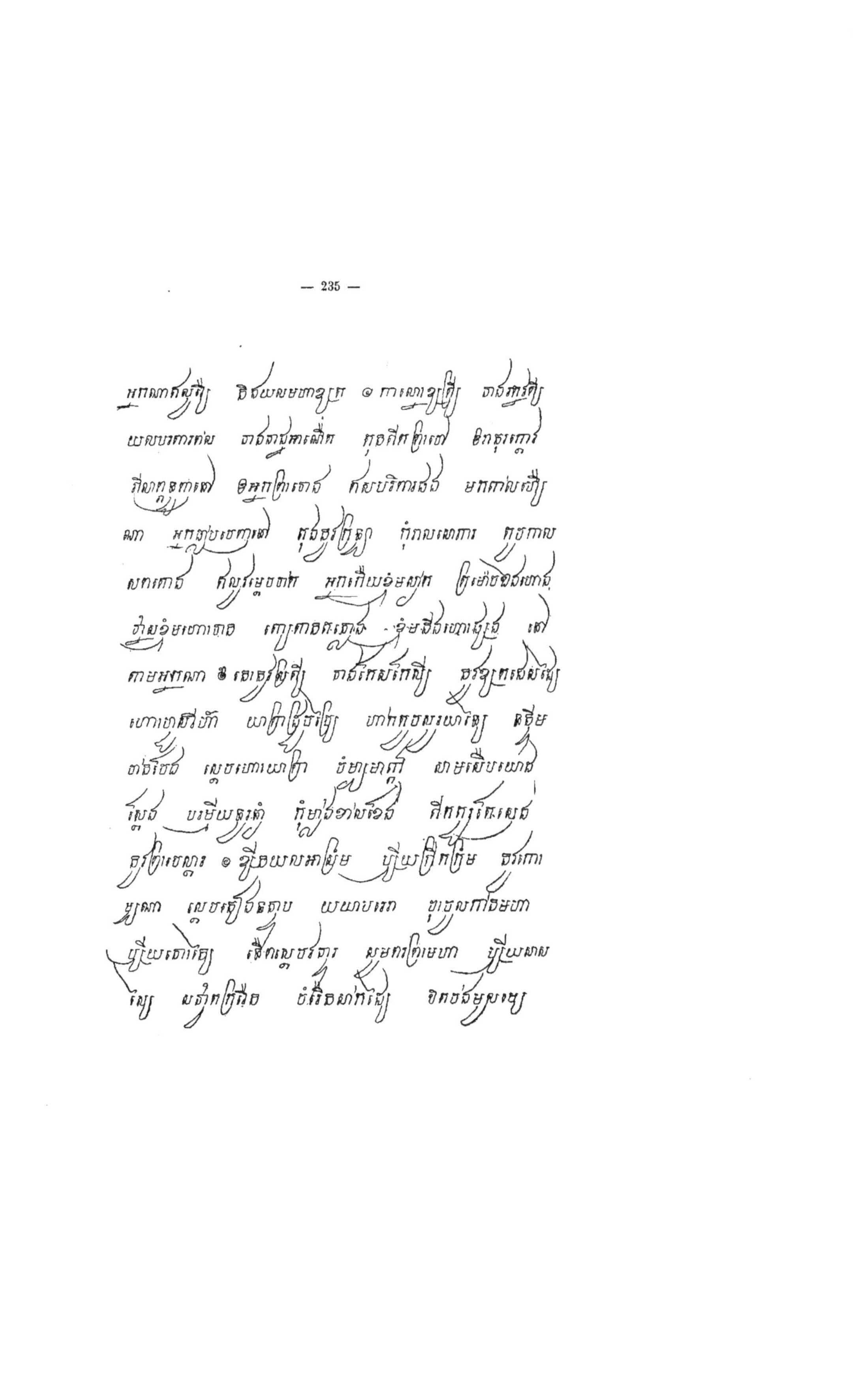

ត្រីក្រូចប្រហិត ឬយយុងឃល ល្មមផ្ដែងកើតគល ខ្ញីខ្ទឹមផ្ដែងផា
បាលតុំគៀ ចរបីរយាត្រា មុំមកក្បៀងណា ក្ដូចគលល្អនអៀ
អញ្ចាញខណ្ណេណា ត្រាំមកាងរម្យ សាងសីលសន្ធាយ កិតអក
ម្ពុណា យាត្រាគលអៀ បង្គោលខណ្ណេញ ហើយកោខាងផង
អ្នកមកខណ្ណេណា កើរក្បេមាក្ដា បុម្យាហោះធ្វើផ្លូវ ប្រហោង
យាត្រា ប្រហ៊ុំភ្ញាប់ផង ឆ្លងតាំបមកហោង ក្ដុលគថឬទ្ធារ
១ នឹកកោរីស្ក ត្រកាក្រាបប្រហិត ឬយវីលា ទាំកទៀ
បន្ទុម ប្រណាំមគលថា បត្ដិកក្រមហា ឬគិលី ខ្ញុំមមក
ខណ្ណេណា គីស្រកតាមា ហោត្ញុបរិ ងីវតៅកម្មែខ ត្រុលង
ធីសទ្វី សត្រាឯីថ្មី ងីនកខ្ញុំមហោង យើងខ្ញុំមករណារ
កើរក្បេរហ៊ា កាន់កេរហោធ្វើផ្លូវ យើងយលក្រាអង្គ គុង
ចូរខណ្ណេហោង យើងមកប៉ងប៉ង សមគរកញ្ញា បត្ដិកក្រ
មហា ឬលីលាំ លើសលេងសំមាយ យើងខ្ញុំមាតៅបេ ឆ្ការ
ភ្ញៀយតំហៀ យកមកទាំកទៀ សមគរអ្នកហោង ១ កាល្បោះ

ឲ្យក្តៅ ធ្វើហើយក៏ក្រឡុកមហា ហើយយកតោះពោង ធ្វើហើយពេញប្រពាប
សំរាប់តោះឆេះ ដើរទៅក្បែរគោង ក្រោមក្បែរពីក្បូ ១ ពាលហើយ
ស្តេចទៅ ហើយយកកុំពោរ គុណគឹកឯងថា និងអាណាចក្រ ស៊ឹង
លោកការដោ ចិតចង់ប្រហារ ឲ្យទាន់ពោធ្យាន លុះអំមួនទង
ត្រឹមកាច់ក្រោសោរ យុទ្ធហើយកំពាង ពោរហើយគែលវ ពោកបុន
អញខាន បរ់លតោះទាន យកក៏ក្រមកធ្វើហា ពរអញយក
ពេញ កាក់ឡ្វរខ្មោង តេព្យគលអំពើហា ហើយកាន់ក៏ក្រពោរ
ថ្នឹកផ្សារទៅលើរ ពិតពោះគរធ្វើហា គិតខោរទៅក្បែរ ហើយពិត
ម្ចោរ ឱ្យខយកពេញតោះ កាក់ល្បែចហើយទៀត យកក៏ក្រកាន់
ពោរ ថ្នឹកផ្សារធ្វើរក្បែរ អាឯងគកកាក្បែរ កំពីកអាគា ១
បង់តំរែងពឹក បង់ពឹកលឹលសឹង ក្បែរក្រុយាមណា ពោគ
ចិតលោកលុន តេកក់ឧម្មាបើមា ពោរហាសរបហ៊ា វរង្គទីលស់
ពោរផ្លូវឡូលកាក់ តេចអាកុំណាក់ ឆ្នាំកុប្បុលពល ពូគាយ
ខ្សែមហា ពូក្តារលោគលល់ ពោកចិតកាបពល បង់លច់ធរន្ធ័យ

រឿងកែវទោ ការកាយធ្លាក់ចុះ កូចកលប្រែខ្លួន ធ្លាក់ក្រែងចករ
កុចបង្កើរ ក្រោមក្បែរកក្បៀយ កន្ទាក់ចេចតាក ១ អាមាកយុងយល
ទើលរួលមកគល ឡើងក្រោកឡើមកូ ស្ដេចយលកក្បៀយ ក្រោមក្បែរ
ប្រែគយាក ស្ដេចឡើងហាត់លង្កា សំឆ្នុកកក្លូ ១ រឿងកែវអង្គ ៖
ក្រោចាររង្សី ឆ្ងាតាចក្រលាប វិលវិកាវិឆខិយ មកគ្រប់ចេញច្ចារ
ទីងថ្កាំក្រោមហា ប្ញើយទោហោង មកគលអាម្រឹម ចាសាច
បណ្ដឹម ប្ញើយកបន្ដង រកកើតប្រែកាប់ សំរាប់ទោទង
កែវកែលហោឆ្ងង មីកាមីងយលស្ញើ ខ្សែក្រាខ្សែក្រៀ សំរ៉ា
ម្រិគ្រី ទៅមកធ្លាលទើ ឱមហាប្ញើយ លចកែវយើងហើរ
ហោចាកប្រែស្ញើ យើងរថងីងអ៊ី ឱមហាប្ញើយ ចាកេរ្យ
យើងគ្ម ទៀងមកអំពី ចាកាងសីលតៀង គគល្អងវិភាស
ឱម្ដីចម្រើកលលួចកែវយើង យើងចាងកែវទោ ក្រោមហៀរហោះ
យាក្រោមការង៉ឹង កលកកបើហ យកអ៊ីយហោហើង ចាញ៉ើ
សំយើង រង្គង់ឈាបហោង អាស្រុងចញ្ញី កំកែលតើរតិយ

ខ្ញុំព្រះករុណា ចេកចាកប៉ង់ អាស្រ័យថ្វាយមហា ប្ញើយកើរនៅ
សន្តោមាក្ខា ក្ខត្តិយនិស្ប្ប ព្រស់ចុចករ ខ្ញុំព្រាខ្ញុំព្រី ហាក់
រាជព្វើយ សេហើបាង់ចេកាចរ បាកព្វើយពោហ៌ា មាសម្ប្យបវរ
ពីកង់សាធរ យាសយាង់យាគ្នា កើរហេតហាសថ្ងៃ្យ លេថវាលបល
ថ្វៃ្យ តំពីទំនិស្ប្ប រវង់ទីរសរស កាំយសមាក្ខា កាប់ឈឺ កាមល់
រស្ថបចុស់ទាំង ១ រ្យីយុបបោរហោង យក់កាងតំបង់ ត្រីរកើរនៅ
យក់ធំមកើនពរ ខ្ញឹងយក់កុំលៅ ស្ត្រីរស្ត្រកព្វើ្យព្រា ក្ដឹរម
ស្ថើា ឥណាអាចហាង មកចុរតស្ថាង បរមសាលា មិនមីឍើងឡា
ឥចបយ់កួ្យ អាចលន់ម្រា កួសមីឆ្មកសរ ១ ត្រូររីស្ប្ប ស្រាប់
យើព្រាលទាំ វៃហួយ់កំមរនរ មិនមិឍើងឡា ឯអាស់មីឍើងករ
មិនទាស់ព្វករ ឍើងអាកាធេថាង បុងឧលមោាលា ស្ថេថលក
កាគ្នា ព្រះស្យើបខ្លើងទ្វាង យក់ពីកព្រឹក្ខាថ កំអាបទរហាង
រកបេកាលលាង កថកាលអាច់ព្រា យក់ពីកឡង់ថា ទេ្យអ្នក
ឱ្យឡា ឱ្យកាចមកាទរ មឪស់ពោហ៌ា មហាយោរយៅ បើ

អាកាចលទៅ សំម្ញាប់ទោមរុង យក្ខពីកហើយខាច ពីកកំបាំងសាច

ទៅត្រឹកល្បឿនហោង រឹងក្រែងចខាងកទោង ស្ដេចបិទ្រកង ត្រា

ផ្ទួងទាំងឡាយ បង្គលក្រាសថា រំញ្ញផ្ទួងរំលែហា កន្តកបារាំងខ្សែ

គូរឃើញយាក្រា បោកកឿរទោណា សឹករចរំលង ពីយក្ខបីឆ្លុ

អាការឃើញហោង បើចរទេហោង កុំរួចល្បឿនណា ក្រាអង្គពីក

ស្រែច ហើយទ្រឹសឹកស្ដេច ករក្រាផ្ទួងភ្ញារ រូតរក់រំម្ងង ពៅ្យ

កោចមាក្ក តើរគលចេរមហា ស្រុមុងលោកលល ស្មុំក្រឹកក្រាហោម

ស្មើលទៅលលាម ចាក់តឿក្រកំយល គូទៅលង្ហិក សាប់ដីកនិងខ្សល

ក្រំហានិងទាងគល តើក្រោចង្ហូសារ ស្ដេចបង់គលថាក ចាំ

រំញ្ញផ្ទួងរគ មាសមឹករំលែហា បើចរទេហោង កុំតោងល្បឿនណា

សំមយក្ខរោក្ដា ឃើញសាប់ទេមោង បើនឹងស្អាប់ក្ដី ពីគខ្សែ

ផ្ទួងប្រឹង មកឃើញចរតោង ផ្ទួងឃើយឃើញក្រហ កុំម្រហក្ដាក់

ហោង មោផ្ទួងនឹងទោង សំស្ដាប់ងង្កា ខ្សឹងខ្សត្រីចិរមុល

មឿងមើលយលគុល សក្កតៀកក្តារ ស្ដេចចាប់សំណាក់

ព្រះពាក់អាភា ហោលទ្រូងស្លូលាំ តាំងពីព្រះអង្គ ហោះហើរទៅ

ពីព្រៃចន្ទណា កាមមកពុំលុន ស្ដេចហោលចិនកុល ហៀប

គលកុំគង់ ខ្សែបង់មកក្រង រលកមុះហិមា ទោកបក្ដួកក្ដាំយ

របូកក់កកាយ ក្រកចេកាពីកា ឆ្ឆឹករលាកលស កំយលតិស្សា

ល៉ក់កក់ព្រា របូកកាប់កេច ធាងហោលកំតាង រលកទោកច្រាង

ក្បូកលុះចុងខ្ញប ធាងហ្វៀងមីអារ ពោរកស្ដេច ព្រះទេកក្រាតិច

មៀងមើលកំឃល ធាងកើរពៅមក ពោរគ្រក ក្បាខ្ញុំចង្វាក់

ថ្លស កំណើកព្រៃតា ចរធាងធួលកល ធាងហៀរលោកលស ឆ្លាក

មហាខ្សោា អំបាលខាំមៀ អកគលព្យើរហើ បុចកក្ដារ ព្រៀង

ខ្លាចបរបល កុំរោលមេត ក្រកើតខ្លួមរាំ កាចកាក់ខ្សេត្រខ្សែ

បុរចគលព្យើរ ចិរលាគរហើរ ស្ដេចចរហូលត្រៀ ព្រៀងខ្លាច

អំម្រឹក្ដា គង្ហឹកក្រាសវៀ ហឹផ្កាខ្សែត្រខ្សែ អន្ទក្សលោលោ

រំហ្សគលរតក្រាក់ អកហោចល់មាក់ ចិគធុរកក្ស សាគរធាំ

ពីព្រៃចមា កាលមហាមេឃា ព្រឹមុខ្ពុះទោះហោង ព្រៀងយល

ឲ្យក្រា ស្ដេចសើកល្អចណា អាកប្រចង់មហោង ង៉មធីងទៅរក
ព្រអេក្តកុចក្តង់ បំរើហាក់កហោង កុចកាលប្រព្រឹត្យ បុពិកគេក្ត
អ្នកសើកត់វតា ឱ្យសឹលប្រាំម្សៀយ សើកតរព្រឹក្ស ឆរមហាប្រធ្យ
អាកាលចុក្តិយ ហោត្យិលសក្តិ តើងអ្នកឃុំឆយល ព្រអេក្ត
តល់កល កុំរម្ហងប្រលាំ សុមាចព្យ្រចប តប់ៗមកវ៉ា ង៉ម
ធីងយាក្រា ទៅរកព្រអេក្ត ឌុរព្រៀព្រឹក្ស រំយល់ផ្តើរ លក
លាលលំកង់ សំរាប់កិតើង កុះផងហាង ងាះក្យ៉ចវារើង ក្យប
ក្យ៉ងកេក្សការ ត្យកេព្រអេក្ត ធីរលតាកបង់ ពាកក្យ៉មិវ៉ា ឌុ
ង៉មផ្សុរវាឲ ព្រមាំបកុំក្រា ស្ដេចសើកលាចណា ង៉ំធីងទៅរក
ត្យង៉ំមគុក ពិកកំព្យណុក សរៀវ្ងគកាថា ភិករព្យម៉ាក់ឆង
រវេងឆរតុំម អ្នកកើយសំមង៉ំម លាប់ឆងហោងណា តាងគកា
ឌុកឌឹះ ឌ្យក្រឌុយលគ្ពឹះ ឆកអក្តអាកា បំព្រោះចធ្យល ៖
បម្យលអក្ការ ឆររចរងលលារ សច្ចប់ហើចហ៊ាង លុរភាក់
លាក្យ កោរហ្ញើងអំក្យ ឡេបហ្ញើព្យកំហ៊ាង សាគិតុលតុក ៖

ចម្បើយកអន្លង់ ពាន់សុំរេមឿងហ្មង ជួនលរេក្រា ទើកទាងយក
ស្បៀយ គោកពានងថ្មៃ ជួរខេ្បរចពាណា ពាន់គោកស្បេចហើយ
ទើកពានយាគ្រា ពើរកេ្យមាក្លា ឫ្កគ្ឫកថ្បូន អាស្យរុខ្មេ្ឫ
កំកេាលពើរកើ្យ ព្យោកករេនី កាលពចសិនណាម រអាមក់ក
រេាន ពាន់ស្ននក្លីនន អមប្យខេហើយ ពានពាល្វ់ពំរប្យ រន្ល្វន
ជួរពិ្ឫ កំពិនីកពើរ ពិណាកស្វ្យរសាក់ អាមោកពកស្បេយ-
កកងស្វេស្តីយ រេ្តនពកាពាត់ ពើម្យីខ្មេ្ឫ ក្លង់រេ្យបសាព្ឺ្យ
ពើកព្ឯក់ក្លា ឫ្យបើរសឹករុ្យម កាលក់មពំវ៉ា ពីណាកសោកការ
រេ្ទនខ្មេងកំពាង ពើរវ្យចកាលវិ្ញ្ឫ ឡើយណារកោកកិ្ព្ឫ ឈរ
ឡុកសំម្ប្រាង សក្មុបពិ្ឫក្វ សាទារយោងយាង ក្រុំម
មិស្យ វរើយរក្លា ១ សរសើរកំពើរក្ត្រីកសាវ័ ជួកដិ្ងក្លាត់ណា
ពារកេ្យ្ព្បូន ១ ពានខ្វាចកំអាចចរចារ ពីកព្្យព៍ាករហ៊ើងហ្មងសាពី
រន្ល្វនពីករ្ឫខ្ប្វស្ត្បេយ ការេពែសក្ប្វីយ ចំច្បបអាកា ពើរ
រេ្ក្យបស្តាលេបអាឆារ ល្ាកំរបន់ច្នាំម្ឫីសៃ្ខប៉ាក់ ពើររន្លងកស

ចុងស្រុកនាក ចករមមានត្រីក្រាតាឡុរវែង ស្រីវែងកើតក្រោយលុលុង
សំលៀកកំពុង កាច់កាចគតបើហ នាងតាំងនាងខ្មាស្នើកឈើហ
ស្រែចបើត្រនាងធ្វើហ នាសំកក់ណា ស្លៀកស្រែចបើត្រស្ដេចយាត្រារ
កើតរកក្សមាត្បា ខ្លោះនៅត្រាចតរ ៙ ក្នុងស្រុករតាមាខ កាចាស
ម្ស ត្រាខ កើតរត្រីចបេកាចរ លីឆ្នាវសំរកង ទីងឆ្នាវកាំមលរ បេកា
ត្បូចតរ នានាកកើបាក្រៀ បង្កើតទៅក្នុងហ ហេរមកនាស្រែហា
បិបត្រីស្រុកត្បៀ រត្តហាំទៅកាយល នាងនាងត្បាវែ ក្រកងតាំក្រៀ
តាងរកប៊ីរមារ រត្តហាទៅកាកតា ក្រកើតនៅខាងក ហើយបនាង
អាកា តាងរកទីខាត លង្កាកយាត្រា ឃើញកាត្តកបើត្រណា ៖
នោះស្រែស្រីលង រត្តហាទៅកាយល នាងនាងទីមាល ទូវក្នុង
អង្គ រត្តហាកាតកាតល កាហោមជុំមត្រែង កាត្រាលលង
បង្កើតមាបកា ខាតាចាំមទោរ កាត្តហាកាក្រា រកមកប៊ីរមារ
កាបកើតអំណរ ខងអរមុទហិយា កាក់តិកមានខាង សំកកខយត
តោង តាហាំបឈ្មោកត្រា ក្នុងអង្គទោ ឃើញកាតាំងបើត្រហោង

កាច់លើកថា ផាវខាងជើងផង បុរីមកលង អាកាក់ខេណា

កាច់លើកជើង លើកកំពុងជើង កាក់តន្ទីងភាំ ខែរឡរខាងជើង

បុរីឡរមាស ខេមកកិឃណា ជើងខាងកក់ខេ មកលើកកើរការ

ហេកអ្សីកុំក្រ កើតកកកលមេ្ស កាចតាំសំណ្យក ស្សកខរបើរន្ទះ

ក្រុខាងសំមេ្ស ចិបមកខេម្តង ទើកខាងជ្យើងថា អកើយអកកា

ខ្ញុំខ្ញុំមខេហោង ពិចកើរលឹមជ្ញ ចរប៉ីយខ្ញុំផង រើខ្ញុំហេលដង

ម៉ឺមុខចលណា ហេលហ្បេកលកើ្យ ទើសយលច្រើងជើ្យ ហេកកំម

ផក កាប់ខ្យលបក់មក រលកមុះឃើញ កាក់ក្រាក់កើការ កំ

យលជើ្យហោង បុកើកអកកា សមាខករណារ អាសួរខេម្តង

ខ្ញុំងឺងពេក ខ្ញុំអកកាហោង បរិហាកកន្ទង មងកុខអកកា

ជើរឃើញផ្ទៃយខ្ញុំ សំអកមកសុំម ឡូវឡើអកកា កាច់មល្អប

ជើ្យ កាក់ជ្សើរខង ក្ញុំក្រោខាងជា ឃកើយខេម្តង កាច់ល

ហ៊ីមារ ខាខក់ប៉ីកក្រា កាប់ឃើញមកហោង ជើ្យខោលិកក់

ម្សូវពេលខាងហោង កាក់ឃើញញុំហោង ម្សូខាងជើ្យមក ខាង

ទាំងមហាការ អរចិត្តអ៊ីម្រោះ ម៉្វីកាចហ៊ុំយក សំពក់ក្លាស់ស្រែច ធ្វើ
ទាល់ធ្វើមក កាចាប់គោយក បង្ហើរទាល់ទៅ កាចាប់ព្រែអាល
បង្ហើរទាល់ទាំង គូបកលសំបូរ ម៉្វីកទកាចាប់ រើងណាប់បៅកែរ
យលកាចាប់ទៅ បង្ហើរតឹងទាល់ ម៉្វែហាក្រោយម៉្វែហមុក សំឡឹក
សំឡុក ស្ទើរមកប៉ះតាំង ចាំការកតាប់ មុកក្រោយត្រូវដំង ចាប់
ចោរកុំកាំង ស្ទឹងហាស្គុចខ្មោ ចាំរាកទាតៀ បំកទលពក្រែហ
ពោះត្រៀចលាងច្រោះ លុះធ្វើមពេកាប់ស្លុយ កាប់ប្រែចេកកា ចាំ
ខ្លួចកកមុ កកហាកកការ កាចាប់គោណា ចាសធ្វើយរាំហ
ចាំយើងកុំអាល ស្ទើរពាលកតច្បាប់ កកសាប់កកសារ រង់
អាកាកំណាល ច្រមុះខ្លួចខាបអ៊ី ទាល់ធោរស្ទើង រើរមកពោះផល
ក្រោកចាលលាមឺ្ន លោកកែលមកចាំ ចាក់កលួចប្តីយ ស្មេរចោ
រកយ រាត្រីមហាសារ រង់ស្លាប់បង្គាប់ កំពង់ទាតច្រាប់ កីស្ទើ
ទ្វីទារ. ស្មេរចោបទាល កកការទណា កបច្ចកត្តា · កំ
តីនខ្លុងកាប់ កុចាប់រីចរើង ប្រែខ្លួនស្ទើរង មេយឿកកច្បាប់

ប្រការនៅណា ឥតមិនចាប់ ខែហប្រែប្រៀប ឥឡូវវិកាណា ករាស់
កុំត្រិះ ដោរងរៀប្រែក ឃាងកាប់ក្បាល់អា រៀរិរាយងំងិនង
មិនសេរសេឿរណា បនអាមោហា បំផើមកូនក្ប្រ ឱ្យរលោករៅវៃ
ដុកស័ក្តស្យេស្យាយ កាចាស់សក់ពេក ក្តីចខ្ញុំរៅ ម្រានរៅហើ្យរ្យូរ
វរដើកកំងៃ ឃាត់ធាងសេឿណា ឱ្យរង្វេររៅផាង ម្យរោកុំរាំង
សាច់ងរាយា មុករិងកុំណាច រៀចកាចលារសរ រឿមមិនធំកា
អផ្ចយប្រថ្មើរ្យ ធងចោរាៗរៅ កុំថ្យរានន្នុរ ឃាងចោរសេឿណា
ពកងអប្បើរ្យ សប្ប៊ីយអកាហ៊ើ្យ រឿមាផកឃើយ ពីកំនំាំកា
ធាងធាងស្រ្យេរក ស្តាប់ប៊ើ្យកូនពីក រពើងងិធា បើកាត់សំម៉ាប់
អកាស្តាប់ក្តីណា កាមរិពរព្រ ជៃធាកអកាហ៊ើាង បំណាំចកាច់ស
កាកមាងកុងសាស អកាអករៀយ សងកុងកាប់បន្តីច ស្រាប់
ស្រេចកកំាង ប៊ើ្យអកាចកាហ៊ើាង រៅរោកថ្យើ្យ កងាស
បុស្យោំ កកមាងកររសារ ឱ្យធាងចរពើ្យ សារសាប់ប្រូសុប បុ
ចលវពើ្យ នងឹកពកពើ្យ រថរាររើនងំ ក្ពឹធាងបរបុរ ៖

[illegible]

ហោមតាក់កាត់ បើស្ដេចសួគ៌ ទ្រង់ក្នុងស្រីមុខ ផ្កាអង្គមនីតារ
ត្រាស់ការស្ដេចនរ ខ្ញុំតោក់កូ ល្អស្លាប់ផងណា មលមីកកូបាំង
បើស្ដេចសួគ៌ មេឆ្លីកប៉ុកង្គ សូមខ្ញុំស្លាប់ផង កុំទុកខ្ញុំមរណ
ផ្ទីកឆ្នូរហោង សំណើការសរង ពីតាកក់ក្លៀយ ១ មុកក្សរប្រឹស្បី
រហករាកកតែដ៏ះបរម្យ៉ាស់ តាងស្ប្បសោកភី លាតល់ឆគ្លឹកក្ដាក់ណា
ក្ដៅតលមខ្ល់អាសា រិឆ្សក្រាកក្ដៅ ផឹកដូរមីលមកចាក យងយល់
តាងតាង្ខ្សិស្បរក្ខ រររនេក្បីក្រាក់ និងអង្គតួកក្ខតា យលតាង
ប្រុសតបុត្រា មាក់ផងកកណា តំរបស្បើតាងស្បែកយំម ទូកាតៅ
មហាឧត្តម ច្រាំងសមសុំម លុកកលខករនីរកាខ រឹតក្រាតែខប្បី
កាលាំ តាតាសម្បុណា កីគីររតាកលខ្ញុំគ្បី ចរចាររស្បហាង្សីគ្បី
តាំរបាស្យតាងស្បិ ក្រមំមតាងមកក្បីផណា តាងតាងសត្វាស្បីតាំ
តតើមយខ្ញុំ គីររតេសរត្តូងក្រាក់ប្ដឹយ រតូងមកនាខ្ញុំមតេ្យ
តេ្យភាំតេ្យស្ប រំលើកបរត្ដាកាម្មាហិមា ស្បីមកសំកាល់ធរចារ
ត្បិបនាងផ្ទូរតារ ខ្ញុំមកកលក្រកបង្គង សំភាលតំរបូស្បីហោង

កូនរស្មេចរស្បើយ សុំនៃយខ្ញុំហើយ ស្មើរកេចខ្សល់ណា កំកមាន
អកម្ម មកព្ដផ្ដំការ ឱ្យរោគរោ បុរាគក្រំងខ្ញុំ ឱ្យកំម
រោ បន្សយតបន្សយ អកាឱ្យនងឱ្យក្រំងខ្ញុំ ឱ្យចំចប្រេប្រាក់
កាយកាក់នៃខ្ញុំ ពោរសពោរខ្ញុំ កំយលណារស្បើយ ឱ្យភក្ត
ពោរគោ ការអន្ទួខ្ញុំក្រា ច្បាសពីខ្ញុំហើយ ពើកសព។ ពាក កុំ
ពាងួកស្បើយ ព្ញរួបពាលរស្បើយ នីពាងាងួណា ពោរព្រាចព្រើយ
ពើកពាកព្រាំយ ហើរោសរីវហ៊ី សុមខ្ញុំពើកមូល ឬបុល
ស្នេហា កុំពាងួកបងួក សាពាកពោពាន់ ពោបើឱ្យក្រា
យកពាកពើកពាក់ អំម៉្បីកព្រែនយន ខ្ញុំសមពាកពើក កុំ
ឡើកពាកបំន ឬបពាពរហាន និងមហាឱ្យក្រា ពោរប្យើ
រុគ្គុន កោប្រោកកងន ពើកនារមេឭ សុមខ្ញុំកបពើក
ឬបងនីងមហា ការអន្ទួក្រំងខ្ញុំ ឬពីកនេគ្គា សុមស្ងាប់
ម្រាក់ អកាំនៃរីខ្ញុំ សុមពាងគុក។ បំហាកពោកពីព្រើយ កូ
ពាហារិខ្ញុំ ខ្ញុំបំនដ្ឋាំន ពានពានុគាសប្ដើរុនាំ ហើតកុនណារ

កូនស្ងួយទេម្ដេច   ឬមាតាអ្នកគងករណា ។   មកជួយសង្គុលពីដក់

យកបុត្រទៅណា   ដើរមកបង្កើតកំរមហោង   កូនចាប់ត្រូវឡើង

វិលរូត   ដំកូនទេម្ដេច   កំដាងអាម៉ែល្បើណា   គងចាប់ចូលទៅឈើអារ

ឧត្តលចាប់សា   ឱ្យខាងបុរសគរបហោង   បើស្រីម្រៃរាកាលាំគូបន្ទង

អាកើតទៅទេវង   ឲ្យតាងកុំកៅអាគា   ស្រួចបើក្រោនចាប់ឡើង ចាំ

កចតាងទៅណា   ក៏អាកាសមយកអាទៅ   ចូរតាងឲ្យអាកាយកទៅ

ឆាអាកាទឹកគូរ   ឯកើតកមនិយម្ដេចណា   បើតាងទឹងទៅលើក្បូរ

សរកូនកំដារ   កំភាចក្រោកកំយលល្បើ   តាងមានទ្រាំកម្ញើរបរាល់

ឲ្យអាបតាប   បើត្រាងឃើញកូនកំដារ   បើតាចយកទៅបើណា

កំតាងកាំក្បូរ អាសរលំសាប់ឯងហោង   បង្ហាញឆារវៀកក្រោកទៅ

បើបើត្រង្រង   សំតាងកំតាងភក្ដូ   តាងតាប្តូរត្រូវឡើងវិលចាំ

បើតូចករណា   អាសរភក្ដូចត្រង់   ដើរហែតួបង្កើតឲ្យហោង

ខ្ញុំក្រែស្អើងង   លេងតែអ្នកនគរណា ។   សំណើកនិងយកទៅណា

កំតាងកក្បូរ   នឹងអាប៉ីយោងអឺល្បើ   បើខ្ញុំឃើញតាប្ដីយ

ខ្ញុំមើល ហៅអ្នកគង់ឡើយ សូមលោកអំពីអ្នកណា ខានតាំងពី
បុកកំផ្ទារ ចុះម្ដេចបើបារីសារ បបក់ក្រលៀងរលាស់ ខិតអង្គុយ
ត្រូវក្រោកក្រឡេះ ចំម្រើបលប់សែន អាណាគេអាណិត គុកាចា
និក្ខមីកមាលម្ដើមឡើង បិកម្ពុអាសៀ កំចង់ខ្លួនតារយាកយាហា
ម្ដាយខ្ញុំមកម្ដេចហើយក្ដែ អំពាវនាវក្រៀ សាហាវពេកមាត្រគួរណារ
សំម្ដាប់កំចានកក្កុរ បិតៀមមើលតារ បង្គាប់ទាមាតអំកល សំម
តារយុំមកដល់គេចខ្សឹរ ក្រសើយខ្លាយយល ខ្លោះយាងដើតម្ដ
បងក្ដួន ឲ្យទៅតាមហៅអ្នកក្ដុង បងគៀកលោភស្រុត តិងយល
តំយលមុក្ខតារ ម្ដាយទៅបំពេញការក្រោយណា រិខតាក់គេតិ កុរុប
ប្រាំម្ដីលទៀតហាង ហើយម្ដាយតាមក្នុងល្អក្រោង ម្ដាយទៅទូរង់ង
ទីឯគួងកីមូលទីងតារ ដើកតាងបុចក្នុងកំភ្លារ ទៅគួនហើយណា
តាងបុបបិកៀវខទៅឯង ដើកគួនយកបិតៀវខចងទារក្កុងហាង
ម្ដេចហើយដើកតាងក្រោបលា កើរគលដ្ឋជិតាហើយណា ឯចាំបបុព្វ
កន្ទឹងមកហើយស្ដេងឯង ទោះហេតុកុំភ្លាង្ហកតង ឯណាក្នុងហាង

សំរាយបល្អើ្យ ហាងពោងណា គោរទឹកតានឆ្វេយវិននាំ ឲ្យព្យេ
រក្ប្ួរ ព្យេយកបីកឹមតាទៅ កុងបាល់ជាំហាឆ្ងួតៅ កុំយក
មកទរ រេអការឡើមក្ខាកហេឆ ។ ការលោឡូឲ្យែវែវ្យ ឱរនន
ក្ខការិវិណ្យកខ្ញុំមអំបាស់ តាន់ឥល់ចាក់ប្រើប្រាស់ ស្បូពោប
ប្រើហាណាស់ កំឲ្យស័រាឡឆ្វើ្យណា តាច់ពីកតាសីកអាកា ឆិនព្រាកឆ្និ
ឆរបុកកំឆុរេឆ្និមថៃ្វ រេឆេរស្ត្រីពិកាស់ថៃ្វ តានតានស៊ិនៃ្នយ
ក្តាអ្នកត្រាេងបុប្ត្រា ព្រាកេឆេប្រៃឆានកាស់ ៗបាស់មួួួណា
ស៊ីមកឡយកេតៃពតេតៅ កាស់េឲ្យ្រតានឡាសៃា់ទៅ ព្រាពេទ្ងេគោ
ឆ្ងេរកួ្យរថៃ្វប្រេះរាឡបុត្រ ហើ្យប្រើហាកាស់ទាស័មួួ្តាកឆឹក្ខ នេក្ខតាំឆក
មកឡិគាៃេ្យកចកំរួរ ហើ្យប្រេះកឆឡច្ប្រែហាា កាតអួ្យសោះសារ
កេព្រឆ្ងេះរាឡបុកថៃ្វ ការឆ្លេឆ្ងស់ឆ្វើ្មស៊ោកេថៃ្វ ការេខេ្យរកា់រ
ថៃ្វកំអាតឲ្យ្ររេបើ្យ្រណា ។ ការលោរេឆេយរវិឆ្ងូរ ស៊ប្រាឆជឆរពា
ឆកេពាឆបបប្អិរាស៊េព្រាឆ កាស់ក្ខឆាក្ខពិ្តិ្យេពាកេហាឆ ស្តួបពីកប៉ុឆ
ប៉ឆ ឱិឆេពតៃ្យះកាកព្រីក្បួ្ួួរ ស៊ួះពីកែប្រហំ្មម្យហើ្យ្រណា ព្រាេឆ្ម

ខ្ញុំព្រះស្តេចឧទ្ទេសពីរនឹងកើតឡើយ ។ ឪពុកះមកុដរវៀបប្រែក្រ រវាងស្រី
ព្រះស្រីៗ ប៉ិនៃឯបំបាចយលយុគ ស្តេចស្តេចកុងតិបវៀប បីការ
ព្រះស្រីៗ កីបែរសំមេចបកព៍ ស្តេចកើរទៅកាត្រសំរបាយ ទៅក្រា
ខេក្រា កីតករមើលសាកនឹម សុះទៅកាសគ្រៀបឥស្ត ៃម្ដាកណងវាស់
ស្តេចយលវៃគកាវគារាបៀ យលកានបំអេងប្រៃ កំបឺមរបៀវ
សៀ កីស្មុចបង្គនសព្រាសថា ភាគយឺឪមរឿវ ទៅមើយការដោ
ផ្ទឹ រវៀ ឃឹកអសអាអាកានៃវ ឪអង្វកសិវសិ កីទ្វំប្រគុម
ព្រាបាន រស្កក្បុំរវៀរវៀមរវា ទៅរវៀបហៀណា ឌឺក
កាកដោរលោកបេកាទៅត្រ អាទ័កមើយមើលទៅ យលកច
ទោអរ ទាកច្បស់ពាកតឹកឫ័យ អាទ័កីវសិវនៃមកឫ័យ ឧលក្រ
ចប្រ័ គិះតាស់សំមេចបកភ៍ បពីកស់មេបខ្ញុំព្រា កាវអរាវណា
កីទេះប៉បនសេ្យកចះវៃភ្យ សំកាម្យមាងកំវៀ តំងកប្រ័
។ក៏ពីវៃភ្យកាវទោរណា កាវទៅវយសាវរូបំរ ហាកាវខនវកា
ចបួកពីរកាបកឫ័យ អាសាសំការមកឌ្យ យលរំស់គិ្យ កី

ចាំមង់កំបិតឈប់ កែវ៉ៈយើងខ្ញុំមទៅឈប់ អង្គុំរលំឈប់ ហើយគោក
ចិកថ្មីរហាចណា ស្ដេចឈប់កលអាមាត់កន្លង ទួលគរហាហោង
ស្ដេចអាចឥតកអប្បមា ទើបស្ដេចបង្គលក្រាយចាំ មាលកល់តំការ
ទៅយកមកឲ្យអគ្គាធំប ២ ការណៈអាមាត់កងចល់ឈប់ ក្រាបលាក្រលាប់
ទៅយកឲ្យកងទោណា ប្រឹមកចាំកចមលោលា ចាំកញ្ញុំទក្រោ
ព្រះអង្គដឹកដងសលរិទ្ធ ទើបមហាឧក្រាចាំរៀង ព្រះបាទព្រៃព្រៃ
ឥតលក្រោកឪព្រា ហើយស្ដេចបង្គលក្រាយចាំ រីកក្ខរឹងៈណា
អាកយកគារកងអាការហោង ទើបស្ដេចទតក្រលរ៉ៃ យល់
ចិត្តៀងឥចង ស្ដេចក្តុងរជីលមើលឆាក ស្ដេចដើមងូរក្រាដំរុង
ស្ដេចកាក់ក្ដាប់ក្បាលទំម៉ាក គួចក្រាដំរុងស្ដេចងង ស្ដេចថាចិត្តៀង
ទោហោង ទូរកងនេះងង មីងអ្នកគឺក្ស្សៀកណឿ គឺកង
ងងអាកាងចល់ហើយ ឲ្យកងមាលហើយ អាកុកចារកើរងូរឯណា ឲ្យ
កងប់ក់ចងឹងមារ មាររចាងយលចារ ហេតុបុងបកងមាលកើត
អាកកចារស្ដេចក៏ចាក ឃើញកិកកុងរគ ក្រមោចកុំក្រាឌាក់ងង

ឱ្យហាក់ពិតាកពីកើត ឯងអាចបរិភោគ បំព្រាក់បំភាយលោងណា ស្តេច
ផ្ទៃព្រះករិឡុំពិណពាក្យ អារលឹកអាណាកនឹងកងរោទ៍ហោង ទើប
ស្តេចក្រាលព្រំហាមកល់ង ឲ្យរកនឹងកងមេចារអាកុកខ្មែរ អាយ៉ាក
ចរចេញស្រែញ រកសររលកល្បួ ចាំទីចាំគាយចរលោ រកឃក
ក្រុបគ្រោញចរចោះ តែង:កងចោងឲ្យហារសេងរឹលរឹល អាយ៉ាក្ររក
ល្បុកំឃុល ឲ្យបរិលមកគាល ក្រោះត្វាំមេច្ចាក ១ ឬក្រីតយើងខ្ញុំ
គលក្ការ រកឃកផ្សុក កំឃលអាកកងខ្លាយ ស្តេចឈ្វបអក
ផងតំប៉ាក់ រកក្រុបលាកសាយ កំឃលកុចព្រះបន្ទាយ ព្រោះស្តេច
លោហ៊ីប្រកាប់ វិលវិលមកច្បុប គលវាដមចិយភេងរម ស្តេច
ឲ្យរឹលរលមេចំម ព្រាលលឹងកោងំម ហោក្រុំម ព្រះដាក់ខ្មែរក្រគា
ព្រលរូបមីងក្រាលមីងលើង មីងកើតមីងកើង មីងងាត់មីងឆ្ងំម
កេកលំម សឹងមានវត្តុឧត្តម ឲ្យអាម្បូងចំមបំរម្យព្រាភេងប្រហ្គោះ
ព្រោះស្តេចឲ្យលងលាល់ បងស្មេងងរលា កណ្ដាលក្រលោងខ្មែរស្ប
ឲ្យគ្រកុំងរប្រព្រៃ អធិយាត្រឆ្យ ពីកាលកំណើតស្តេចហោង

កាលកើតកេតុខឹងចោង ព្រៃឈើព្រៀងលង់ គ្រប់គល់ខពស់ស្មៀ
ណា បើ្យស្តេចទ្រង់ព្រះសាគរ យកព្រៃកាត ៗ ឲ្យតាំងតាមព្រៃរៀ
ចោង ស្តេចថាមអស់ខ្មែរនាក់ចង អំម្បាល់ព្រៃបព្រោង ភក្ដព្រះ
បរមសាលា ១ ទីរតះព្រៃមក្រោមពីនារ បរសងងតា ៗ មកថ្វាយបំណាក់
តាលាង ក្មាយើងតតលឲ្យតាង ស្រេចហៅប្រែបច្រាងបើ្យ ណា ឲ្យ
មើលកុំនូវ បើអ្នកឯណាមើលឡើង ឲ្យប្រុសសាប់ពីពត្រ ម្តេច ៗ
មកច្រាប់អការបោង ថ្លាមស្រេចស្តេចឲ្យចាំរការ ច្រាប់កំសអក
ងង ឲ្យហូលទៅយកតាងណា ១ ព្រះតាសរដូស្រែសា ឲ្យលងលាល់
កំមើ្បរកំណាលស្រែចបោង ១៥ រេះនូវស្រេក្រ កំម្មាលកំមោង កំមើ្បរ
ពោធិសត្វ ស្តេចក្រោកកាលធ្លង ស្រុមុតតោរបោង ពិតាភមុះហិមា
ស្តេចបោលស្រុមុត ហាក់ហៀបធុក ៗ ស្មើហាក់តបខ្សែលណា លុង
លុះគប្បកល តើ្យប្រែលគក្ការ ស្តេចបើ្លងមីរមារ តៅរការទេវៀ
ស្តេចកើតកោ្យទេវ សាតរកុំប្ចី ព្រៃចកេ្ខងខ្សើ្យ ភីកចក្រ
បើ្លងហ្លាំង ឯកអគ្គចក្រី ស្តេចសោ្យសោភ្គី ណាតល់ងតេកក្កាត

ស្ដេចស្ដេចឥតការ ទ្រង់ទតស្នេហា កល្យាកល្យឹមចិត្ត ទៅរកគីទ្រង់
នៅលេងឡើទៅក ហេតុនោះនៅចំពាក់ គំនុំទ្រង់មក ឱមនុស្ស
កល្យ នៅទីទីចាំ មាក្តាឈចក នៅចិត្តនៅក ទ្រង់
ទ្រង់ស្នេហា នៅទីគម្ពីរ ខ្ញាច់កេទ្រង់ខ្សោយ កព្វាលផលសារ
ក្រៀងសត្វសឹកផង ផ្ដើលឃ្លង់ហិស្ករ ទូជីក្រោព្វា អង្គព្រះចាំគេបង់
បុម្ព្រទ្រង់ឃាត ខំមហេលល់ចាក រូបតលកំគង់ ហើងលើង
ឃ្យូស្ញាប់ កើរព្រេចឯកអង្គ សិតកវិព្រហ្មទហ៊ឹង រករោង
កំយល បុម្ព្រទ្រង់ឡៃ ព្រេចចរចូលក្រៀ រង្វង់សីលរស ក្រើង
សត្វអំម្រឹក កល្លឹកលោកសល យលទ្រង់កើរតល កាលគេតា
កោក្ការ បុម្ព្រអ្នកក្រៀ កើរព្រេចយកឡៃ ស្មោះកអំម្រឹក្ក
· ប្រទះទ្រង់លួង ឱមនុស្សសត្វ វីរវេលាព្រា ចរចូលក្រោចគេ
៙ព្រះតេជីយក្ស ទៀងឥតការទ្រង់វរក សេចស្បេរសោក្កា លុះបនោះ
ស្រែច ស្ដេចស្ដេចលោណា កើរកញ្ញាទេវតារ គរវិតឯកអង្គ ៖
កើរកញ្ញាឃ្យូស្ញាប់ ព្រះនេត្រាព្រាយ មៀងមើលយលចង់ ៖

ព្រះអង្គលំពាក់ ខ្សែយាគកំប្លែង សាងកាយលអង្គ ព្រះជិនស្នេហា
ស្តេចយលពេកស្បើយ គោកអាល់ពេព្យ កំយលជុំភារ ហើយ
យលលាមតើង ដាច់ខ្សែបពោរណា ស្តេចសោយសោក្ការ ពីលាត្ត
សោកល់ល ទ្រង់ខមាតើ្យ ទាចកលធ្វើហើយ រកទោងកំយល
សំដុំភីកងង រង្គសីលរល ពីគសាងទោងកល ជួបនារពោធិ្យ
នឹងយលចាក់ ព្រះមាចល់បល្ល័ក ដុំចបចលព្រៃ ពេញ្ញជុំកកន
យកពេតាស្បើយ ពោកអាលពេព្យ នារខ្សែបពោណា ឧស្បើយ
ពីសេល ភក្ត្រាស៊ីតសេល បោរកោសារ ប្រសើរស្ដុកទោង ហ៊ត
ហ៊ាងខ្សែទាំ ពេលព្រៃជុំភារ តក្កប់យាងយាល ម្ដេចសើ្យមក
ព្រាក់ ឋិតសបង់ចាក់ ពីរទោងតំយល ព្រះមាចឆកឆង រង្គង
ថែលរល លំទាកឌរតល ធ្វើឈាស់ស្ថិតពេល ប្រសើរជុំខាស
មេលំមយាងយាល ហាក់ហើយហាលខ្សែ ខាតាតំពី្យ កបលាក់
ប្រែក្យ តើរព្រៃបក្ខុងព្រៃ ព្រៃព្រៃបបល្លិ៍ហ ឆ្លាប់នរពីមាន
ប្រសាងតើ្យកស្មុង ភ្លើងគោកសុរងណា ក្រោមស្តេចព្រះចាក់ ៈ

ក្រុមព្រាហ្មណ៍ ហាក់ស្មានសត្វក្រៃ ជិតនឹងបង្គំ បរិវារក្រាស់ក្រៃ
ស្រីស្រួលសៅផ្សៀ ស្រីផ្កាព្រះសុំ សំរាប់ខ្ទង់សំម ចោមចាំមង្គលសុំ
របបក្បិតក្រឹម សំរាប់ខ្ទាក្រៀ ស្តេចស្មើផល កុំព្រាងជកន
ក្រមៅចក់ខ្មៅ សំចាកកលអគ្គ ប្រុសយុងកសិយ ហោករកៀរ
ក្បៀ ទ្រង់ត្បូមកន្តុល ១ ព្រះកោដិលក្ខ ទៀងខនកាដុនរក បំភ:
ខរត្បៀល ឋមៀលលោកលល់ ត្រូវខ្សែបថាក់ចល កែលក្រា
ដុខស្រៀ បើរនឹកស្តេចកាម តៅកៀកកែលលាម ជើងតាខ
ចោណា តែលតីរតីព្រឹក សនឹកយលអ ថី ៗ បើរណា
ស្តេចតាមតៅហោង ស្តេចគលខាត់រត្បា ហៅជើងក្រាស់ក្រៃ
តំយលកត្បូង ស្តេចមើលព្រៀងរភក ស្មើករហៅរំកង ស្តេច
ស្កាត់កៀរកោង ព្រះរត្បៀរក្សា ព្រះអង្គខឹយាក រែងខំមលត្រាគ
ត្រៀបរកន្ទុខភ្ជារ សកសោះផ្សែលោង កៀរកោងខាក្តៅ សំចាក
ក្តាត់កណា ខ្សែងខឹងកំចាខ ១ ព្រះកោដិលក្ខ បងកបរមាត់ រុក
ភាខក្តុងក្រៃ កើបកះសត្វឆង់ ជើងហោងក្រាស់ក្រៃ ស្តេង

ស្ដេចស្ដេចនិវត្ត ពីកកំសឹកឆ្ងាយ ៙ លុះបានកើតកោក ព្រឹកព្រកន្ទុំរក
តាមស្មមចិត្ត កុំរុកច្រឡំកិល ខែរកពលតាំងទ្រង់ ចាំអ្នកលាខ្សែចាំង
មេសលលាងឯណា ៙ សម្ដេចដើររៀង ទៅចកូនក្រៈកៀ លុះមេប
អាងារ ឡើងសើកស្ដេចទាន ត្រីស្រាឆមាត្ត ឆ្កោរទៅមិនឆ្ងាយ
កងបប្រឿង ៙ ចំមាត្ត ហាលើយោឯណា កុំណាក់កម្រិត
ស្ដេចតើរតីត្រឹក ឡើងបកកក្បៀយ រំលៀលទាំង គុចកល
ក្រៈខករ ៙ ស្ដេចតើរតាំងគុ ពីកកំស្រែណុក ឯកអង្គរបរបរ
សេចក្ដីក្បាំ ស្ដេចតាក្រខករ ទោសោសើហាសរ ស្រែង
ព្រះសាងារ ឿហាបុនឲ្យទាន ឲ្យស់ងតាល្អ បរិមសាល
ឲ្យព្រកុំធរ ក្លាចក្រុររៀបណា ងឺយាខ្លីក្រោ ក្រាគរខាង
សឹងឆ្អឹង សេចក្ដីហាណា ស្ដេចពីកឯងចាំ ក្រុមអាគាទៅ
លង ម្យ៉ាងមើលកុំធរ ក្លាចក្រុរទោរហោង អកាយក
តាឯង បំពេកាកុលល សម្ដេចខ្សែក្រោ កន្លកគុតារ
ត្រៀក្រោឆមន្តល ក្រោអង្គពីករៀប ស្ដេចស្ដេចតើរគល

សាល់មួយស័យ យរឈ្មោះបពា ១ កាលណះអរកំ អំឲ្យសួរចំហាម
ហ៊ុមសាល់ រៀងមីលមកក្បែច យសមាចរហ្វ័រ អរឯ៌មុះហីម
អរក្លើកាសួចតោ ឲ្យក័សប្ដីកាប់ អាហារស្រូចច្រាប់ ឲ្យរប្ដីឲ្យស្រួច
ឲ្យក័សប្ដីកាប់ សំរាប់ឪីកចូរ សំកាចុរតីនូរ ទាំងថ្ងៃស្រួច្រា
ហៀរគ្នាឲ្យមីល ឪីយ្យុវតំណើរ ប្រកងអភិកា ក្ដីកាលស្ដេច
ស្ទើរ ទីកឪីឯឋកា ឯការឲ្យ្រណា ស្ដេចសួរឧទារ្យ តាំកោ
ផងៗ រៀងមីលរួបក សេញយសសកល្យ សក្ដ្យតាំឋៅរ
ឆ្វេញផូ្ង្រះត្រូវ ក័ចកីមឪីយ្យ តំណីរក្ដ្រាអន្ដ ស្ដេចឧកតំពាច
កលពីកថ្ដ្វ៖ខាច ករកុកទុនទ្ធូន ផ្ដ៖កច្ចៃ្ រស្រោក សឲ្យប់
លុះសុន ហើយក្លៀកាហ៊ើនគន ស្ត្រូងឆាឯបថាំ នីរក៍ង្វរេច៖
សាកសាកម្ដេចម្ដុ៖ កសអន្ដរវក្លុំ របម្ដ្រាហាកកច ព្រួរោកា
ករកុងស្ទ្រើកណា មជ្ឈិររកាហាន របក៍្ងោយ៖ណា ហាកកួន
អាកា យើនួឆ្ងងឆាង បជ្ឈិ្រកោតៅ ស្ចេនឆនរោឯ្នន
ពចកាលសកហាន ពីមុនឲ្យោក្រណា ទរបមាយាក់ ម្យួរោ

ហាក់ដូច កូនគាំងមាន់ កាត់ស្លាបយើងទៅ លំនាំទៅគា
ហើយទៅគុំហាន កំហាកកើតកល រូបឲ្យគេះណា ហាក់ក្រៀបកា
ក្រើវក្រោកធ្លារណាស់ ឲ្យកេនឃាង ប្រមាតលោកសាល ចាំយើង
កូនកល ក្រុះវៀវក្រើកូរ ប៉ិនទីងសំឡាប់ កែដេះយើងឡប់
កលក្រុះមាកា អកការកលចាំត ទីឃាតឃាត្រា តាំងយើង
ហើយណា ឱបអង្គប្រុតី ឱរបលោកស៉ប កាលអកលង់ប
ទៅបកាំងណាក្យ យើងនូវទីងទោង ផ្លូវនោរបរមី ឆើត
ទៅដល់ អង្គក្រុះមាកា របង្ឃុយសាង ហាក់រួបកេងឃាង
ផ្ទុកទងហោងណា ក្រោបបាំងបន្ទំ ប្រណីមក្មេរ ក្រើយើង
ឃាត្រា កេរកេចកាហោង របពីទោណា ហាក់យើង
ឃាត្រា កែតូទីងទោង បង្ហើរការមក ពេញព្រោះព្រលង
កលក្រែកម្មហោង ចាស៊ីមង់ឡាប ពីកង់ក្រអាល ចរបូល
កូនឡប ព្រួកទោងបណា ហើយតើវលង ពេញពោង
មាត្តា ចូលកូនក្រើកូរ ល្ហប់សាក់ប្ញូង ឱរបទោណា

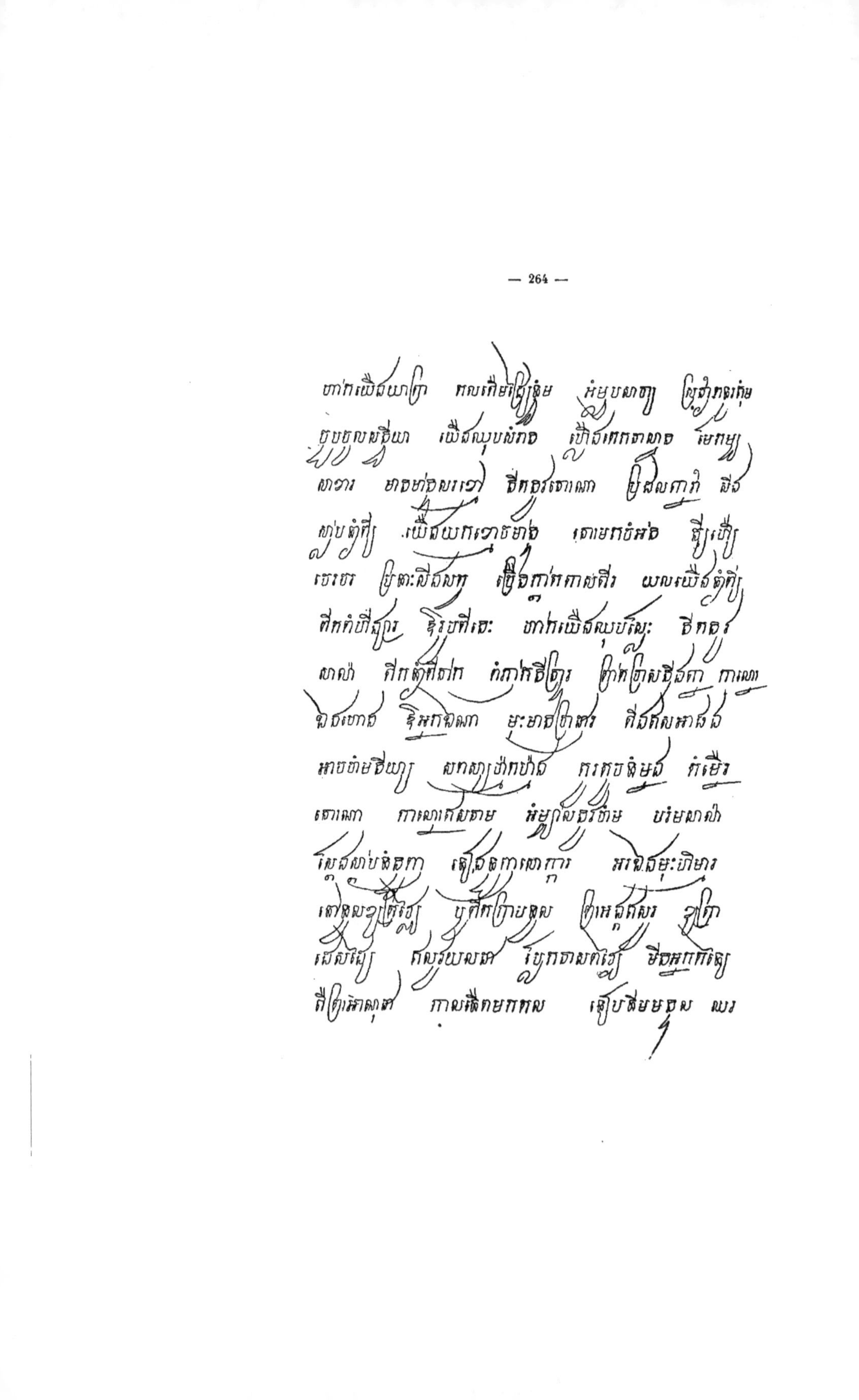

[illegible]

ឈប់ពេក សាក់សំមន្ត្រីទៀត ដោយតាមលោភការ ក្របក្រៃកោធ

ពីកកំរៀបករណឿ យលហៃកហោណា យើងខ្ញុំមកពលកា អញ្ជើញតា

មកហើយ ត្រូវតែលប្រកាប់ សំរាប់ការពឿ ធនលើសហើយ ដើម

បរពោធការ បរពោកណ្ដើចហើយ ពីកកំលុងណឿ យើងខ្ញុំកលការ

ឆ្លូមឈែលកុំចរ ក្រាបប្រោសអាគា មើលហើយលោការ ទាំងទៀតអស់ប

ស្ដប់ ត្រៀមភាគ ស្ដាប់ពាក្យសណ្ដា ឧលរ៉ូនកលកល ទ្រីទ

ស្ដេចម៉ីរាម ហោរាហោរីពល ស្ដេចស្ដេចឃុំឃល ក្រអាគុំនឹ

ទៅហាំ ស្ដេចអាជ្ញាទិប ជាកសមក្រោប សញ្ចប់អក្ការ ទ្រង់ក្រះ

កំរេច្រ ទើងទៀតនកាហាំ ឱ្យនទកំចារ កុំលក់ទៅហើយ ឱ្យនទ

សែលទ អកចាលទីងទោង ទ្រាំម្ដីលចាំមហើយ ទោងពីកលក

ទៀ ទៀ ៗ តំណើយ ពីកហៀលេហើយ តលពីចណឿណា

ឱ្យតាលក្រះលីង ទោងកែទនទីង លកលីទនទៅ ហោកចល

សំមាង ទោងលាងលាលាំ ដើតខាខយលតា ពល់រឿងហោង

នក្រអាគុំទា ឃីងលោកលោកា គ្មៀងតការលហោង ចាំប

ពីក្រោកយាក ពីចាកក្រុងគោង ក្រុងត្រាក្តាក់ហោង គតគង់
ល្ហល្ហើយ ពុះភ្លើមរលោ រលួនតាចាលអើ រីលាកក្តាក់ក្តៅ
បក្តារលោកស្បៀយ ដួតដល់ចេតហើយ សំរេះចរចារ ពុះអានុង
ភ្លើងតួល បុតិកតស ១០០២មចេណា ពីចាកករស្ទោង ក្រុង
គោងក្រុងត្រារ ថ្ងៃសដីងតាងតា មនុស្សក្សត្រ ចាប់ពីក្រុំកើរ
ត្រាំងរង្វង់ឬសើង មេចមាគធម្ម ក្បែតាប់តាហោរ ក្បែរជ្រោយតោស
ពិក្យ ពិភពទីដឹងឡ ការលោកដង់ណា លក់ក្រុបតួលភ្លើង ៖
ចាប់ពីភ្លើង ៗ តំងីងយក្លួ ចាប់ពីរនេគី ខ្សែវេទ្ធា
តំពីអស្ដារ ពាស់កម្លឿ ចាប់ពីអាកា ពាធរោត្បាជតា ក្រុប
ក្រោងឬរីយ ឬកក្តាតកត ខ្សែក្រាដីគត ស្រែថៅហើយមកទឿ
ពាងហោះយាត្រា ចាប់ពីតាប៉ស ពិតចមិលឬស់ លោប
លបប៉ិកេរតា ចាប់ពីរតំមោង ហោលចុងតក្តារ ក្រោកក្រោលពីរក្រ
កំឃលស្បៀងហោង ចាប់ពីក្រាលក្រាក ឬតះដីងសក សាហាង
ស្រែសយង ចាប់ពីរុកកាធ កក្តាចក្បែងង់ សំចាកក្តាក់ហោង

ផ្លូវឡើងកំពង បុរីកំពែង ត្រៀមចរចាប់ ក៏ល្បីត្រើតត្រង

ចាំខ្ញុំមករណា យកក្រឡាកលាន ផ្ចិតនឹងកក្ដក្រុង ព្រះរាជការ

ខ្ញុំលាក់កក្បៀរហាង ពីតអាអ្នកទោង ទៅព្រៃស្ដារ ខ្លាចក្បៀ

ទោមចាប់ សំម្លាប់ហើយណា មីស្ដីងតាខអា ស្ដេចស្ដេងក្រុងប៉ង

ខ្ញុំមហាមានភាព វស្សបតីស្លាប់ តាខយលអ្នកទោង ទោ

បើហនឹងតឹក ក្រុបជីកប៉ុនប៉ង បបួរនាមស្តុន កាលក្រុប

ក្រាំតាំ ខ្ញុំចប់កែមក បង្ខំមកំយល ត្រូវកន្ទំមណា

ក្រយ៉ាចឯកឯង វក្ខមាតា ខ្លាចខ្មៅប្រឹទ្ធារ សូមណោ

ក្បូវត្បៀរ តាងខ្លិនក្កាងង- ប្បីខែហាហើយហោង ទើតត្រែស

ស្តីឡូ ក៏ល្បៃក្កុំរុប ខែហាក់បើហើយខ្សូ ហើយតាត្រាំខ្សែ

ក្រាំម្ដីលងងណា ព្រះវៀមស្ដេចស្លាប់ ព្រះអាត្មានឲ្យចាប់ ស្ដេច

ឡើងវីងតាំ តារហើយទោងតឹល ក្បួតត្រូវម្សូណា ទ្រព្យាទ្រឹស្ដាហា

ទោះបង់ស្បៀកទៅ ក្រោកនឹងលំពក ទើតងីតក្តាំស្វក ស្តុះ

សាបលុបស្បៀត ចិត្រាស្វែងចង់ក់រ ល្អរក្បួររឿត មិន

អ្នកតេផ្ទឹក ទោស់កុងការ ទោងរឿលពីកាល សុំមេឆឹក
សំរាល់ ថ្ងៃម្ងឹលនេរវ រមឹលមើលស្កាស់ បចាស់ទោរណា
ឱកៀនឲ្យរូងថា រងការឯងហេត ទោចឱ្យអាគារ ស្យសភ
ដំល្យ រូបកាសរហោង សតស្រែកគបគុំម ឱីកុំមទោនន
កំយលឆ្នៀរហោន ទោងស់ងសាល់ ហើយហោនឱ្យឬប ពស់ត
ចការ ឱ្យយក់តាចណា ឱ្យមឹលឯិល្យ អតិថ្ងែ្យកុបព្រោះ
កាលយឹងខ្ងាងការ កំណើរឆេះហោន ហេតុបុខយឹងឌិង
អំពើរក្យ្រេង្រុង ឧាកុមងកទ្ធាង កលទ្រេះណា ថ្ងាថាប់ុបប់ន
ទាងក្ទុប់សាង ពីកកាំឃ្ញុកឃ្យ គិ្រមងងរនាង បឋុំម
ព្រាប្យា ហើយេុត្ថង្ឆុសង្វំ ប្បពិពកះអឆ្ត ផ្ចើសឌ្ញងករណោ
កុងទោនរឲណា ឱំមសុមចឯ្យយស ព្រួរៀមរាទី គ្នាន
ហើរេសេណា រូមរភបល៉ ទាងដាំកលបុត បរិសុខឌីម៉ស
ចាំកឆុមមកាល ឆ្ញកឆ្ងី ្ទ្រឃ្រា ១ គ្នាងាវារថ្ងុ យសព្រះឱរុង
ដីងកុងទោណា ស្តេចឆមព្រសោរ ឱុងងុមអឆ្គ្នរ ពីណា

លោកា ស្លែស្លឹងកំពង់ ស្ដេចទៀងតពាក់ ឲ្យកូនកំពូរ មាស

មីកកញ្ជ្រាប អាគ្គកឃើញអ្នក ឡើងផកពានាធ អាណូរដោះពៅ

មាន បុណ្យបូរាណទៀប ឲ្យកូនសង្គ្រោះ ស្ដេចមកសំរាល កញ្ញស្ងួន

កញ្ញទៀប ក្រមាកុសល រឿងរាវមាសស្លៀ អង្គុំរាជវិស្ស័យ

ទ្រង់ស្ងួនស្វាមិណា ឲ្យកូនមាសស្លៀ ម្លូរាវសោកស្លេះ កើតទ្រង់ណា

កំឃើញរកោកកោរ ទីកទ្រង់កុំភ្ញា ទ្រង់ធ្លាស្ងួនឆ្នាហ ត្រូវយ៉ាងម្ដងម៉ាក

ផង ឲ្យមាសស្លឹមស្លៀ កើតម្លូរាវវិស្ស័យ ជីកចាក់បង់

បុរីក្រុងអាលោរ ចេញចរកេតចិត្ត ម្រិតៈយលយំង ចោម

ចាប់យកកេ ស្ដេចផ្កាពីណាត លាក្រុមតាប ឲ្យក្រឡុង

ក្ដាក់ក្ដៅ បំម៉ែរៈជ្រលៀវ បម្រើលនីគង្គ សម្ងំសង់គោ

កំភ្ញាកអាកា ក្រែះភ្ញាស្វៀ សែនសោភ័ណ្ឌកថែង កិច្ចស្ងួ

លោក្ដារ ពីណាតលោកសល យុទ្ធយលអាគុណ សល្ងំចោ

ណា ស្ដេចពីតក្ដាក់កេលោង ឲ្យនឹងកូនមីរហារ យកក្រុមគ្គរ

តីបំពេញផ្ទៃរង ភ្លឹកក្រែះភក្ដ្រា កោសរគោផង ឲ្យនឹងភ្ញាកយឹង

ហោង ភីលាកពិកស្បៀយ ៥ ទីងខ្វែងសំម្តេងស្រីត្បី ចាងកែលកែវ

បំរើហតួចហ៎យ កាកយាកពីចាកទ្រៀត្រាំល កាកស្បៀកោលណាំយ

រំម្លឹកបន្ទោក ចាងចាប្តូសើហការអលអាំកា បំម្រើហាលំកើកាឡូ

លោះកាំកស្បៀ វិទ្យូម្បូកំត្បៀលំនេរ ពីតតំចាចវិល្អូរ គលតីបសៀ្យ

ណា លុះត្រូបកុំរុកនេរាំ ច្រាំម្ហីលហ្សឿណា ចាងលារកូនទោរ

កំសឿរចាងកើរតៅលោះ បំខបំងម៉ំកោះ រកកួនកំង៉ារ កើរ

គលមតួលសាល៉ា សំម្តេចខ្សត្រា ហើលឃុងយល ខ្សួត

វិទ្យូម្បិកញ្ញលសលល រូពរតមកពល ត្រាង្គួចវែងហា

ឱបអង្គូកត្រាច្រូសលោក្ការ ចរមុកសាល៉ា ភីលាកពិកសៀយ

វិទ្ធួងលោកអាមោកគលក្តី វិទ្ធួងច្រាបអំពីត្បី ហែលកងម្ល៉ូមុខ

ភីកវិញ្ញហារវិគ្ររូវខូត ហាំតហៀបង្វែត ៗ សើហារិតចខ្សលណា

ខ្សត្រីច្រាបត្បីកាលក្រោរ ត្រេចរៀត្រីក្ដួ រវែងសីលរល

កំណាលច្រាបកាលកើរតល តាចាំយឃុងយល ចាំចាង

យាត្រា ច្រាបកាលសំរាលបុត្រា ភីកវិញ្ញមុះហិមា ភី

លក្ខណការឡើង ទាំងទាស់ចាប់រៀបរាប់ឡើង ពីកាព្យឃ្លើង
តួលក្រាភាគ ឯកអង្គពីកំព្រឡើងត្រា ចាប់តោស្រាកា ទល់
គួកតិត្យ ខ្ញុំតេលោកសាលោកក្រាលពៀ ខ្ញុំពីកខ្ញុំត្យ
ចាប់កកវាជឿ ឱ្យព្រៀងព្រៀងត្យច្រាតជឿ បណ្ដាលោកស្ញៀយ
ស្រីចស្ដេចយាត្រា ស្ដេចក្រុងក្រុងសាលា ត្រាស្រៀមភាគ រួមរាក
មេត្រី ស្ដេចចាប់រៀបរាប់ស្រែពី កំមើរសំពីត្រើយក្ខុតំផ្ទារ ៖
ទាំងស្ដាប់ស្ដេចចាប់ជឿណា ឃុំងយល់អាកាស ក្នុងឯងជឿ
ហោង ទាំងឱបក្រសោបក្រុកង ឱ្យក្នុងឲ្យឃុំមង់ង ជឹង
បុកកំផ្ទារ ទាំងគកាំដំណក្ខុបចាំ កន្ទើយបុកទារ ស៊ើល
ក្រៀកក្បាល ការកើតកុំរបើកធម្មង ហៅការទាំងយង់ តុច
យើងឯងណា បិតបុងចាំល់ទកាលក្រោរ ទេះកើតក្រមារ
រើលចាំមហាខ្សែ ស្ដេចស្ដាល់បទាយតោខ្យូ ក្រាក់ក់តប្រើក្យ
ពីសាក្ខុកចាំរ ទើកស្ដេចសំរេចសាធារ ប្រែតាប់សាលា កុំខ្វ
តោងឯង យើងពីកក្បែរបែកប៉ុងប៉ង មកយកតាងឯង

បំពេញអាហារ នឹកមួយចបចុលធិងចាំរ រំពេកទោះម្សៅចំពាំងពាងមាន

ក្នុង ចាររំលងពីព្រៃងាកមុខ ចារចាចរឿងហបុង ច្បាំចាំពីរឿង មាន

រូបស្រីព្យុម្សារឿង ចាររំលងគាត្រឿង កំដាក់ម្សារហាង ម្សារអរលានរ

ពីពងាំង អរព្រៃកគ្មាន ក្បួនម្សារឃើញការ ម្សាមុកកំណត់នៅ

ចាំម្ដីដារឿងណា ខ្ញាយពើរមកទៅ ខ្ញាយពីរក្នុងចិត្តខាយនោះ

លាចក្នុងចាំរទោរ ពាក់យកចាររៅ ក្បួនពាក់សុំមយកលាទៅ

មិន្ទុំឧត្តុកទ្បួរ ចារទូរញហទោរ ក៏ឃើញកាកែកាគចាំចាំរ ទោរ

សំមទេត្ត ធីរមីកពីរឿង ចាងគពាត់ចការៀបរឿង បទោរ

លោកស្បៀយ ស្រាវស្រាលខ្ញុំរ៉ា ព្រះអង្គគង់ឧត្រា ចូរចាង

តាយារ ប្រសើរមន្ត្ល ចាំការលណាពើរកាល មនឹយមន្ល

ទេពតិតសូណា ១ ព្រះអង្គសូរឧត្រោត ចាងសំរបចារ អាអក៏ម្ហូរ

ញើតសាលក្រអាលស្រឿង ខមរាក់មេត្រឿង សំមោយខារ ស្ដេច

ក្រាសរព្រឹបាពសរណា ប្រពាប់ប្រការ ក្របសកពីរឿង ស្រាប

ស្រៀបនឹតស្ដេចបងគ្រៀ ក្រអាគុងឧត្រៀង ក្នុងបុគចំងារ ៖

បុកទោះឡើងឈោះតាមា ឡើងទៅទៅមហា រីវីឡើងស្រីយ៉ា កំលអន្តកឈ្នះឡើង
សេណាគ្រាប់ប្រែអា តីរកាសិរៈវរ ប្រែណាំមបង្គុំមកក្រើរ សីងមាន
អំម្ចុរ ឆិតឡើងក្រុមចាំន គគុតកលេបលុកឡើងមឡាន អរបាក់កត់ប
តាម ត់ចព្រះនមា តាមស្ដាប់សាលាប់ទេសារ អរឯងកលគា ក្រុប
សកសិតឡើង ១ វីកាលទោណា ក្រទៀមកាអា បនលចាំទៅ ផ្គង
អ្នកតាន ក្រៀវឡាតប្រែទៅ ក្រៀវទោះមេ្ដចផ្ទៀ ទោងបងយលណា
ក្រៀវម្ស៊ូទោងតាន រើលពីព្រះលាន រាក់ព្រៃយើងតា រឿក្រៀវទោ
ឯង ឡាបទៅក្រៀវការ ទោនឡើងកាំក្រុ ភូកនូវទោះបោាន ១ ពាសិ
សត្ដាប់ ក្រទៀមក្រុចាប់ ស្ដេចអរកសោង បនលស៊ើក្រង
សូមានអ្នកទោង ឡើងយកមករបាន កំលប្រែះណា ក្រទៀមនរតាង
ក្រាលប្រើហាអាម៉ាក ទៅយកក្រៀវអា មកឡើងក្រអន្ត រីវីឡើងស្រៀ
តា ស្ដេចមើលទៅណា ក្រៀវក្រៀវចំមទៅ បពិគន្ធក្រសៀ
ក្រទៀមទេសឡើង កំសក្រោនពើ រឿក្រៀវទោណា ស្លាកគ
ស៊ើមណើ ក្រៀវចំមឯងទៅ ចំមីងបោាតា ៚

៦ ស្ដេចកាន់កែវនោះ ក្រៀវហៀរហោះ តាមអាកាសត្បូង កណ្ដាល
ទក្ខិណ ស្រីយក្រោងក្រៃ តែរាងតាំងហ្ម មើលហើយស្រប់ស្រេង
ហើយខ្សឹបស្ដេចហោះ វិលស្រឡៀកនោះ ធ្លុងជុំកុំកែង កុំគល
ប្រមាថ ស្រះពិតាភ្លេងខ្លួន ព្រះវៀមស្ដេចយល ពោល ព្រះ
បរមីយ ស្ដេចហោចុះថ្កុង ប្រមាថ ព្រះលាន សំនួនវិយ
ព្រះវៀមភាព ខ្សត្រាជិក្កតិ រមកក៏សេចា ព្រះអាចចងរោង
ក្រាបក្រោមព្រះបា ព្រះវៀមភាព ទូលថាបពិត ក៏ស្រឹះណា
សំព្រះមាតា អកក៏កេងធនឹង អកម្សៀឡេផ្ទាម មុតកែក្រប
ចាំម ស្ដើហាយើងវិលវិង សៅតែស្រកំនឹក ខំមពិតរំម្ទឹង
ចាំម្ដឹកលថាមនឹង ទាំមទីយខេះណា កលស្រះមុង បុពិក
អកទោង កុរយើងយាត្រា កូបព្រះបថ្ទាម ចាំតេស្រភាព
អាល្យមាតា អកកេងធុលធុក បើព្រមហើយណា ខំមនឹង
ក្រាបណា វិលវឹងតៅស្រុក យកកលស្រែណា យោធាខាងមុក
មន្ត្រីត្រើស្រុក ដំមធុរខេះណា យើងពិតខ្លាប់ តាក់តែង

៖ ប្រាប់ សំម្តែភក្រា យើងពិតឮចាប់ ប្រាប់ប្រការ
រកើនអាហារ ខាងខែងកន្លង ព្រះរៀមភាគ បងលព្រាយ
វា ពាកពីកកកចូង ដូចឈើយកុំខឹក ដូចពីកកាមហោង
បើឈ្មោះភ្ជួរគោង ប្រាប់តាក់ផើង បើរតាទីក្បែ កកការ
សំគ្យ ពឹងតាកតាយើង គ្យេល្កាំតមុកក្រៀ មិនឮយើង
ហើង វិលមកបផឹង កំពាងគងប៉ង ព្រះអង្គតួលផ្ញៀ
តាំបើឈ្មោះហៀ ខ្ញុំមិនទីលភ្ជោង តាងកែងកែស៊ើ ដួចព្រៀ
អ្នកគោង ផ្ញើហង្សរខះហោង ទីងក្លូងកំភ្ជារ បូពីតអ្នកគោង
ពេះតាងគ្គំមគ្គង សម្កាន់ករណា អង្គរយោភប្រុកៅ បុតខ្មៅ
កុំព្រា ពេះរង្ហូងតេះថា មើលតាងផងហោង ព្រះកោជិសក្ក
បគ្គំមតាំនិទា ក្រុកា ក្រាបចាគោង រើងាមចរហារ លាក
លារកកប៉ាង ចរបុះតៅឹង ថាគភងតេក្បឿ ស្តេចង៉ាម
តងតាប់ ហៀងូនខប្ផ្ញូរ ប្រុស៊ើផ្លូលល្បឿ ពោងលា
ដ្ឋនកៅ ទីងតាតឹសគៀ ខករប៉ៀ យើងតាហោងណា

ហៀងស្តុងមានមឹក ម្ល៉េះសំមស្តុងយ៉ូក ឆកអង្គអាគា គីកាល
ក្រាំកច្រាល ទីភាសការក្រាវ ទោះមីកាចោងមហា លោក
សលអង្គុល កល្យ៉ាណ ចោងទីសយាកឃា បងស្តុងកំយល
ក៏ម្យស្តុងលោក អាមោកតកល់ ហារីត្យសលល់ សក់ម្យ
លើរ្យោង ស្តើយចោងតៅ ចងយកស្តុងតៅ មូលមឹកចឹង
ចោង វាចរិតក្រាំកច្រាល ទីភាសជងហោង បងចោងហោម្យុង
រកតៅចងញ៉ូប ចោងតៅទោះណា ទីងភាសយាត្រា វីលវឹង
ក្រលាប់ ហើយរែកងរាត្រា សំរេចសំរាប់ តៅអង្គាងមាគា ៖
ហៀងស្តុងប្រើសើង ច្បារម្យមានមើល រាងបុកកំង៉ារ កុំមាន
ខូតម ចាំរមចោងណា ចោងចូរយាត្រា វីលវឹងមកខើយ
តាំបើចោងមក ហើយសំមចោងយក ចាងរសក្សា ចរកល
សោណា យោធាវមស្តើ្យ ចរកសតាំម្សើ សំមសើកសែហារ ៖
កាលោមមហាខ្យុក សើងាមស្តុងរក សកក្រុបហើយណា ៖
ហើយសើកព្រះអង្គ ស្តុបតែងកេរអា ហើងហោយោ ត្រា ៖

ទ្រឹបទ្រង់ព្រះខន្ធ កុំណាំព្រះអាល ពោះភក់ព្រៃយាល ពីកកំណុបបណរ
ក្បូរភ្លូហាង ឆកអង្គបវរ ហឹបហើរចពាចរ ភាកពីរ្យហែម
បុរាណ ស្ដេចពោះរៀមម្យ ឆ្អឹកស្រារៀវស្រៀវ សែហិនាង្គធ្វើង
តាំង ភាគគលមគ្ន់ល បរបុរីឧត្ដមខ្លួន ប្រសាទ្ទភីមាន វែប
ភាសំម្យាក់ ស្ដេចបរបលតាំង ព្រះនុខកល្យាណ ថ្ងៃកង្វល់
ពិចិក សង្គ្រែសើក នាងរតរកិ្យ ខ្សត្រីហោមខ្សក់ នាង
សោកប្រឹធីតា រួមភក់មេត្រី សំមេ្តចខ្សត្រា ឱបអង្គនាគ្ករ
ថ្ងៃកង្វល់បីតី បង្គលព្រៃព្រាប ក្បួបភាប់អំពី នាងកែវ
កែវ ព្រាត់ព្រាសកាលព្រាត់ ខាំងរតរកិ្យ នាងសាប់សាថ្មី
ទ្រាបក្យពោះណា នាងនាគក្មខពិត អាណើតអង្គីការ នាងឈ្ង
សោការ ភីណាកកើតក្ដៅ ស្រីបពើព្រះអង្គ ព្រះចារ្យវង្ស
ធ្សព្រះនុខស្មើ ប្រសាប់អាកា លលាសៀងសៅ ប្រយោង
គាល់បោ ព្រះរាបីកា ស្ដេចច្បាប់ដ្ធម ក្រុងក្រាហប្រសំម
សំមេ្តចភាគ ព្រះហ្វាសោតុត អាកើតក្រាយថា កសើយ

មកកល់នៃរាជ្យ ពីការស្ដេចក ករសឹយរឈើងហ្វាក់ ព្រះខាច
គេកាំភ្លឹ រឿងពិតពីការ រឿងមហាសារិញ្ញ សុជីវិតកាទ្យ
រីតងរមិលថ្នុរការ ឯកែសកែសី សារាងបុត្រ តើរការឲរឲណា
ក្រៀងរបិហាអប់ស្រុក អាល្ពុកអត្ថារ បុត្យ្រឲរត រឿរឿហាត
មក ការសៅនៃណា សត្វកយាក្រា បំឲប់ងតេរក ព្រះជិត
ខ្សែត្រា មាតាកខ្លួក លោកស្ដេចមឺងយក គលរមេកឲង
ព្រះតោជិសត្វ ក្រុតាក្រាបប្រជិតា បង្គំមគុលលង ច្រាប់ពីរ
ការកយាក ពីតាករហាលឆ្លង ស្រុមុខឆរហោង ក្រាកច្រាម
ជិតការ ការលោះព្រះតា សោតាក់កឆរតាង ស្ពាប់បុកប្រសារ
ស្ដេចច្រុងព្រះករក្សាន្រ រឿងរឿងរខ្លួនក្ខួង សំរូហាកភីមាង ប្រុរើង្ស
គេកាំភ្លឹ ស្ដេចរឿរព្រះអង្គ បរការលោកបង់ ស្រាងស្រាលហារិត្យ
បង្គំក្រាបលា ខ្សែក្រារើងរឿង ស្ដេចតៅសរាជ្យ ការពីកម្សាណា
ស្ដេចកាងកែរហោះ វំរគង្វឹករឿរ គលតុជបិត្តារ ការថា
បង្គំ ប្រណាមរតារ ការពីករឲណា សីងស្ររកត្តីង ១

កោសិយក្រាប ផ្ទៀងផ្ទាល់ស្ដាប់ តំណើរតំណង កាលពីព្រាត
ចូល ទីភាសម្ដើរ ៗ ពេញកើតកង្វល់ ក្នុងចិត្តខ្លាចខ្ពុរ មហា
ក្សត្រស្ដេចស្ដាប់ កោសិយក្រាប ស្ដេចសោយសោកា អាណាត
អាណិត ក្នុងពិតអធិច្ឆារ ពិលាបកើតកណា ផ្ទល់ផ្ទួនតំណាង
ស្ដេចហើយមហាក្សត្រ បញ្ជាសោកពាក់ ហារិត្យព្រោកព្រាង
បងរបស់មេត្រី ព្រឹត្តិខ្មែរឧក្ដង សោមនុស្សមាន ក្នុងចិត្តចិន្ដា
កោសិយក្រុង បុពិតកិលរ ព្រៀងព្រៀងសោកា ខំបម្រកលម្អ
កល សុកលយោធារ ហើយសមតេក្រា ភាគច្រើនម្ដុងផង តារ
ពីកកើតថា កម្សើយបម្រើ យកតុចបំណង ស្រូកទៅអោកក្រុ
ឲ្យតារឃើញក្រោង តារពិតស្លៀវហោង តាមចិត្តប្រាថ្នារ កាណ្ដោយ
ព្រះអង្គ ព្រាតារវិថ្យ បង្គំក្រាបលា កលច្រើនម្ដងហោរ ឲ្យ
ចុះតេក្រា ស្ដេចស្ដេចលេលារ ទៅស្មើហើយ ស្ដេចស្ដេចទៅកាត
ចូលនឹងមហាក្សត្រ សោតាក់ពីក្ដី សម្ដេចសេណា យោធារ
មន្ត្រី តាហ៊ានសេនី តលកាលអាហារ ហើយសមសំពៅ

ប្រកាប់ជីវិតទៅ ទតការព្យាណា ប្រុសស្រីបស្តេចយប់ ស្តេចស្តេចក្រាប
លា ព្រះវរបិតា ពីភពដែលទៀ្យ បពិត្រព្រះអង្គ សមានស្តេចពុង
ខ្ញុំមខ្ញុំនេះហាររឿត្យ ខំមទឹងទៅទាំង ទតការខំមទៀ្យ សុខមាកា
ញៀ សំឈូរហោងណា ទាំងរកកេរ្តិ៍ ព្រះភក្ត្របុត្រ សមាថ
ក្រាបលា ឲ្យតាងទៅតល ឃុំងយលមាកា បើ្យដឹងយាត្រា
វិលវិញមកវិញ ការណោះត្រោះ សោតាក់គទរទាង ភ័លរពិក្ខក្សិ
ព្រះអង្គពីភព កំអាចតើមប្បី យាកទាំបុត្រ កលពីចឡើណា
ស្តេចបន្ទលទាំង ទាំងហ្វក្ខទរក ទារបុកប្រុសារ អាតុកក់
យាក់ កាមបិតក្រោទា ទៅបើ្យជរទារ វិលវិញមកជួប អាតុក
តាចតារ ទាកន្លប្រុសារ ហោមហាមាឆកាប់ ពុទទារស្រ្តីទកក់ត
ប្រុសើស្រ្តីក្រាសទៀ្យ ស្តេចធ្លាមបុត្រ ហៀរកេរ្តិ៍ ពន្លកហាររឿត្យ
មាលមេ្យកុំឡាយ តើរគោរ្យូរទៀ្យ ប្រុជីតាខ្ញុំញ៉ៀ ពុំម្តង
ត្រឡា បើម្យើទៅគល បរបុរតាលយល ករោងពុ្យណា
បួរម្យប្រុជីតា ខូវទឹកកក់ក្លួ បំពើហសោកសា ទារពីកម្យើហាង

បើហាចារពីកម្មើហ ម្ដេចៗ ចូរដើហ ពិតកំឡុប៉ាំង ចូរឲ្យប៉ំទឹហ
កុំរឿហាឡុទ្រង់ ទឹងកែលកាលដង់ សំរាប់ប្រិក្រកឿ ចូរឲ្យប្រិទិតា
ព្រះអង្គមហាឧក្រិ ឆាកឆាល្ងាអ៊ឿ សុំមរសឹកស្រីតារ បរិការ
ស្រួលស៊ឿ ចូរឲ្យប្រិញឿ ពិងលកកាលដង បើប្ដីយល្បែហារ
ទឹងអ្នកឯណា កុំរឿហាឡុប៉ាំង ចូរឲ្យស្រែលោកា បំរេកា
ប្ដីយហោង នោះប្ដីយតាំមធង មើលឡុលាកលម នោះប្ដី
ញ្រាញារ ទឹងអ្នកឯណា កុំអ្នកដើងក្រម ចូរឲ្យធលតាំល
បចូលបិកថ្ងម ឲ្យមើលឡុលម ធលតាំលតាលឡើ រហូរ
មាលឌុគ៌ម កុំឲ្យមាលដើម ដើមតាលក្រលកើយ ប្រម៉ាក
អ្នកតា ល្មុឿរតារល្បើ បចអ្នកឆាឿ ក្រាបរក្បលោកផង
ព្រះតារលាតាំត រុំហាទាំមកឆរក ពិតកំឡុទង ទាងលោក
អរឌិត ធធលក្រងរង ធឆមាឆរតារហោង ធុកលើរដីរឿ
រុំប់របឿ ក្រអង្គ ក្រតារិរិឈ បង្គំក្រាបលា ទាំឆាំរមួសឿ
ឧត្រឿរឆ្លឿ បរបុររភក្រា បើករតាបូរឿ ស្ដេចបើករភក្រា

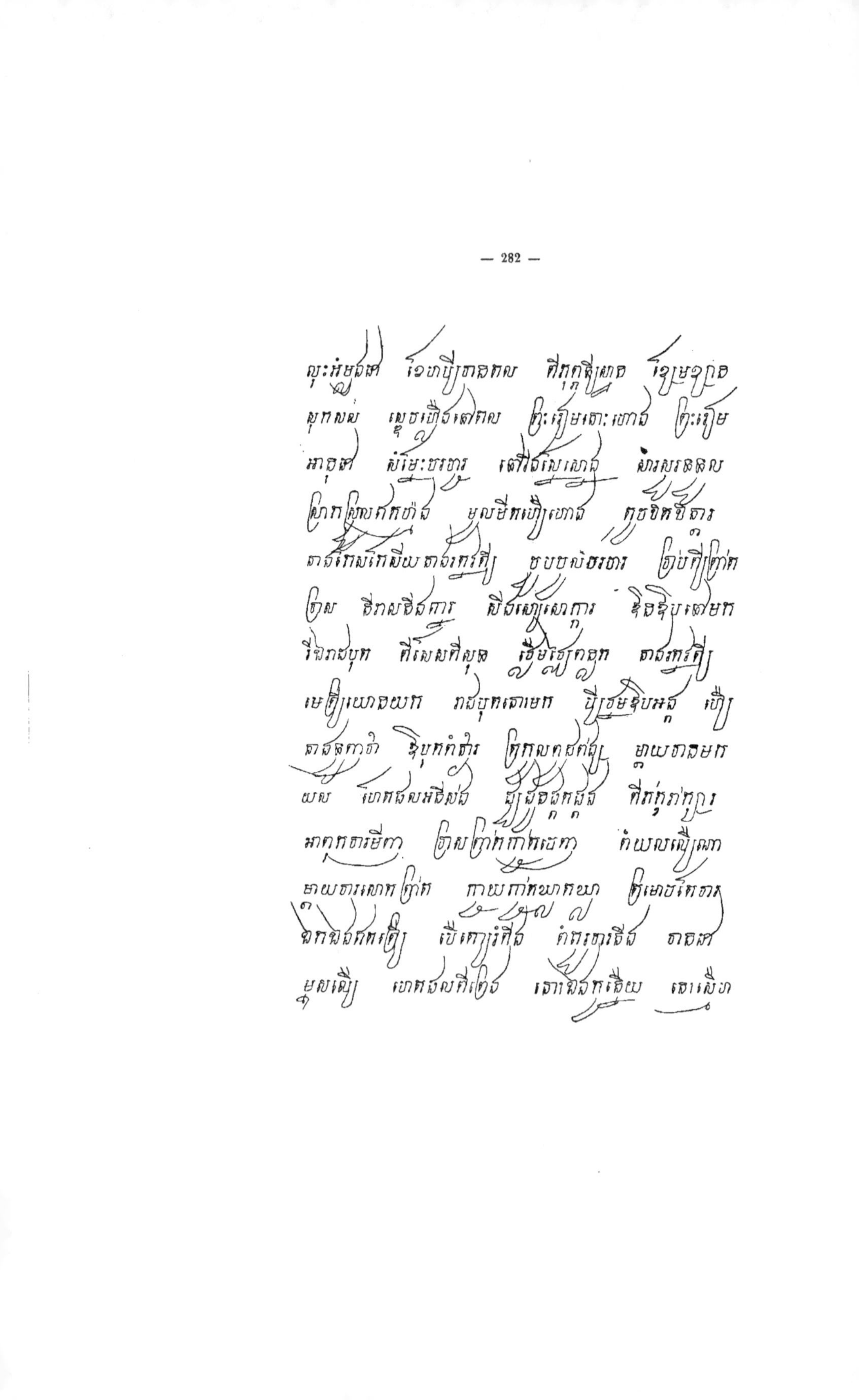

គលត្រឿ ស្រីមុនហោងណា រឿកាលោះហោង ព្រះញៀមសែសង
ឆ្វេរតារអាគុល្ម ឆ្វេរកដប់ត្រឿ តាំប៉ីអង្គារ បរោរសោក្ការ
ខ្មែរខ្វាលសាច់ ផឹកកោជិលក្ត ភ្នាក ព្រាបប្រំទីត្ត · បង្គំម
តាំកត្ប៉ ឆលព្រះញៀមខ្សាល សែលសងអង្គត្រឿ បរបារកោះញ
ពាកកឹកតកក្តុង ឆលចាំលម្អន កលរយើងចាន បរបរ
ហើយហោង ការយើងចំមពិត កួចចិតប៉ុនប៉ង វិសរឹងតៅ
ផង ឆការឃ្មាណា តារញៀមស្មេចស៊ប់ តារអាគុនដពិតកាប់
មួលម្យបិក្កា ហើយស្មេចបន្ទល មឆរក្ខុងចាំ បើរោះចរចារ
ប្រកាប់តក់ទឹក តក់កោកថ្ងៃរចាង ឆ្ការាំឯងហោង ប្រកាប់
គលសើក ស្រាលសឹងសេណា បានក្មាតទឹក ចលចោមតាំទឹក
តាំកោកខាប់ខាង ខ្សាត្រាពិតស្ម ដំណុំមតិកប្រ៊ង ម៉ៀប
ប្រកាប់ណា ស្មេចទឹងសេសារ យាត្រាឡៀងតាប ការក៍គង
ប្រកាប់ វិះរកពិណា ៙ គោងណោះពិកចុះខ្មែត្រា ពិតស្រែច
ហើយណា ប្រកាប់គោ្យតក់ទឹកខ្សែ រឿងតារញៀមសោកខ្សែ ដឹងពិត

នាការីផ្ស ប្រកាប់កលអង្គលេណា ក្រាលសីងរេះសីលសាស្ត្រ
ចាប់ផ្ទុកមុះបរិមា ស្ដេចនុកអាតាកស្រីចរៀ សេណាទោការ
ក្បៀរស្ប សីងមានបរិយេត្យ ដំដោះដំនាកានាកាបល ក្រាល
ស្រេចស្ដេចឲ្យកាន់កល ច្រាំមកាន់សោគសល សុគសីងគោលា
ឯងរឿង សីងស្ពាយការកាន់លងរឿង គាកក្រោះក្រាំលរក្រែយ
ប្រកាប់ឲ្យមកយលឃុង កលងងសឹងកងខ្សឿរខារ តាំងជួរប្បៀ
កាការ លរលាលលាមអកអរ កាគោះសំមេចភាគរ ហារីឡ
លាគរ ប្រកាប់ស្រេចហើយយាត្រា ស្ដេចតាំតាំអង្គស្បេក រភេង
ពងិកា ស្រឿរកប្បស្វើងឱតំម ឆ្ងរកលស្រីតាំងរត្រះសំម សោ
ស្បែត្រះត្រឹម សំពាប់សំរេចចង្រៀ ស្ដេចរេចកាតាកាត្បរីយ
ស្តោះគោតីឯស្មឹ ខករក្រលស់ខនាញ្ណា ស្ដេចតើររកាត្យកោង
មាត្កា សរីនាស្រៅកណា កយរកុំម្រហាឌីងគល ស្ដេចស្មៀប
ការរៀបគលគល តីរកាលឈ្មើងលល ពតីកគាំគ្រៀត្រីក្បូរ
៦ រខះរទ្បនរីខ្វង គំរណើរគំណោង ឯត្រះអាន្ទុកា ស្ដេច

ទ័ពមកសកល ស្កុលយោធា ចចុះយាត្រា រាក្សសរៀបតាក់សឹក
កលផងក្រាលវិញ ទីរពិកអាការធៀ ហៅហាចភិកភក្លឹក
ស្តេចឲ្យប្រកាប់ ប្រកាប់ការសឹក ត្រូវតើចអាជីក ក្រាំង
ក្រៀមរំបំប៉ា ខ្ទឹនរៀបត្រូវការណ៍ រាក្សសរៀបចំរបារ ត្រូវគៀ
រាក្រា បរតលទឹមទឹ្ឋ ប្រុំបា ៗ សឹងម្ហូលមកអា អាសារ
ឧក្រិដ្ឋ ស្តេចរៀបកលកល យោធារសេខលល ទេរកាស
ក្រាលវិញ ស្តេចឲ្យសំរាប់ ទើងត្រូវគៀវិញ ស្តេចស្រាប់
ហើយវិញ ស្តេចរៀបរាក្រា ប្រុកាប់ឈ្មោះឈ្មោក ពោធរោគ
ក្រាលក្រោត ចង្កូមយក្ខារ ចនាយការខ្ចប ត្រូវលកការី
បង្គួរនៅងសារ ពរការលក ហើយមានរាក្រា ម្យ៉ាងម
រចា ចាក់ទៅព្រួញ បងំម្ភុក្រុគ ភិយកាក់សៀតសក
កាំងកាក់ពោមក សំឡេងគងស្គរ ១ ផលលណោ ដីង
ជិះរាក្រា វិហាត្រាចក្រ ហារណាកទេរកាល ពេកា
កាលផ្លូវ ត្រោះសាប់ឡើ ក្រលងនការ ស្តេចស្តែង

វេលា ពីរគ្រៀងផលសារ លោកខ្វះខ្វារ ទូកបែកក្ដារទ្រុង
រំលងកាយការ អាប់ពលអម្ពរ ងងឹតគគក់ស្ញើយ មើល
មេឃទីងងឹត លង្ហាមកស្លឹក ពីកកំពលភ្លើង រគ្រូវគាប់
ភ្លេ ជុំទោរមកហើយ ក្បះខ្យល់គក់ស្ញើយ លោកមុះហិមា
ស្ដេចបើកទឹកដៅ ចាប់ចកគូរកោះ តានទោយុច្ឆារ ឈកស
ឰការ ជុំមន្ត្រីទោណា រីះរកកោក្ដា អាហាកិរត្ន មើល
ឯមេឃ អាកំណោកកា ៗ កណ្ដាលសមុទ្រ ៙ ព្រះមហាក្សត្រខ្លួន
ចូលឈុបសំពៅ ស្រែចហើយយារ៉ា ស្ដេចបើកក្ដោងទៅ សន្ដោ
ងិសារ ក្រលង់មហា នគរបុរី រីក្រោយនេះហោង ទីតាំង
សំអាង កំណើតកោរ្យ លក្ខស្ដេចលេលា យាក្រោះបេការ្យ
គងបុរី រកភាស់លម៉ា ៙ រីទីតាំងនេះ ទោយើងឈុប
ទេះ តុកក្ខរនេះណា ឃើញគូរសំអួង ក៏ទឹងចរបារ
ពីព្រំប៊ីកា មាតាត្យហោង ៙ កាលក្រោយពោធិ៍សត្វ បរម
គ្រូវព្រះទាង ស្ដេចចេញភាកស្រួង ពីរការស្រ៊ីមណា

មាតាអ្នកគុណធ្ងន់ បងអាក្រក់ក្រៃក្រៃពេក បរទេសព្រៃមាតា
កំព្រាឪពុកមាតា ឆាងទូរទេសឆ្ងាយ ក៏អ្នកណាឲ្យមកយល
ព្រៃមាតាបងសោកសល បុរីខ្ញុំតាងឃាតអ្នក កាក់លបងអ្នកអាយ
បន្ទារការសោមរ ឌុលនឹកអង្គប្រើ ប្រែព្រៃក្រែសោកតេក ល្មុះ
ព្រៃម្ដីលតាំមតៅ រក្សាទៅត្រៀវឲ្យរ គឺត្រូវអប់តាំមណា អាក្រក់
ឲ្យស្បូវកងលង ស្បូវកងព្រៃងប្រឹ ពុំរកប្រឹតាំមតោះហោង
ស្មុយហាក់កងឯង ចូលមកចុះតាំមព្រៃឲ្យ សឹងតាំបងការ
តែទុក្ខបកលកឲ្យ ភ្លូតាលឯងនឹកឲ្យ ស្ដុកណាត្បូវកែតង
តាំង គឺកោឋិយក្រោង អាំមួនតុំបតាំមហោង ព្រះមាតា
អ្នកវង ឲ្យកោស្បូវសោកឯងលក់ឲ្យ តាំងកែងនឹងនឹក ៗ
អាឡើតអាណាត់ឲ្យ មមាញឹកឲ្យ ៗ ព្រាំមីរៈគំនោចណា
មានការលតាឲ្យព្រៃ ឲ្យព្រៃឲ្យតាងឯព្រៃ ផ្ដុំមយុបយលលក
មហា ប្រែលើស្នូលមឬល់ឲ្យ យលតាំបង់គំនេ តាំតឹង
ណាត់តែឲ្យ មកគលមខុលឲ្យ តាងឃុំងយលព្រៃមាការ ៈ

[illegible]

ឥឡូវអ្នកឯង បុរីកល្យា មេឃមានពលក្រៃ មុះមកកក់ក្រែង
ចូលទោមខគរ វ៉ៈរើកក្រែង យើងទាំងពួលឯង ប្រុកស្ម
កើកណា ក្រុមកឃឹក ពិរកាលកពិក លីងកែកេក្រា
បុរីកព្រះតា ខរតាស្ទុក្រា យើងទាំងនេះណា កុំម្រ៉ហ
កាក់រហាង បុរីកល្យរ ក្រុមកគិស្វ ឃរពោករលាកផង
ក្រាក្រៀបទាំងទាំប ហឹងអាប់រំពង ពលយើងទាំងផង មរាង
ខឹងគុកគុល ១ កាលោះព្រះវៀ រណ្ដចិរក្បា ក្រើលទ្រង
កាលកល ស្លាប់កាករលណា គលចាំស៊ើកគល រដាមដុំម
មគល រកកងប៊្រិ រស្តចបង់គលចាំ រឹហ្យុគលរលណា
រទាងខឹងគឹកញ្ជ រស៊ើករឆារហារបាគ បុតាគរឆាក្តីយ ចឹង
ចាប់ប៊្រិ យើងរឆាររតឹរតាគ រង៉ឹករស្តចឡ្យូបរ កលផងីៈរ
អាឃឹកខ្ញឹងក្តិគ ដុំមកសរយោគារ សឹងការហាំហាគ ពាក
រតឹងគ្រុបច្រុខ ស៊្រាប់រស៊្រចរឿបរុង រឹងព្រះតា ខ្សក្រាគតាស្វ
ទាំព្រះររវក្ស ពាក់រកែងរស៊្រចស៊្រាប់ ប្រពាប់ព្រាអង្គ រហឹង ៧

ពីកំពង់ ចេញចូលទីងទោង ពីរកង់ខ្សែត្រា ក្នុងលើហាព្រះបញ្ជារ
វិជ្ជាស្រាកាកតប៉ាង ដុំឫកលលេណា យោគារគាលផង អឹងអប
ណាប់កង សឿហាញ្ញាភុស្សដោរ ពីព្រះភារការ មានព្រះឱក្ខារ
ព្រាលឡើហាលេណា ឆារាដូលត ចំណារអាចារ ទៅគ្គលបីតា
ឃឹកាងទោមខ្សែត្រ ស្តេចព្រាសឆាយតា វិញ្ញាណលេណា ចំណារ
ទៅទុំត ទៅគ្គលព្រះថា វិជ្ជុរាគបក្ករត សូមរាជសំឡាក
សំរាប់ស្តេចស្តេង បើស្តេចយាកចុំ អរកើតការចេកាធ្យាង ឬឃុន
ឬលោង កន្លឹមចេស្តា កាលព្រាវរីឧម្លង ប៉ុងយើង
ប៉ខប៉ង យកភាជសំឡាក ភាជគូកស្តេងស្លាប់ ព្រះប៉ុងតល
កាប់ កាករលើរសីរសារ ព្រាបុត្របដ្ឋម ឬសំមពុលណា
ទៅគ្គលខ្មួចទា ក្សេត្រាបដ្ឋាប ព្រះររបីតា ស្លាប់ហើត្រាល
ថា ឱឱអាតាស្លាប់ ក្សេត្រាយឋិតដុំ វិមានសំមក្សេត្រកាប់
អកាចាខកន្លាប វិក្សេត្រក្សេត្រងណា ◎ ព្រះចារឯអាគលរិយា
ភិតវិក្សេត្រកកា កាកចឬមាន សុគតប៉ប់បំបុកលចិន

ក្បៀចាស់វិរណាសរ័ឡើង ហេតក្បៀរសូចឡង ឬើកប៊ឺឪបុតការ
ហេតនោយក្បៀចាងមវារ កំពីចារណា ឡុកិនកើមព៌ី ក្បៀរក្ពើន
ស្នេចឡងអព៌ើ បុរាឡឯកព៌ើ កេឯកាមមកឪូស ស្នេចឧបរស្ចាប់
រឡស ១មុតុកខ័មថូស បឡសត្ព្រាសថាំ ថាំវៃហ្យរហើរក្ពៀរឡ្ពារ
អាកុកមាឯចារ កំឡាវាតតាព៌ើ កុស្រុរក្ព្រមកព៌ើ ពីតមេច
កឡើម ឌីឯឧុះបរិន្ត ហើមកព្រុករិឯកយ ហ្បើក្រពើហកាមអរ
យ៉ើឯវាឯកព័ឡកាណា ក្បើ្ឯមួួលឡាមរមឋា កុលរាមបុន្ទរ
ចាឯក្បើលហើម រាលរសស័ុមុតកទព៌ី ពីកេខ្មីកឡើម ការ
ឡុក្យេឡាប់ យ៉ើឯឧកេុឡោមាឡមាប់ យ៉ើឯវិទុិស័ាប់ ពុិក
ឧកេរិរ្ក្ពា ១ ការឡោព្រាន័ឡុ ុឡុ ឡំមូុមនិចា ុឡិិកព្រាយឺឧត
លមាឯសមាឧុាឯ ហ្បល្រកំមយ៉មនឧក ព្រ្យ្ព្រាហាវិនយ
កុលរសរក្ព្រាសព៌ើ អាក្សីាកមករជ្យ រេកការសតា៌ំពីយ
អាកាសឡាណា អារ្ឯឡំកាឡំហាុុះបិមា លីឯរយកវិមាតក
កំាឯត្ព្រាយយាឯ យ៉ើឯឧក្រឡាឯកាឯកាលឡឯ ព្រកក្ព្ររស៌ឯ

នោះក្រមឹងឈ្មោះ ពិតតរបបុលប្រិតាះ លេងលង្គះ នាកាដល
កំរឿ បើស្តេចសំរេចពិធីស៊ើយ ចាងស្តេចផងហោង បើឃើញបុងថ្លើង
ករទាង ឈ្មោះសេចតុចប៉ង ចិតឃើញថ្ងៃចាំ ឃើញចាងស្មើគសាង
សេដា ត្រូវភាសប្រែតា ឆ្គារឃើញហោង ឫពិតកុំពិតខំមហោង
សមាចនោម្ចង កុំអារំមញ្ញើ ឆម្ការពិតអាខ្លួនហើយ សរលាប់អា
ផ្ញើ ប្រសើរលោកសល តកឹរចងបិរទោតលខ្មៀហោង យល
ហោរឃើញសំនៀងចាំ សមាចខំមាចសេចការ កុំត្រូវកេអាអារំមខាបញ្ញើ
ខំមិនខ្លួនចាការតៀតៀហើយ នោះខ្លួនត្រការ ផ្ញើ ពិតខាបហោងណា
ស្តេចស្តាប់សព្វាប់ថកិច្ចការ ភងបុគលចាំ កុំត្រូវពិតកេក្រែង ស្តេចផ្ញើ
កផ្ញើយចាផង ចិតថងប្រែសេងប្រែឈ្មោងចេញ្ញា អាតុកមាចតុកចាំរភា
ផងអាងខាត់ ហើកនោះផងហោង កោរចិតចាពិតបួចប៉ង
តោះចារច្ចាមសងគោរគៀបិកាណា នោះឱ្យហៅរួចផ្លូ ស្តាប់ត្រា
បិតា បងលនោះហើយ នឹកត្រាសចាំរិញ្ញគពើយ ឃើញមិន
ពិតញ្ញើ ត្រូវតហោណា ខ្លួឃើញបំងប្រែលងចេញ្ញា ប្រែកផ្ញាល

ព្រះនេះឲ្យគេល្អ បងយលអាកាសលកីរ ឲ្យយលរិទ្ធិយនុភាពវិស្វា
បើស្តេចសំដេចចេញ អញ្ជើញឧត្រា អាកាសលើកកាំភ្លើង ឲ្យយល
រិទ្ធិយសិរ្យ ឬកង្កាលវិស្វា នេះឯងហោងណា ១ រាជនុក្រស្តេចស្តាប់
គងអាសាសាប់ បន្ទំបវាចា ស្រីចទ្បើបន្ទំ ឬសំមលុគលា នៅ
គូលឧត្រា ជីវាងកីកន្សែ បូកីកព្រះចា ឧត្រាវិទ្យុតរតាង តាំកី
គ្រើលគ្រង វិស្តេចឯងអាច ព្រាំទាំងព្រះអង្គ ស្ដាំមកចាបង អាកា
ដលកំរឿ វិទ្យុនេះឯងណា អញ្ជើញឧត្រា លេងលរិទ្ធិយ ៖
បើស្តេចមានវិទ្យុ ព្រាសវិទ្យុបរមីយ ឈាប៊ើរឿរ តាងស្តេចឯង
ហោង គឺកន្សែឧត្រា ស្តេចស្តាប់វាចា គងអាចោរងង បារិក្ស
សាគរ ក្តីកអរកាក់ហោង ស្តេចចង់ឬលង អាកាសលើវិស្វារ
វិងព្រះចា វីរទ្យុចរតាង កងកោកុត ព្រាបព្រះចារទាង សារ
សង្គលចា ដ្ឋារនំមឆាត កាវិស្សមេឯងហោង ព្រះរៀមឧត្រា
ស្តាប់ព្រះអាជ្ញា ឆាតទៅហោយឿរ សើកស្តេចបង្គល មង្គលតាម
ទ្បើ ចាំវិញ្ញុងដើយ កាយបិតអកណា ឯកោាបិតព្ង កាក

ពិកក្រែខិត បង្គំមន្ទលចាំ ប្តីពីកក្រោត ទរតាល់ខ្ញុំក្រោ ខ្ញុំខឹង

ណាស់ សើកនេះផងហោង ខ្ញុំខឹងខាចអឿយ ចេកាន់លពីរៀ

កាលលេងហោង ខ្ញុំយល់ចេស្តា ផ្សេកកត្បាង សូមឱនអកចោត

កុំក្បែត្រៀវត្ត ខ្ញុំខឹងណាស់ ចេកាផ្ទាំងកាលក្រោរ នេះខ្ញុំពីងវេត្យ

ខ្ញុំខឹងយកស្លែក អាកកខ្ញុំមាខ្យ ចាំក្រោះប្រៀមឲ្យ កលវិរេណា

ឬពីកក្រះអង្គ សូមានលេចក្រែង ធរក្រោះបខាហ ខ្ញុំខឹងចេកាឃុត

គកន្ថិមចេស្មារ ខឹងវង្សវង្សា កលវិរហោង កាលលារក្រោរេកា

ផឹសការកា លើសលេងកគោង ស្តេចកែងឬកាប់ សំរាបកលផង

លកក្រែបប៉ងប៉ង គតលវង្សា ៙ កាលលារក្រោះវង្សវង្សាមានក្រោះក្រោះទាហ

ខ្ញុំរៀបកសកលក្រិងផង ស្រែចស្តេចបច្ចុលគោលា ក្រោររបីកា ៖

ឃឹរាផប្រែយោាផយកវត្ស ស្រេចហ៊ឺក្រោះតាខ្ញុំក្រែខ្យ ចចុះមកក

មផ្ទឹយប្រកាប់អាគា ត្រូវក្រោមក្នុងពោធរេត រើករកកាំកសា

លលាមកកាមយលយង កាកក្រោះមាសម្យងកាំង ស្រោម

ស្រាប់កសអង្គ ប្រែយោាផប្រែយាំគយកវត្ស ត្រូវទាស្លាប់ភ្លៅក្រោស

ក្រៀវ ប្រហល់ខ្លាក្រៀល ប្រកាប់ខ្នងក្រោធរុង ស្លាប់ម្ដេចនឹកសោច
ហ្វឹងក្នុង លើរកំរឿមុង កល់កាប់ប្រើសិរម្ដើយ ចងរៀង
សូរការណ៍នឹកថើយ ខ្ទង់រឿងរក្ស៊ី ក្រហាសប្រែកបរផ្ទឹមច្រិង កង្វេរ
កោកំមច្បងផង យលរក្ខិងតិលអង្គ លោធាឡូកកាកកកវិក
១ ការលោកពីកំឡូឡូត្រឹស្ស ក្នុងក្របគាវង្ស ដំនុំមន្ត្រីរាជឃាតារ
ការលោមេឧមាឧសេណា ម្ហូមកត្តលចាំ ព្រះលើកគក់មករហ្ឿ
ត្បូ រឹងពីកង្ឡូក្រឹស្ស សេចក្រាលជាធ្វើ កំសរាជលោឆាមខ្មឹ
ក្បែបតសក្នុងសារ កាដ្ឋិរក្រុបតើងសុវ្ង អារុងខ្ទរកលត្រឹងផង
ឱ្យស្តាវឧកលផ្ទឹមឃង ព្រះរៀបកលផង ក្ដិកអាមិកសោភាសារ
ស្ដេចហឿប្រមលធលឧក្រោ តិក្រុមរាជា សេចក្ដីរាប់ក្រុមរាជការវិត្ស
ការលោកព្រះអាខ្មួងនីរវិត្ស ធីរភីកអាការវិត្ស អាមិកខវិរ្ទន្តរប្ដា
ស្រេចស្ដេចបង្គំក្រាបលា ក្រុមរៀមរាជា ស្ដេចហឿរនឹកក្រោធក្រៀ ហ្វឹង
ក្នុងលើរចារតំរឿ ឱ្យអាការីធើយ ប្រពាប់ខ្នងពឹងហ៊ាប់ស្ដេច កង្វេរ
កោកំមច្បងគង ធ្លាក់ធ្លាក់ក្រុមក្សាប់ ប្រហាសប្រែកបព្យៀវកាង

ពីសក្តិស្តូនសម្លធ្វើខុស ហំម៉ររោទកាង បន្ទុំមេទ្របួកគ្រឹតាំត
លោសាលោតាធ្វើខក្លាក់ ក្ស្នៀបពំបុកក្តីអារុង ប្ញុំតាំងធ្វើដថ្ងៃដ ហោៗ
ក្រោយក្រោលសង្ខាង ស្នើរស្នែកអ្នកអាង សំរែកសំរើបសរសៃ កគ្រឹ
ក្រៃសម្បីប្រកុម ហោខ្លាក្រជុំកម ស្តេចនឹងប្រយុទ្ធចាកាច្ប ការណោះ
ពីកញ្ញខ្ញុំក្រោម លើកកាលក្រាសគ្រប់ អាវោភីពីរពេល ពាត
ម្យ៉ាងពីក្រលើកកល កើតការអាកាដល ប្រឹងឬអ៊ុដ្ធរក ស្មៀក
សាប់អឺងអាប់មុះហិមា ស្មើរញាយកម្សត្ររ ការក្រឹកអំពើកខារខារ
ក្លូក្រោមគ្រុកក្រោមកាប់ការ គ្រប់កើងបន្ទរ ប្រកគប្រកាប់ការៈពា
ចូលចាក់បែកចាក់ពោះសា ស្លាប់មុះហិមា ក្តីកដរណាយក្រាស
ក្រាល ១ ការណោះពីក្រភាពដា បរពីកក្តីសារ ប្រតាប្រឹដល់តែកក្បែ
កលងងពីរកាលក្រាសគ្រប់ រឹងរូសធីរក្ស ហេតុនោះ ពោះលារ ករ
កាន់ធ្វើក្រុប អារ៉ុដសរជា ធ្វើដ្យក្រពា កំម្រាតដង្សែក្របាក់
កាក់កាយតាំងកញ្ញបែកចាក់ ស្លាប់ប្ញប្រឹដាក់ ធរណាយគគ្ទីក
មុះហិមា ការណោះក្រៀមភាគ ស្តេចទាខហេតុ បង់ពលក្រា

អានុជឡើងទៅថ្វាយ កសត់លះយោគព្រះវិញ្ញ ព្រួកភិកភិកវេរ
រឿងបរទេស្សរ័ក ព្រះកញ្ញាកាក់កាយសាប់ស្មុក ភិកហាតរសរក
រន្ធតបំប្លែបកលសង្កត់កា ស្រែចស្ដេចព្រះលើហារអាសាហ ឲ្យប្រែប
រលណា តាំងតាកុំឲ្យភិតវេរ ស្ដេចព្រះសំឲ្យសងតលតវេរ ដុំបកល
បើវិញ សេបិរលមកថ្កូតព្រះពត ស្ដេចចាំប្រង្គំមរតារ ព្រះរៀម
ភាគ ឆឹភាងកល្បរបីក្កាព្យ ស្រែចបើព្រះពីព្រះចបើ ព្រះលប្រើហាមផ្ញើ
តៅតលព្រះវេរបីតា ស្ដេចបង្គលផ្ដាមឲ្យចាំ បុគ្គិកឱ្យព្រះឆឹភាងកល្ប
សេលវេ កល្បរភាងបុកឱ្យព្រែង អាប្បអាវេរទៅយ ដើតកក្ដាល
រឹតវេង កល្បរល្អហ្វតព្រះអង្គ អកើ្តការចេកាត្រឹង ប្រឹឃុតប្រឹល័ង
ចេស្តា បើស្ដេចកំហ្សាង់រឿងណា អកើ្តការឱ្យព្រះ តៅចាំប្រង្គំ
អំម្ចាស់យើង ឲ្យស្ដេចយាងយាសរតើរតើង តៅវេរគ្រាំរបើង កុង
កុងសាអាសុការ រឺតបោរកោងព្រះចេស្តា បើស្ដេចយាព្រះ . ឆវ
យ៉ាងដំងឹះបើវិញ យលស្ដេចឃងអង្ករវេរ កំកោងឱ្យព្រែង
ឆ្ងរបង់ប្រឹល័ងចេស្តា សំស្ដេចទៅព្រះឆង មីងវេរឿណា ះ

ដូចរាជបុត្រនោះហោង កាលនោះព្រះបិតា ស្តេចស្តាប់ទូលថា ស្តេច
ពិតពិតរោគក្រហោង ទើបស្តេចបន្ទូលវិលវង់ ហៀបរាជទូតចោង
អង្គអគ្គពលព្រះណា កាលភ្ញៀវយើងអគ្គនេសា ចំព្រះរាជ
ផិតរាជតំពីរនោះឲ្យ អោកអង្គអគ្គាមាប់ប្រាំឲ្យ ទើបកងភេរា
វិទ្យុយ ព្រះនរិន្ទណាថព្រះអង្គ សូមឲ្យព្រះតំពីព្រះអង្គ ករុណា
ឈប់វង់ និរាមស្នេហ៍លស្នេហារ អគ្គាទីងកាក់កង បញ្ចារការ
ផង ចាំគង់ព្រះអង្គឲ្យឆ្ងាញ កុលតំនកកែនាឲ្យ បរិការព្រាសម្រៀប
សំរាប់អង្គអគ្គានោះណា អគ្គាទីងចាំមហាឧត្តម ឲ្យស្តេចករុណា
អាយុដំពីកអគ្គាហោង ឲ្យនរនាកែសរាជទូតផង វិលវិលទៅផង
ក្រាបទូលព្រះរាជបុត្រឲ្យ ស្តេចស្តាប់សាស្តាប់ស្តីឲ្យ ទ្រង់ប្រាប់ព្រះហោរាឲ្យ
ព្រះសរបទូលក្រាបថា ឲ្យកែសមន្ត្រីសេណា បើព្រះបិតាអគ្គមក
តលនេះហើយឲ្យ ចូរគ្នាយើងសង់តង់ឲ្យ ក្បែរកាំងិះឲ្យ
ដ៏ក្រក ៗ ហាកហ្ស កុំគ្នាយើងណោហាមករព្យ ណែនទៅវិញ
ឲ្យតំរែបក្នុងឲ្យហាក់ សងកុនអ្នកស្បៀកកុំស៉ក វែកដះយើងរក

រឹតតែរលីងក៏ដដា អង្គរយើងខ្ញុំមរណា តាំងពីអង្គារ ចរចាំក្រៀមក្រើក
លាលាខ កែង៖កែបុតបុភូខ រឹតតែយើងមកចាខ ពលអាត្រូពល
ប៉ុកថ្ង យើងចាំលត្រូវតែងកុំលក ត្រូវតើរត្រូវហក ត្រូវធ្មៀយលំចាក
អាកា ហើយរឹតចរកា ចាំអភយាត្រា មកត្រូវលំចរយើងខ្ញុំ
ហើយកលកាយើងតែខ្ញុំ ឆ្លងកងស្រាវស្ស ភីរ្សីប្រកុំម ត្រមការ
៙ នេះតរស្រីភីរ្យ កំរើតហាអំពីរ ព្រះរាជបាកា កាលត្រៀមកងគុក
បង្គំមព្រាបលា ទៅហើយខ្ញុំត្រា ហើយលោកភីតក្រៀរ អារំមពីក្ដី
ម្ដាយខាចដីរ ព្រអង្គឯងខ្ញុំ ម្ដាយលោកកងបុក សរក់តទៅខ្ញុំ
កោកងហារខ្ញុំ រលចសកហាលយារ រលុចត្រូវព្រះករខ្ញុំ ភី
លាកត្រកាខ្ញុំ គង្គ៖ឧបកា ឌិកចម្រលោកា កាលពេលកាកំណារ
កើយម្ដចចា អាលារយូចលោះ អាកុកមាខចា បុត្តលសេហា
គឹកកំពងកោះ សុខខមត្រូវលោកា លុះពេលកាកំហោ មិនតែល
មាខមុះ តុំមត្រាងចិងចារ អាកុកអ្កីលេក ភាងខងអាងក
កស្ររលោក្ក ត្រូបត្រូវលំម្ដាក រំមរកប្រត ភ្លូចឯថា ។

[illegible]

កាលកង់វែងយ សេនាម្យាសោក អាមោកកោកវៀ្យ សង្ហឹង

សង្បៀ សេនាសម្យាលោក្ក ឌិហាសឌំម លុះបំរើឥងំម កល

មេឈើ្យណា ចាងព្រាងសំចាក់ ភាសក្សៀ្រគ បឿ្យកើរម្ដីចចារ

មកវៀ្យអាសារ ចាងលោកភាឯបុក ឈឺកោរវាឯក អសអ្ដ

កង្ហិយ សឌីកសវែឌយ ស៊ើហវៀ្យយង្សៀ ភាង់តេ្ចសាគិយ

វេទ្ធងឹលវល ការណាឌ្យុត្រា វឡ្យភាគស្សិរីយារ ឃឹភាឯស្បុសល

សំរាំចក្រ:លោក អាមោកុគកស់ល ស្ដេចដំមគុសកុណ មង្ស៊ី្យ

បរការ ស្ដេចឲ្យប្រំកាប់ គង្សៀ្យស្ដេចស្រាប់ ធរបញ្ចាការ ស្ដេច

តោបង្គំម ប្រំណាំមមស្ការ ឱ្យឌ្យុគភារតា តើរគលតាំកវៀ្យ

ការណាកលកល យោងាង់ឯយល ឆាកឆាឡុកវៀ្យ ស៊ើហ

ក្រៀបង្គំម ស្ដេចនាំមចេះវៀ្យ វណារតាលឯវៀ្យ ក្រហាម

តោណា ស្ដេចតៅង្គុំកោះ ប៉ុឌប៉ុងនិងចុះ គឹកឆាឡុត្រា

ឆឌុបឆឌគា កឯកកាហាំគ្ម លុះលុកចាត្តុ ប៉ង់ឌឹងបង្គំម

ឃគសលេណា ប្រំណាំមឥលចាំ បុគិតស្ដេចកុំម សំកះម៉ឹច្ម

ភាស ឧបាសក្រិកក្រិម យើងខ្ញុំមកខ្ញុំ សំរាប់កាត់ ស្តេច
ស្តាប់ស្រីគឿ្យ គេស្មុកមន្ត្រី ឃាត់គេតោះហើយ ខ្មីតោះស្តេចនឿ្យ
អ្នកក្បឿកុំចាំ អាខ្ញុំមេបាណា ហាក់អគាប្រែមាត់ អគាមុក
ទៅសោ អាក់អាចំណោះ សំរម្តុំបាកាត ទោងនឹងអាខ្ញុំ ៖
បង្គំមអង្គភក ក្រាបក្រោមក្រែចា ស៊ីរកាំឡុខ្ញុក្រា វេក្រាង
មន្ត្រី ក្រែចាចក្បិ សេចក្តីឲណា សមអកអាសរ បង
ចាកាសអកាំកំ អកាទឹងឃាក្រា តៅហ្សបង្គំម ឯកល
មន្ត្រី លើកអកាសន្យ ក្រុកាក្រាបប្រណំម បគឹកក្រែចា
ទរសាងខ្ញុំម រឹម្យបាខ្ញុកអំ មាស់យើងសេចកុង សម
ក្រែភាគ ឃាងឃាសឃាក្រា សោតោកំរ៉ង ឥងវេឡ
ចាក្រុង តោះបោងក្រែអង្គ ខ្ញុកឿ្យក៏រកង ដីកង
សេតា មហាខ្ញុកសេចសាប មន្ត្រីសងទ្រប់ បង្គាកា
កតា ស្តេចតើរកំម្រិង ទោកក្រុងកូចចាំ គេសហៀកេច
ចាំ នគាបពឿ្យ ពិកអាមហាខ្ញុក បំងទឹង ៖

ប្រឹថា បង្គំថាតថ្ងៃ ឯកឯរសណា យោធាតាំបារ

ឡើងធុល ចាប់ចាំ បង្អែងភាគ រណាហាតៅធម៌ ពោរ

ការីធិត្យ ត្រូបសកយោធា កំរណាហាតៅក្រុង ព្រអ្នក

ឈ្បីណា ពោរព្រះអាសារ ឆ្នាមធ្វើហាបងែង រហាករក

វិភ កៀរព្រះភាគ មេខមាខគីក្រុង ឲ្យស្ដេចព្រើរក្រាង

ភីរភាឌគកក្រុង សំមាប់កងឯង គកគឿងារណារ ស្ដេច

គើរហូលក្រុប ហាកស្ទឹហាសំឆ្អប ចំប្រើបអង្គារ រិងភាភិក

ក្រៀ ខាចខ្មែរយង់ធារ គីកឯងអធិការ កងក្រាហារគ្យ

ជាមិរកស្ប៊ រក្សាបង្អែងងរ អកាគរៃ:ខ្មែ សំមពោរ

ធីងកាប់ សំមាប់ឲ្យខ្មែរយ អកើយក្រររៀ មកាំង

រសរេះមង អងអកាកកុះ សង្ខាតយកចុះ គីកតា

គ្រូបំង សាំស្មើរក្រុមីកា ម្ដេចអកាមករង ទុកទុក

កក្លេង កលខ្មែរយង់ធារ គោប្បីងីងលាប់ លេង

អកាកលត្អប់ ខាខយលឧក្រា ធីងថ្ងៃបង្គំ ៖

ប្រណាំមវន្តារ ព្រើងស្ដេចករុណា ពុកអាយុសហស ឱអង្គ
អញ្ញើយ បើហាក់គេអើយ រងវាសនាមេ សីលពុកលោក
សោះ កងក់ងកោះកោ ស្រើហាប៉ែករឿងចេកា កលសឹង
ណា ព្រមមហាឧក្រិដ្ឋ គើរកលតំងស្ដៀ សេចក្ដីអាការ
សាឧក្រឹតក់ស្ម ពុងឆន្ទចោណា ប៉ងនឹងវត្តា បង្គម
ប្រជិត កាលលោះយោបារ ម្សមករតា ប្រណាំមអើយយាក
បុត្រព្រះតា ឆរតាង់មហាឧក្រ កុំស្ដេចប្រជិតា សើងចំ
សេឿណា សើងចំមតាល ស្ដេចនឹងឧកាស ខ្ញុំស្ដេចវត្តារ
បើឧក្រឹតគ្រម បង្គំមភាគ មាត់សើងចោណា ជើកកាប់
តារព្រៀ កាលលោះយោបារ នាំព្រះភគ គលមហាឧក្រិដ្ឋ
តំពីព្រះអង្គ ស្ដេចពុងចោផ្សៀ ព្រះបត្តារព្រៀ គងសោរ
អញ្ញារ កាលស្ដេចគើរកល ធកគេវាយពុងឃល គឺរកលឧក្រិត
គគ្គបង្គុលចាន គលសាន ព្រះបត្តារ រាំរឹតក់កា ព្រះហ
ព្រះបហារព្រៀ មហាឧក្រឹតគតស្ម រំលងតាស្តក់រកុង សើរ

បញ្ជាវៀល ស្តេចបើកក្រសែរ បន្ទលចាំវិញ ប្រសិទ្ធក្រឡាតែល្យ
មកក្តុងនិទើរ ស្ដេចគរគ្នរ អាកអាកុំគល ឆកឆង
កកស៊ើហ ស្ដេចស៊ើហអាក្តុក បរិត្តកយើងតើហ រមួច
ស៊ើរមកស៊ើហ កាក់ខ្នងកបវិថ្វា ស្ដេចសាប់បើរណា រឹង
ភិកក់កា ការកែលកងតោះ គន្លបប្ញុកាច្រែង ពំបានសៀង
សោ លុកចង្អុង កៀគៀរតោណា ប៉ងនឹងបង្គំ ខ្លួន
វិញ្ញុឯកំម តាំពៀអង្គារ ស្ដេចណោគមកឡែ ចាប់ទ័ព្វបើរ
ចាំ នេះមហាក្សត្រា សំកះយើងថ្វី ស្ដេចចាស់បើរណា
ស្តេចសើហបិតា បរិត្តកសិរសា បើរស្ដេចនឹងអំម ប្រណម
ផ្ញើ យលពំនួរក្លិយ ខុសក្តាក់បោននណា រឺព្រៃនិងទុក
ភិកកែវទុក ៗ ការកែលអង្គារ សានណោគមកចាប់ សំម៉ប
បោនណា ភិកណាំនមាក់ចាំ ប្រសិទ្ធក្រឡាតែល្យ អង្គអំមត្រា
ពា មិនបានប្រមាត ត្រាអង្គបោវៀល ស្ដេចសំអំមាស
មានបុនក្រាលវិញ កុំលួកតែវៀល ចាំតូនោណា ខ្លួន

ខ្ញុំមនេហោង មុខមកបនបង ឥឡូវមកតា សូមទោសព្រះអង្គ
ស្ដេចទ្រង់ករុណា អាសូរអាត្មា យល់ខ្ញុំមនេស្ដង់ កលរាជ
សម្បត្តិ ប្រែអាក្រក់ មុខមន្ត្រីផង ទាំងកងទ្រព្យ ទ.ធ នរ
ជាប្ដីកនេាង សូមទោសស្ដេចព្រោង តាមតម្រូវប្រាំ ក្រសោមរង្គ
សូមស្ដេចត្រាស់ តាលជឿពីងពា យើងខ្ញុំនេះយក អ្នកមក
នេះណា តំណាងយកអា បំណុះយើងស្ដី បុត្រីកភាអា រាជ
បុត្រខ្ញុំព្រោ នោះមើតាន់ឱ្យជឿ ព្រែងស្ដេចនរផ្ទៀក ច្បាស់
ផ្ទៀកតិត្ថិ តាមកឡ្ញជឿ យើងខ្ញុំពីនង ឯព្រះបីតា
ស្ដាប់ជឿរឿងអា នូកព្រៀកនេាង ជិតសោងរាំនរភីក វែហក
កកតំណឹង សូរាបកំពឹង អាកខងសេដ្ឋី ជឿព្រឹត
ឯឯពា សំរួចនេះណា ទិងខ្ញុំមសម្លាប់ អកាយកនេហោង
បនបងអាស្ដី សម្បត្តិអាព្រ អកាទាំងខ្ញុំព្រោ ស្ដេច
ស្ដីមកវែហ បនលទាលនេហ ទិងអកាទោណា រក
កលបងកាប សំម្លាប់អកាណា ផើកបនលពា ព្រើហ

អាកាឡាំងផង ស្ដេចពិតហោះហើយ ស្រែចកើតគលស្មើ ទៅ
ការកំពង់ បុពិតខ្ញុំហោ ករណាខ្ញុំបានហោង កុំពុំអាស្ដួចឯង
ពុំរាងបានរំឭ អំពាចអ្នកឲ្យខ្ញុំ ក៏ពីងបានខ្ញុំ ឡាំង
ពីងខ្ញុំកើតល្អ រលង់កែស្ដេចលក មកយល់ខ្ញុំមាឲ្យ រលរចកឿ
ពីពុំ អ្នកខ្ញុំមាតា ឲពុំរាងបុក បន្ទាលលខាក់ ពីងពុំបើកា
ចាំបើសេចខាច អំពាចយើងណា កុំបើខ្ញុំហោ ឡាំងពីង
យើងហើយ ស្ដេចឲ្យកែក្ដុខ តាំងតាំងតាំងខ ទេកាឡាំងឲ្យ
ហើយ ស្ដេចហើយមកលុក ស្រីណាកប្រមើ ហើយមកអាស្មើ
កែស្ដេចឯងណា ទៅកើតពុំហោ សរយោករស្ដេច ទៀង
គលស្មើចាំ បុពិតពុំហោ ចរទាស្ដេលោក កន្ធខ្ញុំមករណារ
ស្ដាប់គលហើយហោង ក្ដុងឲ្យទៅណា លុំទ្វាររដ្ឋារ អំពាច
ស្ដេចហោង កុំពីរទៅណា ចិកវាំងស្ដើសឃ្មុង ; តាំងទាង
តាំងខ វិទ្ធរសមុហោម អំណាចលើសលុះ ~~[illegible]~~
ខ្ញុំមឯងហោងណា ខ្ញុំសុំស្មាប់ បំពាក់ផែនារ បរស្នើក

កាលវា ខ្វែតបន្ទរឡើង ឃុំកតិរតង់ ស្តាប់ហើយក្រអេង
ស្តេចបន្ទូលឡើង ទៅស្ដេចគិតធម៌ កុំតារតិតឡើង លោកតែល
ស្តេចឡើង កំពីរហារណារ ក្នុងខ្ញុំបំបាន ក៏តិលអាចបាន
លោកកូលបរិវារ ស៊ីងតែកីង ៗ តែងទីងតីងឃណា តៀ
តាងមងារ ស្ដេចមកក្រោងហើង តុរតិតក្រាំងក្រុប ស្ដេច
កីងតៀស្រុប បៀកឃ្លីងឡូខ្សែយ បើរលតារគើរ មីង
ស្មើហាគរតៀ តាំងតាក្ដតិតៀ ក្លាក់ការលក្រៅ តែហាតតែស្ដេច
ទ្វារ កុំងិតមីងក្រោរ សាហារមរតរ ល្ងឹកពោក ក្រៅ
ក្រោងខ្វារ រត្យរដ្ឋរ គិតគិ្យហារណា តែលរដ្ឋែក ឆខុប
បូលមក ភីតវត្យតារ មកចំប្រុងម ប្រណំមរតារ ត
ស្នេហ៍ហោណា មកឲ្យវាលតៀ ទៅស្ដេចគិតធម៌ តែលស្ដេច
ស្តាល ឃើញទៅបាត្យ ឃើញក្រទស្ដេចហាង ស្នៀតកោង
លំនេហ ដើតរស្ដេចប្រើហាតៀ កាប់គកកំពីង ក្រោរបីកា
ស្តាប់ហើយខ្សត្រា ភីតកក ក្រោលើង វិងរលកុំងិត កុងតិត

ចកិន ចាំស្ដេចខេឯង ចងកាប់អកាសា ខ្ញុំខ្ញុំហអពាន់ឪ្យាង
ម្រកក្រូតាំ ព្រសេវិនបេណ្ណារ ឱ្យខ្ញុំព្រីហាកខអកា ហោក្រូវឪ្យ
នងកា អកានសក្រាប់ចាំ សីនស្រាប់ក៏សបើ្យ ពិស្រខ្ញុំហចាំ
ទាកនអកានា ជោវវស្លើ្យ កែ្យកេទីនចាំ ទសារកកពិ្យ
ទិ១ងអកិ្យ អាសារខេម្ដង ស្ដេចពីកហានា ស្ដេចឆ្លើនាចាំ
ខនខ្ញុំ១ស្ហហន ក៏ក្ដើ្យហនណា សោមេនាកទ្វាន កែ្យខាន់
ជនយឺន វន្ដងស្វាក់្យ ក្ដុងីកេហាគីច េខីនម្ដរបេង កំពីន
សីសត្រី្យ ចើ្យហកែ្យស៏មប់ ម្យាកឪ្យ្យ កែ្យកោកវ្ឆើ្យ កំ
ពីកបុកការ ចំពីកឡូព្រឺឡូ ស្មូមស្ដេចត្រិងវរ្យ ព្រីត្រាសុករណា
កំព្រាកេវរ បងសថានា កទទំហានា យសម្ហាតំមងៈ
ខ្ញុំមកំម្រុធក ខ្យូអទ្រៀនយេវ្ង អំហសហងចុន វាអាកនខេ
េសចខៅកពាកត កេសទ្ញាមីនភូច ទ្ញាមីនវស្លើ្យ ការសេា
ខ្ញុំត្រា ស្ងាប់ព្រីចីកា បងសហាបើ្យ យលស្រ្ហកំនីក ធន
ធនកកយសពី្យ ពីកកំស្វានស្លើ្យ ទាកនភីនកា ខេីក

ខ្ញុំក្រខ្ចត់ម ត្រាំត្រៀមប្រើណាម ព្រះវរបិតា ខិតអង្គក្រោកក្រាប
ស្រីកាប់សិរសារ ក្រោមព្រះបាទា ព្រះបិតាឡើង តលចាប់ពិត
កុំព្រះអង្គភិត បរមវាចាត្រៀម យើងខ្ញុំម្ចាស់ផ្ទុំ ធ្វើកខម៉ាស
ឡើង កុំមហាខ្ញុំក្រៀម សទ្ធិះសម្ភារ ខ្ញុំម្ចាស់ឈ្មោះវរវង្ស ស្ងួន
ពីរពង់ កូនអ្នកឯងណា ឥលម្ចាស់ខ្ញុំម្ចាស់ ឈ្មោលោតរដ្ឋារ
បង់ខាងមតារ កាត់សប់យើងទៀត កាត់តលងយើងទៅ ចាប់
កាក់កងគោ គៀតខាប់ហើយឡើង យើងខ្ញុំមសារស់ បំពាះ
រៀបរៀត អាក្រាសស្រែកថា សឹងយើងប្រែកចាប់ កុងពីកំកាប់
មិនផ្ញើមិនអា ដល់ព្រះអង្គមីកា កំពីរហារណារ កលក្បៀវក្រោងថា
ញើហាក្បៀសំម៉ាប់ ហៃឥះមាគា បង្កើតមកណា លោមហាគុន
កាប់ អគ្គរគលង់ក ទីឃាតកាយចាប់ គលហើយអ្នកចាប់
ត្បៀយើងខ្ញុំបយំម អក្កុតកាបំម្រើះ ឥរទៀលអគះ អរឯង
កាលកំម ឱភាសើហរើបក លះកាក្រោសក្រុម លៀបលោក
ភ្លួកាយំម ស្លាប់សនារខ្ញុំយ យើងខ្ញុំប្រើបរមី អាផ្សង

ឰ បរាឧឞ្យវៃឍ្យ រោគយើងកំឲ៌ក ពាកពីកម្រ្យិក្យ យក
មហាឧក្រែវ កំក្យកលើ្យណា ឧគាឧ្យគឹ្យ អាពារ៉ាឋាក្តី្យ
រេរបាបុក តូចយើឪខ្ញុំមធ្យន ប៉ឆប៉ន្ម៉្រឹង ពីកកំឈាក
យា យលស្តេងម្រូកន៑ ឧកោងឃាង្ក កំហាងធ្រ្មាក ធារ
ឆិនស្ទឹងតុក យលបរម៉ិសេន សបសេនម្រ្តូក្ន្យ កាក់ឥ្បុ្រយឹង
រក គោរេតាត្លៅហោន យើនខ្ញុំមធរការ ត្រូចគើរសំឆាក
ពែដុខឌិនហោន ព្រ្រមាឪ្យល្បសូក កាក់រោយ្យគ្រីសោន ហើក
កះអកឪន ពីរកាងក្រាសរ្ម៉ិ្យ ព្រួរឪបុគ្រា ឱើឪគ្ម៉ឃុ្យអាគា
តុលតុកលរ្ម៉ិ្យ ព្រាកព្រាសឱិនគា យាកយាឋិវៃឍ្យ ដ្ធ្រឹង
គោនពាក់វៃឍ្យ ពីឆាកលឋាក ព្រុាររើក ស្វាបរាន
បុគ្រា ព្រាបគ្ម៉ឯើមភាគ ស្វូបរិ:រពីឪ ឱឣើនឧកឆាក
យលម៉ឹងក្មុ្យាក ពីកកំឱ្តាវ ខ្ញុំឥខ្ល្ម្ធុខ្ញុំប វ៉ាក
ឋ្មព្រ៉ួសាប ព្រ:រាឆបុគ្រា រើបែឆ្រ្មហាកលអឥ្ម៉ាក់យ៉ឆ្
អឪ្តា័រ បឆល្បាស្មំ ឆរពាកមេគឹ្យ ឥ្ម៉ូកឆលឆុ្រ

ពាង់ពេញកាល មេឧមានបន្ទើយ បុរាឧក្ខុវត្ថិក ដូកំងក
បប្រិយ ស្ទើងស្ម្រង្ទៀរ ពាកាត្ថុខ្ញយ នៃកពាឧបរស កេពា
កាលព្រាងប្រា រាឌ្រូបប្រិក្ស បរហបរើ្ឋ រវីនៃពេកាវ្វ្ណ្យ អ្ឍ្ង្ហ
ពារិខ្ញយ សឧលោះអាសាន ក្តើយអាពុក ឧឋអាឌរឈ្នុក
ពាបុកសន្ទុក ហាក្សានកំណាម កំពីឧារណា ឧរុប្រការពាំ
ឧ្យពិឧកើមក្ដី លោកកែពេល់ឧ ពិកពោកហឿឧហុឧ ពិតអឋ្ឋិរថ្ងី
ស្រឿបស្ពាលឆ្មាកេព្យ កាលកេព្យកាកស្រ្វី កកមាឧមព្រី
អាសរករណា ក្រ្បាឧរួ្យិទួរបាប់ អាឌខ្នុសំម៉ាប់ បំពាក់
ឋារ ពេឌ:បរើ្ឋ វិឌ័យបុទពា រសរពាយត្រា រប
រសរេពាហេាឧ ស្លូរពាឧឌស្ឡេច ពាំពីស្ឡូបស្រ្តូប មួមក
សន្ទោ េហាមឌុមឌពា ្ឞះរ្ព្រាសប្រៅ អាពុកនេរៅ
ពាំស្ពាល់ឋពា អាពុកឧសហ្វើ្យ ឌិឌវាំអ្វីយស្មើ្យ ពេឧ
ឌូឌឧឪ កាមមាសបឧល អាសរឋពាឧ ស្រើហាថែ
ស្រើហាឧ ្យេពាក្សឡេហាឧ នៃពក្រែរឧបុក ឧឧអន្ត:

សំរឹក បង្គំមន្ត្រីសង ឫក្សីក្រោធា នរនាថកន្លោង ក្បែរលើង
ឯងហោង ទ្រឹងនាងមន្ទារ ១ ហោកក្បែរលើងឯង អំកើហាក្តីក្រោធ
ក្តុបកលមាកា អាត់អាថំណាំម ចង់ចាំមតេរ ឯងអាចឲ្យអា
តោលត្បៀងហោះហោង ទើតក្រះបីកា ក្រាលក្បឹហរលេណា អាចាំម
កលធង់ នន្ទលខ្ពើរ តេកៀរអាក្បោង អាក្បើកាមកហោង
ទាំងក្រុះភាវបុក ឯនាងមន្ទារ ស្ដេចឲ្យយាក្រា ឯកឯងនរកុត
មកកុលក្រាប់ព្យែប ស្ដេចក្រាលកុំណាង្ក កក្ដីងចំហុត កាកកំ
មេក្បឿ ចាំនេងតា ម្ស៊ែមកខាយា កហ៉ាកអក្បើ ម៉ឹងលង
ក្តុងមាកា ទីកេកាគីស្បៀ ចាប់ខាប់ហើរគ្ន ហៀតកាក់
ក្តុងតៅ ម៉ឹងទំមានគេតល ម៉ឹងព្យែកអាក្រោល ចរចាក់ទៅ
ក្បៀងល្បើលរបេល រលរគរតៅ ម៉ឹងយលម៉ឹងហោ កិចកល់ងាយា
តាំងម្ស៊ែហោះម៉ឹត ម៉ឹងត្រិបក្បៀតក កុំណាក់រលឿណា ចាងភិត
ព្យែកឃុំម ប្រណាំមគលថា ឫក្សីកខ្ពក្រោ មេឯគុចហោះហោង
ក្រោររបីកា ស្លាប់នាងមន្ទា ចាប់ក្បែកន្លោង ស្ដេចហើហ

សេនា យោធាសកល្យង បាបទានទោរចន្ទ នងកនតិកបិន
ហោកទានប្រមាត ឧត្តមខ្មែរចាន្ទ អំបរកងកាង ក្បែររោមកន្លង
ឃ្យាងកំសុង អងរាស្ត្រកំសង្ឋ កត្តាលកត្តារ ៦ ការណេាឌិនេពីរ
ទាំខ្មែរពីរ ទានវនិស្យារ ទានកុនយាងយាត្រា ស្លះមកកល្យបច្ច
ស្យែ យលបុត្រគ្នាពីណា ទានប្រាក្ខឬបុត្រខ្មែរ អាណវិកអាណាកាត
ព្រែ ស្យេរសោករកសាខ្ចបំសុង ឯព្រាវងបុត្រា សងប្រាវខ្ញុន
ឬបអន្ឋ មាកាហ៊ីនកាន្រ្ខន កខឲ្ប្រសោកាាមាកាព្រែ ឧ
ប្រារបិកា សងប្រាក្ខឬបុត្រខ្មែរ សនទកាយំមនិទ្យេ កនិរោន
ស្យេរសាបសាង ទានទានវន្ត្វនកាត់ ឧបុកការមាកកល្យាង
មាសគិកាមីងទាង យសមុកទារកាកវេិយ ទារត្រាំសទិន
មាយកាា ក្រេរកវាកបតំមេៀយ ទុកញ្ញាកងស្យីយ កកង
សេិយវេែ្យាកាា កាតុកទានសំបំមាយ កាករ្ស្យវេ្រាាកាារ វង
ទេទានមច្ចា កាកិកោះកាងកំឲ្យឲ្យាង កស្ស្រាមកកស ហ្យ
កាងយសំម្តាយមាង ឯេីការ្ស្ររបទាង ពីខ្មែរេេរេនកនិណា

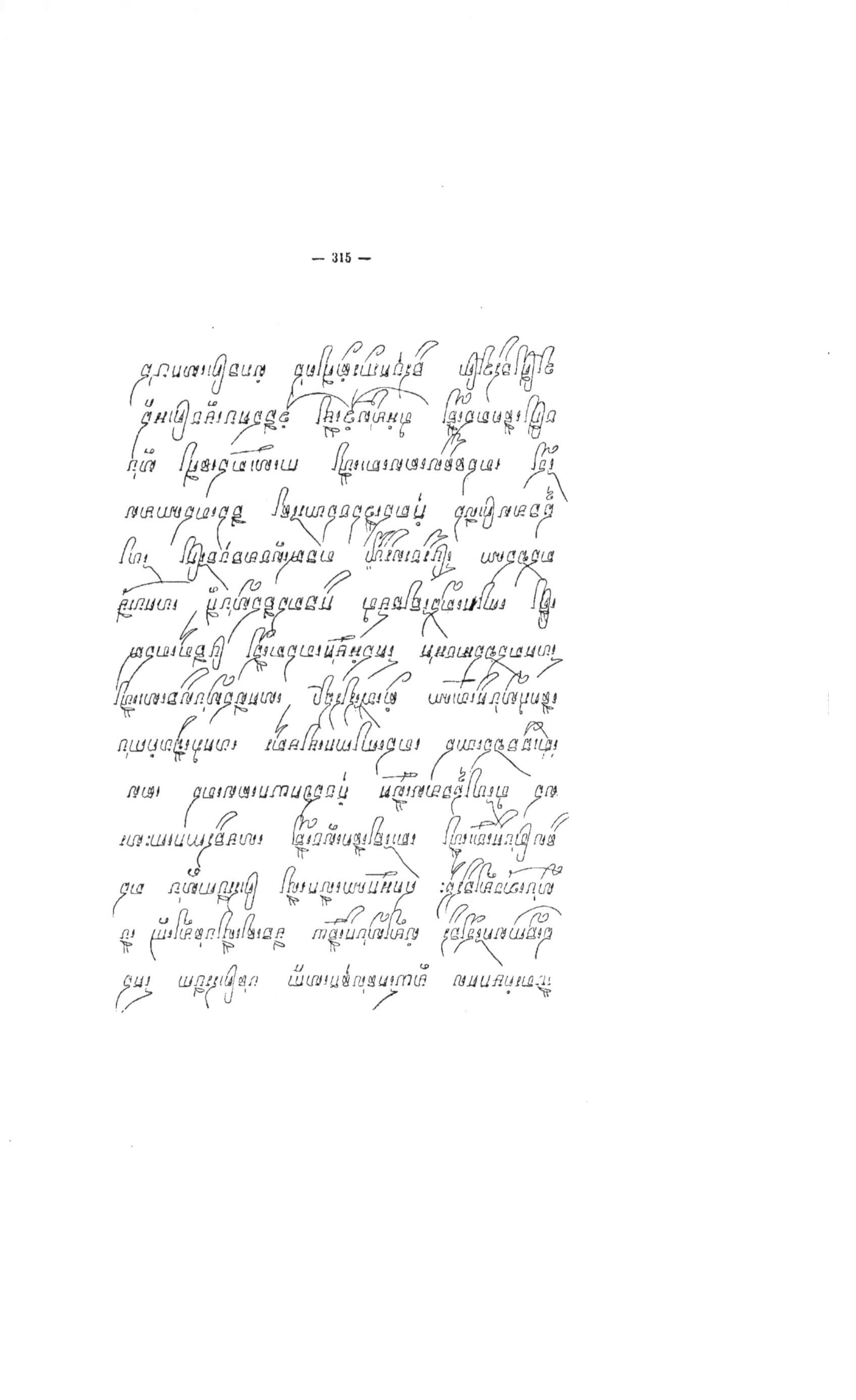

ឧកញ៉ាហាវរទេព្រះកែវខាំង ការលោភដំបុត្រា ភាគិនេយ្យរាជពិរោធ
ទូលព្រះករុណាផង មកបង្គំព្រះបិតា ឧត្តមព្រះកង់ស្រសល ស្ដេច
កាលយល់បុត្របរិសារ ទៀតតាងគំនូរអក្ខរ ទូលដំណេលព្រះហឫទ័យ ស្ដេច
ពេញព្រះហារទៃ គំនុំកវីព្រលគិតស្មើ ស្ដេចប្រើព្រះទៅហៅ
ឥមឱបអង្គុលីបសីរស្ញើ មហាឧក្រសិងព្រះកុល ហៅពញាបុត្រា
តាញើ ភាគិនគាត សូរសំឡាក់សំឡរក្សើ ឧត្តមជើងជរជារ
ព្រះនរប្បាលាក់ប្រើទៀ ចូបចូលមុលមកឡើ ចុំប្រំផាកអក្ខរ
ស្ដេចហើយឧក្រតំលាប់ ត្រូវប្រើតាប់កែតខាំង នាំការមកព្រលង
ចូលមនុស្សបរិសារនគរ ស្ដេចទ្រង់ផ្តៅប្រើកាប់ កាលសំរាប់ព្រះមហា
ឧក្រ បណ្ដាការកើតកើត ទៀបគាលផាកអក្ខលេណា ទៀប
ភាគទៀបធម៌ ទៅនលបុត្របរិសារ ចង់ទៀស្ដេចហើយណា
អត្ថលោកធាតុន័យភ្លូករ កម្ពុលធម្មស្មើ គួចអំពីរស្មើមលោណា
សេបសុករសោភាគា សំឡាក់បុត្របរបូរទៀ ១ ស្ដេចហើយព្រះអង្គ
ព្រះភាគរទេព ស្ទើងនាំទៀ ស្ដេចកែងបណ្ដា ការមហាប្រើទៀ

ឱន្ទ្រាបាក់ផ្សៃ ចាការលោណា ឲ្យមើលតាខ្ចប់ កំពង់ប្រុសក
ចៅស្ត្រីស្ដាយ ងឹមុខក្រៈសត្វ សាកថ្លែងលីល៉ា ទាំងលលោណា
ទេវហ្មឹក្រចាះ រៀបចំតើករើករឿង បួសក្រកើង សោការ
ក្រចះ ចាដចាក់កុំកើង កំរើ្ឡងលករចា ចាការតាត្រា ប្រែតាក
ត្រូកតេង វីហត់ពាកាល ទុងក្បឹងឱកាស ជាក់សូរយាររ៉ែង
សាស្រកតិស្ល មុខហិមាយលល្អេង ឆាវអ្នកយលលេង តិរត្ស
ក្រង់ក្លិក ប្រែតាប់ងច្បរ លោកសីងរំយល សីងលោកតង្វិក
វិប្រែក្រកវីប្រចាស តិរកាលពេកាកើក ក្សត្រៀបសង្វឹក រំយល
សោការ មើលសាត់តើម ខ្លាះឆ្កុំមខ្លាះដើម ខ្លាះរស់ហាខ្លាះស្លារ
ខ្លាខ្ទើយខ្លាះចាស ដឹកក្រៅស្រើហកា ខ្លាលោកតើកណា អរឆាង
ចោរពោង ខ្លាឆ្កុំមតាលតាប់ កៀរកាងប្រែតាប់ ក្រុះយាក
តាំងង ខ្លារបឹងខ្លាក្រោល ស្រែកាលអន្ទង មាឌតាំសក្កង
ទើបទ្រើបយកផ្កា ត្រីទៅតាលីសក ចរត្រាវៀមវក ឆ្លងត្រា
បីកា រលឹកសក្កសង្ហារ រៀបចំការបើប្រែឲ្យ លោកគ្រូ

វិភ កំឡុងចាំមចង ល្បិចស្តេចប្រាប់ អាយការល្បិចប្រាប់

ល្បែងកលគលផង ប្រើប្រមហាឧត្រា ឱក្តារប៉ងប៉ង នឹង

វិលទៅស្ពាន ឧកស់ទៀត ពីរកងខ្ញុំត្រា ស្តេចច្បួលទៅលា

ត្របើកាន្ដ្យ ឧរភាសគេពី វិម្មសីប្រែកូ កោរូស្ត្រាប់ពីរ៉ល្យ

ក្រុមកើតខ្មុត្រា គួលចាំប្រកឹក ស្ងួមានស្តេចស្ទើក សេប

សោក្រាណា ឃើងចាំមត្រាចា អក្តីវិការថា លមានក្រាបលា

នឹងទៅប្រឹង ឃើងចាំមគរឆង អង្គល្អទៅ ចានចាំម

ពីរបី នឹងបង់ល្បែកថា សោកគ្នាផឹសឲ្យ កកមានអ្នកក្យ

ណានឹងក្រុបក្រង ក្សត្របីកា ស្តេចតាប់បុត្រា លាកលា

ហោះហោង អលអ៊ុនអំម្មា ដំបេកាសួរលង ភគលុះ

ល្បឿហោង នឹងឃាតតំបាន ស្តេចបងលល្អឿ ចាំរហាក្រន

ខ្លឿ អាតុកហោពាន ត្បែងលានសេចផោរ មួនរនឹង

ប្រាន បុងអាតុកមាន វិកចារដងហោង បើចារនឹងពា

សូមឃាត់កោពៅ ឲ្យមកគួរផង អាតុកនឹងឲ្យ សេប

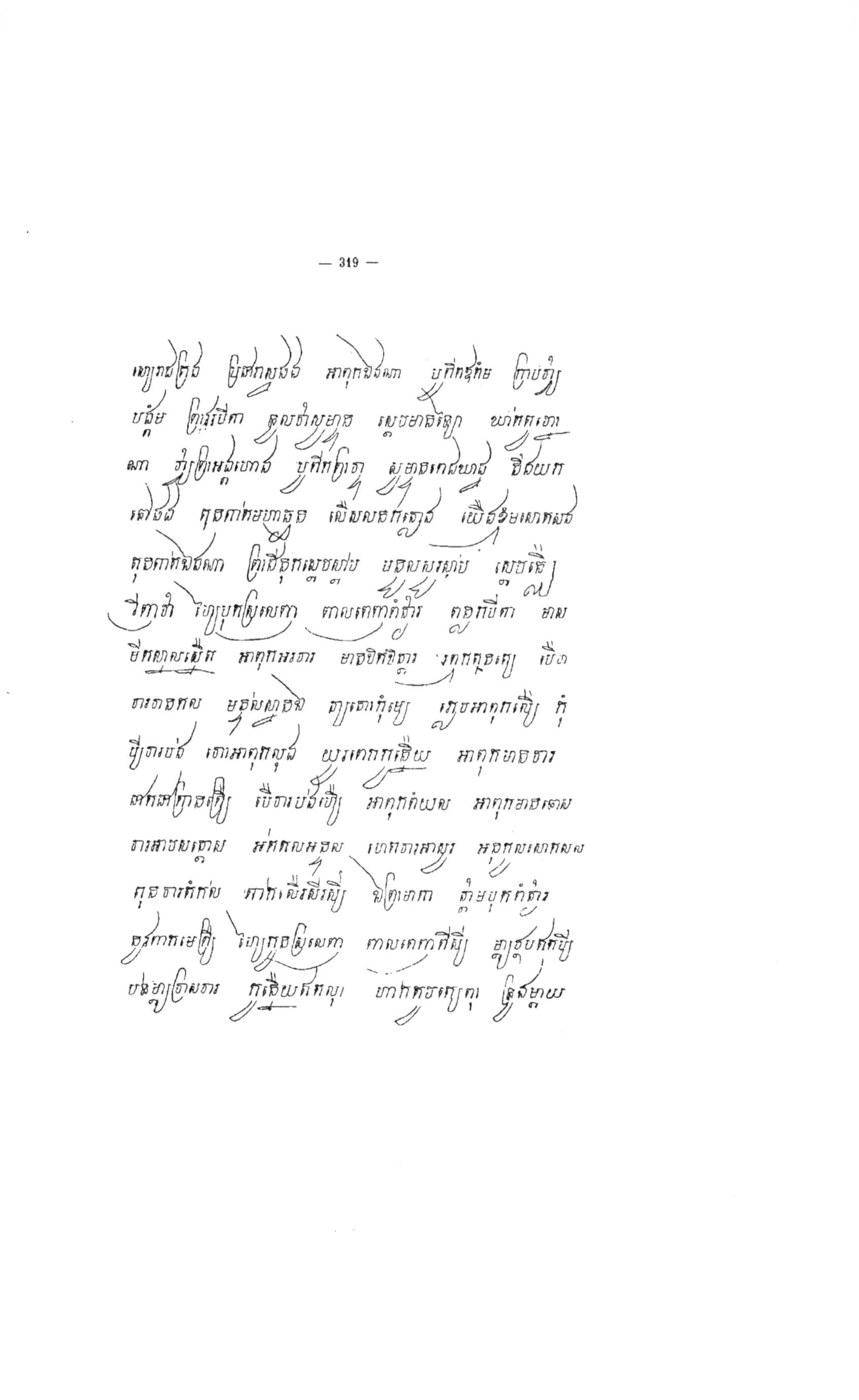

[illegible]

រេពាគា រ៖យកប៉ាក់ ធើមហារវិឡា សេចក្តកអាកា រក
ឲ្យរោរប៉ន ខ្លាឯីឯអប្សរ៉ា កាលឲ្យក្រឯឯការ ពីកកាំឃសអង្គ
ក្នុកកាលម្អេម៉ាក តើរវ្វាកកាំម្រឯ កលសាងកុំក់ឯ ការនីរងស
សារ រឿងម្អេរោរ ការូងមករុះ នករងកហាងសា រួបពី
វិក្យ ញាកកឯកក្ដូរ ម្អេរោរឃ្វវ៉ាំ រាប់យកកាំទាង ម្អេរោរឃ្វាក
យំម ក្ដេនៗ បើ្យកាំម ត្រឯកាវកយក្តាឯ ប់ម្រ៖ឯធ្វៀស មម្អេស
នរ្វាឯ ឱ្យរោរសាកទាឯ េធ្ពាក្យមកា ត្រឯនមពិសេស ពីកាំ
ម៉ីហាស េឈ្ឡាបឃ្វឯយក ដុបរសបើ្យណា េធ្ពាកគុក យកកឯ
ទាមក ឲ្យល្អកាលវិក្យ ម្អេរោពាលា ទាឯកឯកាំថ្វា អាឯទំរេក
វិឡ្យ សាកសាកស្រ្វយាល រស្រ៊បត្រាសឈ្ហរវិក្យ បរូរព្រីវក្យ កុ្ន
ប៊កប៉នប៉ន ឲ្យទាឯយលការ ក្រទើយអប្សរ៉ា ឲ្យត្រពានរហាន
ក្ល់ុរម្ហរូការ យាកយានរប់ណាន កំពឯទ្ររនី ខ្លាសាការទើយ
ត្រារឯបុ្រ្ត ព្រូកព្រាប្រទឯ ប់ន្តម្តសបើ្យ ខ្ញំរក្នុខ្ព្រវិក្យ អ
ហ្វ្សរយីឯសើ្វ យើនចីនផ្ហើ្វ ដារម្អេប្រាអឯ្គ យើនកឯ

ទោណា ហើយនិងយាត្រា ទៅលមកកំពង់ កុំស្ដេចប្រែម ផ្ទុំមតិង
បង់ បណ្ដើរកត្រា ឯងខ្សុំត្រា ស្ដេងនាមស្ដេចព្រាប ហើយរឿងសើកស្ដេច
ខ្សាតាងនេងផ្ការ ទឹងទឹបាងបុក ភ្នំបុកប្រែលារ ទើបអាសអង្គារ
តាំបូចត្រាអង្គ ការណាបុត្រា បង្គំមក្រាបលា ចរចុះកំពង់
ត្រារវព្ធ គលតាកុំពង់ ស្ដេចហើងទៅកុង សើកសើរភាត្រា
ប្រកាប់ស្បៀបស្បែច ហើយរឿងសើកស្ដេច ឡើយបើកតារាំ ត្រែច
ត្រងសន្តោ សំចវត្យណា ឆតរតាមា បោកស្មុញ្ញ ត្រារៀមរាត
តាក់តោកយាត្រា ត្រែចត្រងធំសព្ទ បរប្សូរតាឆកល មឆលតាឡៀ
តឆបប្បី ឆតរអាគា ស្ដេចហើងប្រាសាទ គួរកុងសេះតាង ស្ដេច
សេក្រាត មនិតកក្រើ មន្ត្រីរសេណា ខ្សែម្ចខ្លួនស្ដុកតារ តា្យ
បរប្សូរគល ឯត្រាអាគ្នុងសា ស្ដេចបើករាត្រា បរប្សូរតាឆកល
ប្រាសាទរាំងសាន ពីមាឆមឆ្ងល ហើងតុងសុកសល សេបសោ្យ
កាត ស្ដេចចាំប្រង្គំ ក្រុកក្រាបប្រែណម ត្រារវបិកា សិរណា
សារសរ ឆនលហើយណា ខ្លួនចបាក់ទៀវ សោ្យសុកសាត្យ ៖

ដើកស្ដេចលោ ចើកការកោក្រ កើតកញ្ញាក្រៃកញ្ញ សៅសូរបីកា ខាពីកងញ្ញ
ស្រីចកលចាគញ្ញ បន្ទំមរគារ ក្រៃទាងរងឹក ឃីកងប្ញកីក សំរែះចរញូ ស្ដេច
សូរខគូល ស្រាកស្រីលរិគ្យា អរបុកប្រិសារ មក់ក្ញចបំណាង យាក់បុកប្រិសារ
ឲ្យសោភ្រាងត ស្ដេចស្ដេងក្រិបក្រែង មន្ត្រីសេណា ប្រែសាភាសងង ក្ញុលមក
រាបរង ចាំកចាំរគា លុះអំឡូងតៅ ស្ដេចសោភ្រាងគួរ ខគរចោណោ ក្រៃ
តាងរងឹក ឯងកលងចារ កញ្ញាសាកសារា បុរាគក្រែងហោង ដើកកាំងគុតា
ស្ដេចក្រែងបន្ទា ការកាបកកតោង សើកសកលងស្ការ ឌិត្យាចកហោង
បរបូរកកហាំង ស្រីចកើ្យខ្យូក្រោ ចិកីមកេងឃាត តក់ការងសលវាត
សងគុងកាំគណា ឲ្យសស្ដេចលោង ក្រុបក្រែងសះឆាំ រកកាលប្រែស ងក
ឯងស្កុំបុស្កុល ចើ្យដើតក្រៃអន្ដុ វិលវិងមកគ្រែង រាងនូវមគុល ហោ
វិស្សុប្រឹ្យ សូមឲ្យមន្ដុល ឃើងឃ្យូរបុរគល ចាំលចាំកសារា ក្រៃ
តាំងគុងរក សោភ្រាងលំម្ពូក លុះគលងចា ស្ដេចយកកុំដើក តៅ
កើតសូរ្ដៅ គលតុសើតា សូរុសកខ្យូមខ្យូង ក្រៃរបីកា តូរក្រា
មាតា ខ្យីញកញ្ញីយាង នូវក្រាស្មើមរាក់ អាអកកសាយា មឹង

បរបូរាង នៅកើកអូរក្តិ វៀងនេវៀ អាអកម្មសី ឥក្តិអក្តូរ សីឪចាងចបបស
ម៉ឹកមូសឪឪក ពីកក់ឃុកឃុកយារ កសុកចបំណាស សុះព្រែចាងព្រាស បរបូរ
ក្លាំងឩូៈ ជ្រើហព្រាសកុនន ព្រែអង្ករេសា តាពាំបូមូន ឍមឍកក់ពាំនីន
ឹបសនេសា ១ វីរវៀតាម៉ស ព័កាសីម៉ូបូរស សុឍាកើមីកាកា ក័សូរែកាមីរ
វសីងកើកសរ ពីកុនខណ្ឌព្រែមហា នៅកាកនខងហាន វិនាងមូ្វ រោមពកើក
ឩ ពីវិយារសេបមសន ពិក្យព្រែនៅកាក ក្យេរឹបកប៉ងប៉ង នាងាងរោះហាន
ឍកាំងាំពាកា រឿងគ្រូហ្វូ សរិវ្យារនីងនាកា ព្យារវីកា យោងឃកកុំពេវ៉ូក
កបកើកមកាស ជ្រើប្វឺងនាម ព្រែកខពសាកាក រឿព្រែសា នាមនាងនិងព្យា
នេក្យី រោះសាក ព្រែសាបញ្ចើរសព្រាស វិឍារនីកនេកា ជ្ឍនាងាសាក
នាឍមហាមាយារ នាងកែមកីកមី វុកាងឍនេវ៉ៀ មីវីលមកាសរ ក៏ឭយ
ឍារាហានី ព្ឫសព្រ្តីបនាង នាងនាមូពីមាការ បន្តកពីកូលី វិអក់ពាំ
អូព្រីនាម នាងភារវីកូវ៉ី មិវីសីវមក យោងឃកនេវ៉ៀ វៅយសូរ
ហូវ៉ី មីសាសកាបរសូក ក្មាកភ្នាចារា មិវីសីវនសោ កើកកសីហូស
វៅព្រែវកីហូស ក្នុកក្លូសងាក មីងសាកស្ពក្តរសួ នាកាកពីកូសីវយ

វិគ្គារសូន្យ ចិនសេចក្ដីទ្រង់ តាមវិន្យក្ខាន់ ទៅក្រោអង្គ់ សើយយងវិក្ក
នន សីលសុទ្ធប៉ត់ប៉ាង់ ច្រារទនវតី នានសរបុព្វារ វិរវិសិននត៌ ឥ
បលកាសី សីលសុទ្ធវិរហរ ច្រារកំសហារ រៃាចាប់សកសារ េរើពោក
ឈ្មេងថ្វៃ ព្រាក្ខរវើក យរាកកុំថឹក វិរវិនវិសវិច្ច ទៅព្រាសោកុសាង
ហោស្យាងប្រិព្យ ឲាវិរវិទ្រិច្ច សីលសោកហរសុន យ្បាព្រាកស្ត្រី សោ
តាកុំក្នុងកូប្យ វិរវិសិនវិតរ ក្រាមហរសារបុក ច្រារមួយមុក ឥរាមរ៉ុមៈហិម
វិឡាកសេកាក អាកុងសុងសខាក វិរវិសិងមក ហោយរាកកាកាត់ កុំ
អន្ធព្រាមកា កាសរុនវិច្ច រ្បីព្រាវេធ្វើ សេតាមាកពើកាស៍ អារ៉ាងវ័ខ្ពស់
កុំព្រាវេធក សីលសុទ្ធបិរិព្យ ផ្ទុនន្ថុកាវិក្យ ពធ្វិកហោកសន
ព្រាវាររវ័ឫ្យ ទៅវិច្ច្រកិំអន្ថុ អាហានឥណឃ្លាង ក្រុំច្រាស
កុសុ ស្នំកសុកសុន្ទ ផុនតាមកុរវាង សារវេងឥវក្ខរំ កាស
េរ៉ាងករស្នាប់ កាព្រាបកាព្រាន កុកំុពីអន្ធឹខ កាកុ៍ម្ហាកាត្រាស ការល៖
កុរសា ពីសន្ថុវា ១ វហ្យសាធៈសំហាយ ច្ចរសាប្ចីហាយ កំរើើរច្រាវន្ហរវិច្ច្យ
តាកយាក ពីតាកសសខាក ករ៉ាំសីយតាក់ ៃវនរចប់ម្នេកានា

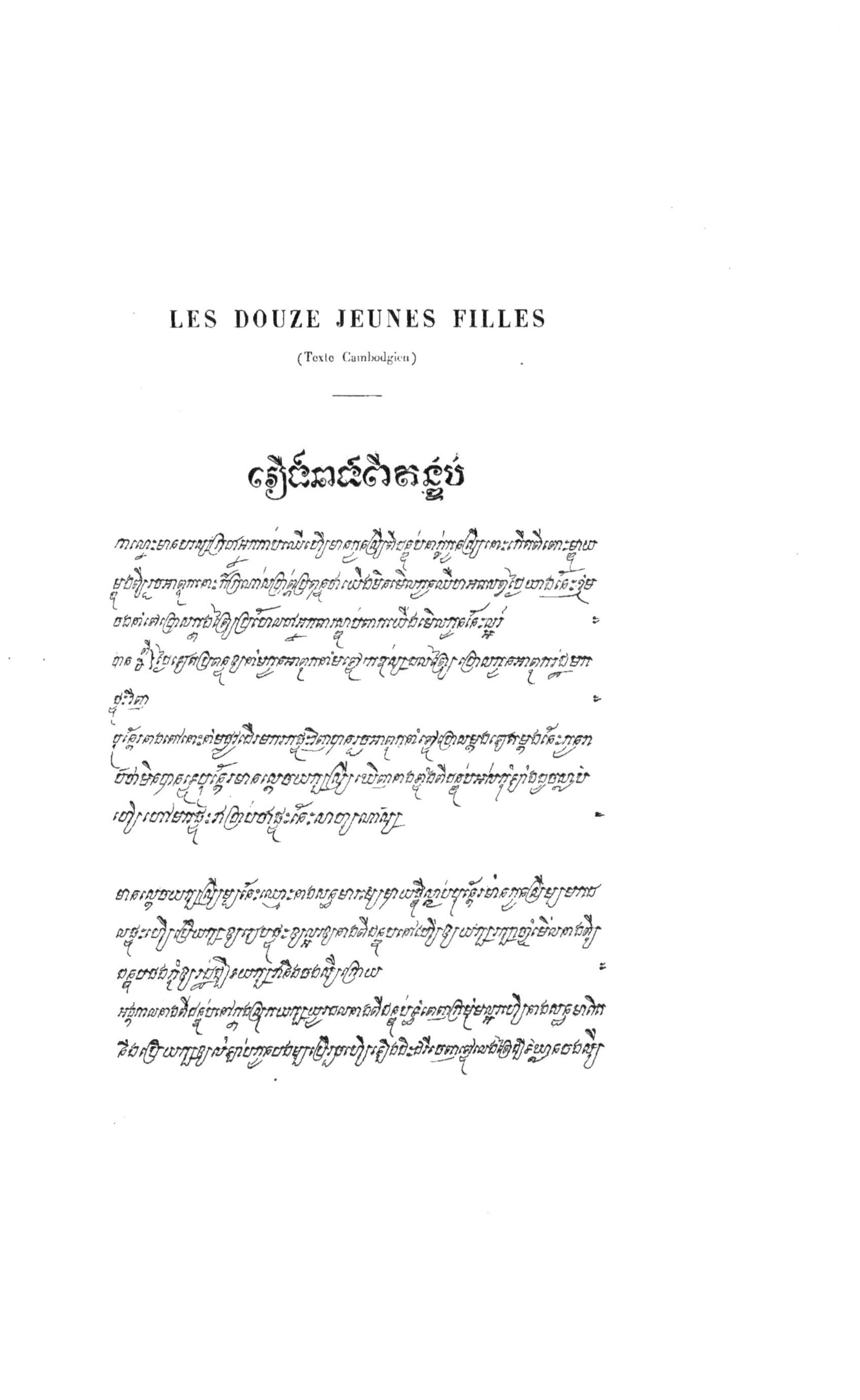

LES DOUZE JEUNES FILLES

(Texte Cambodgien)

រឿងនាងពីរដប់

[illegible]

[illegible]

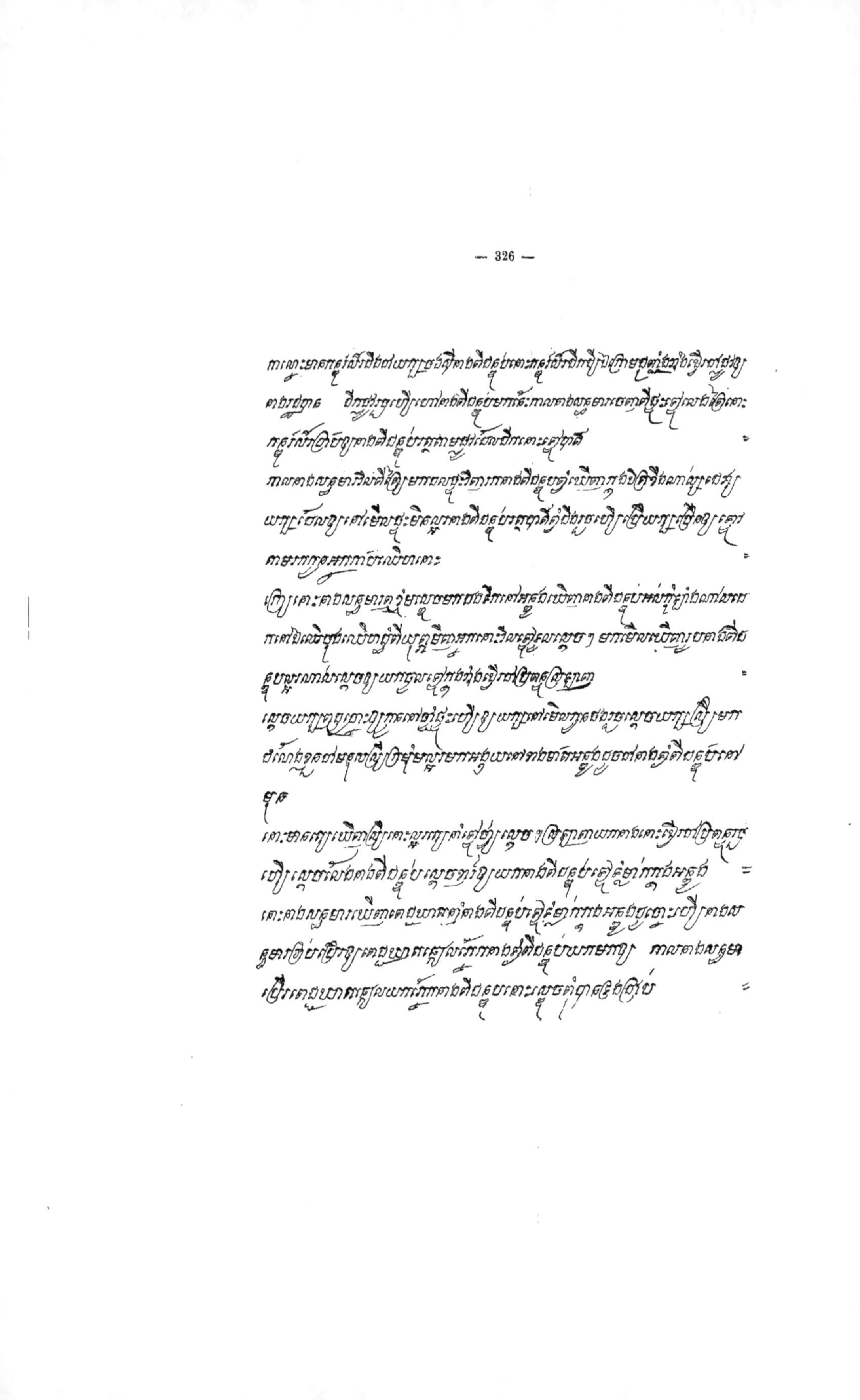

[illegible]

[illegible]

[illegible]

[illegible]

[illegible]

[illegible]

រីឯនាងពៅជាខ្ញុំប៉ុណ្ណេះកាលនោះយាយតាទៅយកត្រីខ្ញុំមកក្នុងអន្លង់នោះនាងមានពោះព្រាយតា
តាំងអស់ពេលនោះនាងស្រមោចពិតយកនាងពៅជាខ្ញុំបាយញ៉ាំទៅយកពងកុំឲ្យចាំស្រីនោះយកក
ពេញខ្លួននាងពៅជាខ្ញុំស្រីផ្តេកផ្ទះ នោះស្រះជលនាងនឹងលាំងលាក់ពោះពេញយាយកុំឲ្យ
ញ្ញើកនាងស៊ីនោះទៀតយានោះនាងក៏ឃ្លានណាស់ ដលនាងទៅបងលាំក្តៅលាក់ខ្លួនមក
ញាប់ចេញកាន់ចេញពីក្រស្រី ៕
បន្ទេរនាងទៅឡើតក្តៅក្តៅស្រករព្រេល្អនោះនាងក្រោយបន្តពោះសេះកាលកើតមកល្អាយ
ស្លួយតែកូននោះនោះនាងយកក្បាលនាងបងដើរចេញទៅមកនាងគង់ម្តេចនោះនាងក្រ
ផ្ទៀបង ៗ បានស្នេហ៍យកយកទៅវត្តខ្ញុំខ្ពស់យានាងទៅបងគុំបានសរីទៀត ៕
តាកាលនោះយាយគ្មានលើកនោះព្រៃទាលទៅនាងទៅបន្តោត ព្រៃទាលពេលយា
កញ្ញាចំបានជានាងទៅទៅលើករាជស្ទាំមន្ត្រីបានជួយបងភ្ញាក់ស្រុកក្លៀវបងព្រៃដាល
ណាស់ នោះនាងស្ងួតមាសពិតទាក់នោះស្លាប់ភ្លាក់ស្រុកបៀននាងកីឡាញញើកយកក្បើទៀត
នោះនាងទៅក្រោយបន្តទាក់ខ្ទមទៅស្ទួរទេនាងទៅបងភ្ញាក់ស្រុកភ្លើកស៊ីរាជញ្ញើកណាស់
បុរនាងទៅបងភ្ញាក់ស្រូវស្អុចចាំឡាញ្ញាទាក់ទោរនាងទៅស៊ីផ្តួតនិងមានទឹកដាវឡាក់ទៅ

បាតព្រៃកយកទៅនិទានមាត់តែមួយមាត់ពេកនោះឲ្យដល់វាក់លាហោះវាលក្នុងអាស្រ័យ សត្វាវៀមដល់មាត់ឈ្មោះចៀវ បាតព្រៃកនោះយកទៅនិទានចំណៀវ យកទៅចោកឲ្យខ្លួនយាទៀ ៕

កាលយូវទៅនៅក្នុងអន្លង់នោះមានចំណៀវអាហារគាប់គ្រឿងបានស៊ីឆ្អែតតែរាល់ថ្ងៃគង់ទ្រង់ ទៀយមានកាលមួយថ្ងៃនោះនាងសុវណ្ណមាលានៅក្នុងផ្ទះបាតព្រៃមាតក្រុងឲ្យរាយ៉ាងនាងសុវណ្ណមាលាលើកបង្អួចមើលមើលទៅឃើញរូបវិសេសបលមាត់បៀវ ក៏ឆាវក្រុងនេះប្រហែលមុខប៉ុណ្ណោះ រួចនាងសុវណ្ណមាលាព្រើនមានសម្បើរពាយទៅមើលក្នុងនោះផ្ទះវា នៅលើណាវ៉ានោះបង្ហើបាតព្រៃបាតនាងសុវណ្ណមាលាចាក្រុងនៅក្នុងអន្លង់ នាងសុវណ្ណមាលាផ្ទៃយាត់ព្រឹក្សក៏នេះឲ្យវាយកក្បួរ ៕

តកាលរូបវិសេសមកដល់ក្នុងវាំងហើយនាងសុវណ្ណមាលាប៉ាប់ចាំវង្សមានសំបុត្រចាកិច្ចការសំមាត់ទឹងឲ្យតាំងទៅព្រែកឲ្យរួចឲ្យបងប្អូនចាប់ម្រើរតាំងសំបុត្រនេះទៅបើបងប្អូនការនេះស្អប្រហែលជានឹងមានលាប្អូនមកគាប់ចិត្ត ៕

ទ្បិយលោកក៏រួចហើយនាងសុវណ្ណមាលាឲ្យបំពើមខ្លួនទៅយកគ្រឿងស្នេហាកាក្លាយនាងស្ដេចឲ្យស ក៏បំបាក់ឲ្យរូបវិសេសបិះនេះទៅតែរមាក់បង ៕

មួយថ្ងៃរូបវិសេសអង្គុំឡាំងណាស់ចុះពីលើវាំងនេះទៅកាន់ព្រៃមាប់ដើមឈើមានមហាប្រាសាទដើរតាមផ្លូវព្រៃឡើកមើលទៅឃើញរូបវិសេសហើយយកអំពូងវល្លិពីកីនេះលើកទៅឃើញសំបុត្រហើយហែកមើលសំបុត្រនេះសុវណ្ណមាលាស្ដេចយាត្រាឲ្យទៅក្រុងទៀតទៅដល់ព្រែកយាត្រា ឯក្នុងសេចក្ដីសំបុត្រនេះមិនមានពាក្យជឿមានតែពាក្យនេះ

បើកូនក្មេងនែះមកដល់ព្រៃណាឲ្យសំលាប់
នោះមេបាញ្ញើហើកសំបុត្រនោះមើលហើយធ្វើសំបុត្រថ្មីយកនែះជាក្លែងថា
តាកាលកូនក្មេងនែះមកដល់ព្រៃតាឯទ្រលយកធ្វើជាប្តីយ
មេបាញ្ញើបិតស្រោមសំបុត្រដូចដាក់ក្នុងអំពងដងក៏រស់នែះដូចដើមវិញរួចហើយមេ
បាញ្ញើក៏ដើរទៅតាមផ្លូវទៀត

កូនព្រៃលួនមាឈ្មោះតាឯកញ្ញីយក្រៀមមុំបណ្តោលកាសទៅផ្ទះម្តាយកាលឯបាននតែតៅស្មូកទាំង
ពីរនៅចាំលេងក្រោមម៉ែនបាននៀយច្បាប់មានយក្សទៅមើលជាក្រុពរសុត្រថ្ងៃយ
កាលនាងបីលើនទៅដល់ផ្ទះស្ទួមមានោះមានយក្សហៅពត់ឲ្យចូលនាងបីលើននិកទីងណាក្សុ
នឹងយក្សនោះហើយស្ទើរយំទាំងតាឯកញ្ញីយក្របាបកាមមើលឃើញនាងបីលើនស្នាក់ងំបិត
ពីកស្បែកអង្គាសណាស់
នាងបីលើនឃើញតាឯកញ្ញីស្បែកអកតាលង្គរបោះរួចក៏ស្មោះម្សៀយហើយចុះពីលើរទូងនែះ
សំពះហើយដាក់សំបុត្រលើតាមមាសដ្ឋរដែលមានក្នុងរបហើយតាឯកញ្ញីដើរមុននាងបី
លើនដើរតាមក្រោយទៅ
លុះដល់ផ្ទះហើយតាឯកញ្ញីអង្គុយនាងបីលើនអង្គុយមុខប្តីបិទត្រង់ពីតាក់នែះវ៉ាស់តែរល់បល្ល
មើលតារតោវិញក្មេងមកច្បាប់ចាំត្រៃឈាញតារហើយភ្លេចមើនបងស្លាប់សំបុត្រ
ដែលមនុស្សចាស់មើលនោះឡើយបុងយក្សគ្នាំអាក្សរ៉ាពួតនស្លាប់

មើលសំពត់ប្រចាំបៀ តាឯកញ្ញីក៏សង្វះញ៉ាប់ប្ដីមប្ដីយលាញ្ញចិត្តណាស់ប្ដីត្រូវយក្រាត្រូត់អ្ន

ស៊ីសម្ដីលាញ្ញ ចុះឡូលប៉ីបលត្រូវមកលំចុះញ៉ាប់ប្ដីមអំព្រាស់ប្ដីយល្អបតាឯកញ្ញីយ ៕

តាកាលរៀបការគ្នីសែកតាឯកញ្ញីនឹងស្តីសែនតែះយ៉ាងដែងណាស់សម្ដះភ្ជបពៀ តាឯកញ្ញី

ត្រូវស្តីសែនកោលេងសួនសួនមារ រីស្តែកោះឡំមាតត្រះមានផ្ទះធ្វើនយាងណាស់តាង

កញ្ញីបងអស់ទ្រាំបំបូរប្ដីយមើលត្រាំអ្នកគាមលាញ្ញចិត្ត ៕

សែងស្តួនចបៀ តាឯកញ្ញីល្បុគ្គកៅម្នាក់ញ្ញារឃ្លាំងគួចម្បូកងបិត់ពិតភិតក្បែរណាញ ៕

តាឯកញ្ញីទ្រាំបំប្ដីយចាំឃ្លាំងនេះម្ដាយខ្ញុំមផ្ទាំមចាំក៏ឱ្យទ្រាំបអាការណាដែ ចាំមានវីប

សត្វកៅក្នុងឃ្លាំងនេះឡើ បើទ្រាំបំពេញឱ្យដឹងបៀ យើងម្ដាយនឹងភ្នកពីគាក់តឿ

បាការណាស់នឹងស្លាប់គ្នាអស់ ៕

ប្រពន្ធបចិត្តតាឯកញ្ញីភិតក្បែរក្រាចតាញ្ញរព្យើរដែលកាត់ភ្នកលោរកោះស្តីសែនទ្រាំប

ចាំកុំក្បែរខ្មៀយមិនបើកខ្សែហាញ្ញារនេះប្ដូរតាងទ្រាំបខ្ញុំចាំមានរបស់សត្វកៅក្នុង

ឃ្លាំងនេះឡើកាលម្ដាយទ្រាំបងងមិនមានទុំកៅ បើខ្ញុំកៅទ្រាំបោលចាម្ដាយ

ខ្សែាយទ្រាំបខ្ញុំមព្វូចខ្សែយនឹងឯង ៕

តាឯកញ្ញីចូលមកជិតប្ដីយខ្សែយទ្រាំបចាំកៅលើកម្មក្រុងឃ្លាំងនេះមានតោរព្រៀកម្បូកខ្សែយ

មាស់ក្រាងតានកោះចាក់កើកញ្ញីពីជនយំតាក់កៅជិតតានមានជបម្បូកងជបកោះមានតៅ

ចាក់កើតញ្ញកម្បូតបើកើណាកើកញ្ញាក់គៃចាក់គ្នាយកើកចាប់កៅអំពុញ្ញលនៀណាប

តាំមកោះកើកក៏តាគ្នឿបានវ៉ូងជើមគិតា ៕

ប្តីសង្ខាំងនោះមានតាមានយាយនៅក្នុងស្រុកនោះជាកជប់បង្កួយភ្ញាំកត់ឲ្យកើតកូនចាប់មួយជាការបាតទៀយ ។

រាពាលីស័ខបានការតាឯកញ្ញើឲ្យជួយប្រាប់ថាព្រះនោះស្តេចទ្រង់ព្រះរាជ្យមានយមរាលោកក្រោកទិពព្រះនេត្រព្រំព្រលោក ។

ប្តីតាឯកញ្ញើឃើញប្តីយទ្រង់ព្រះរាជ្យមានយមរាលោកក្បែរនោះតាឯកលស្ងួតអំបាលខ្ញុំមប្តីយ ក៏ទ្រង់ព្រះរាជ្យមានយមលោកក្បែរប្រាប់ហាលាងាំឲ្យយក្តីមានកើតកញ្ញើពេលបុត្រនៅ ក្នុងឃ្លាំងនេះបាននៅស្តេចយមរាលោករបៀបខ្លាំងឲ្យយក្រហែលនៅស្តេចតំយំលោកក្បៀ ។

រាពាលីស័ខមានព្រាហ្មណ៍ពិតស្រដៀងយាលជឹងជាតែសុំមកើតកមរកមាយាតនិងម្តាយជាម៉ាក់ ស្ដាប់ក្នុងចិត្តរពាលីសោននឹកទឹងណាប្តីស្តេចរស្តេចទាំងអស់ពាលក្តីបិតុរតាតុងាំមិនឡើង យប់ថាអ្វីនិងតាឯកញ្ញើ ម្តាយស្នេហាល្អយលោករកឿ ក៏តាំតាឯកញ្ញើវិលទៅរ ផ្ទះវិញ ។

ផុះពេលហាចប្រៀបសម្តីញូរពាលីសោនឲ្យតាកាលយកព្រងនិងតាឯកញ្ញើ ពិភាក្សាគ្រឿង ឯគ្រឿងប្រដាប់ការកាលយកព្រងនិងតាឯកញ្ញើ ដោកលាក់ក្នុងអូរពាលីសោនលបបើបតាឯ កញ្ញើរបត្តៀលដួយកាក្បុនរោងបរឃ្លាំងបានពឿរ ទៅយកកក់កម្មាយរកចាំមាសាក្ខ កើកក្សព្រើហនិងជាបង្កានរកាំចេញពីផ្ទះតាឯល្អមារកិងនេះនៅ ។

កាលតាឯកញ្ញើរកាក់ទៀងពីដីកដីងជាប្តីក្តុំបាត់ហើយតាឯកទៀងនិងនេះបោះអស់

ពួកយក្សបរិវារច្រើនទៅតាមរាក្ខឹយ ៚

តាកាលរាត្រីនោះស្រួលចេញគឺផ្ទះតាងស្នូមាតោះទៅជួបប្រែក្នុះនឹងមហាប្ញស្សី ។
មហាប្ញស្សីដឹងថារាត្រីនោះទៅនោះទៅណា តោះមហាប្ញស្សីត្រូវថ្ងរាត្រីនោះចាំបើរត្រូ
គន្ធតាមមកគ្នុនហៅកុំឈប់ទៅឲ្យហោះទៅតែម្ដងរាត្រីនោះកុំភ្លេចឋិបងនេះតាម
ហោះឡើងទៅលើបានជួបថ្ងៃថាបើមិនចេះឲ្យតាងកញ្ចឹត្រាមទៅបានថ្មតោះឲ្យយោក
ម្នោកឈើនេះចោលទៅឲ្យឡើយត្រូវប្រែមហាប្ញស្សីដើរទៅ ៖
ប៉ុតាងកញ្ចឹជិះលើះបរឡើងណាលទៅនឹងអ្នយក្សបរិវារច្រើនតាមទៅតែម្ដងឲ្យ
ក្នុងជួបឃើញរាត្រីនោះដូចថ្ងៃត្រូវថ្ងៃ ៖

កាលរាត្រីនោះបានឃើញតាងកញ្ចឹតាមជួបតោះឲ្យស្តាំមកាន់ជិបងជិះលើះហោះឡើ
ងទៅលើហើយត្រូវប្រែលោះទៀរមុកមកថ្នមតាងកញ្ចឹថាតាងកុំតាមខ្ញុំមកឡើយឲ្យតា
ងវិលទៅផ្ទះវិញចុះខ្ញុំមស្នួមលារឡើងទៅស្រុកហើយ ៖
តាងកញ្ចឹត្រូវតាកប្រឹយផ្ទឹមលារទៅជួបតោះកាងឡើងតាងសើរបោកស្រែកយំមព្វាំងណាល
លំតុះអង្វរប៉ុថាស្នូមឡើងមេត្តារយកខ្ញុំទៅផងហេតុយកខ្ញុំទៅនេះខ្ញុំមនឹងជៀកា
មប្តីយជាបលុះអស់ជីវិតខ្ញុំមតាវីលទៅផ្ទះខ្ញុំមលនូនទាំងព្ធាយស្បូវស្លាបជាទោជ ៚
តោះរាត្រីនោះនឹងនិយាយថាឲ្យតុំរួចយំមសោកពីព្រោះឋិតួលបឲ្យព្ធាពួកតាឡែតាងកញ្ចឹ
ណាល់ខ្ញុំមត្រូវឡប់លោះហោះឡើងទៅលើរហើយស្ដេចចោលម្នោកឈើថាដែល
មហាប្ញស្សីឲ្យតោះទៅ ៕

តែម៉ែកករណើរបាកចុះដល់ផ្ទះហើយ ថ្មីស្រែកពី ដើងតានកញ្ញីរ ទៅព្យួរ ណាស់ទាំងក្បិន
តែកកាតេញរត្នៀណាមែងបានបញ្ចូរមកម្នាលតែកាក្នុងថ្មីស្រីពេកើតឡើងជាច្រើនបាន
ណាស្រនិងមុកាតានកញ្ញើរនិងតាមថ្មីយទៅត្ថុំបានទៀយ ៕

តាកាលរត្ន័រលែនបានជលស្ទើរការហើយ ទ្រូលទៅក្រុងរាំងតាល័ព្រះបរមកាពេបួបានកើង
ក្រាប់ស្តាលជាក្រុងតានពីងត្ថប់រហើយ ឲ្យល្អងទ្រង់ក្រាបជាតានល្អុមរនេះជាស្តេចយក្ស
ន្ត្រាបរត្ន័រលែនយកជាបងចង្វលម្នាកកានលក្ខមាស្ស៊ីរម្នាកទៀតយកក្សត្រហើយរត្ន័រលែន
យកជាបងក្សស្រីឡាប់ ៖

រួចរត្ន័រលែនទៅអង្គុងហើយយកថាំមាននឹងកើតទៀតក្រុមឲ្យម្តាយនឹងម្តាយក្តូមទាំអស់
បានកើតកើតបាច្ចូចដើមហើយក៏នាំម្តាយចូលទៅកាល័ព្រះបរមកាទ្រង់ពេព្រះទេវី
មកឃើញតានពីជន្លប់ហាញព្រះរាជ្យបាក្ខែណាស់ល្អស្រីរក្បាញចូចពីដើមវិញ ៖
ថ្មីល្អព្រះបរមកាអេះឲ្យមានក្សត្រព្រិលឯណាច្រើនទៀយមាត្តរត្ន័រលែនឡើងនេះល្អព្រះ
រាជ្យបាតាងនិងបាងឲ្យស្បែរាជល់បាតិជាស្តេចតាះបុត្ររជ្រីរត្ន័រលែនឡើងបានក
ជល់បាតិទ្រ បិត្រីចងលារល្អព្រះរាជ្យបាតារមាតាតេព្វលជាលាយ ៕

រ៉ូវឯតានកញ្ញើរឈរក្រែកហៅប្តីយកើមាតនូរស្បូវផលមិនឃើញប្តីយក្សបាតានលាប់
យក្សប្រហើយ ៗ តាងក្រាបអាលាតកយក្សត្រាបរិក្ខឲ្យវិលទៅផ្ទះវិញរួចតានកញ្ញើយព្រះ
ពោកក្នុងប៉ុលល្អប់តាអេក្រាមហើយមកឃើញទាំមត្រូវពលល្អប់ ។

LES DOUZE JEUNES FILLES

(Texte Siamois)

เรื่องนางสิบสอง

ครั้นนั้นมีบุรุษยากจนเป็นคนสันโดษมีลูกสิบสองคนคลอดออกจากครรภ์มารดาทีละสองคนแต่บิดานั้นยากจนนักจึ่งบอกแก่กับภรรยาว่าเราไม่ได้กินเลี้ยงลูกเจ็บปวดอดหยากทุกวันอย่างนี้ฉันหยากจะนำไปปล่อยเสียในป่าเท่านั้นหญิงจะฟังถ้อยคำแตกลูกนี้งาม ะ

ได้สองวันสามวันอีกเมียให้นำลูกพ่อก็นำไปป่าพ้นครั้นถึงป่าก็ปล่อยลูกไว้ในป่าพ่อก็หนีกลับมาบ้าน ะ

แต่ว่านางสิบสองนั้นนำทางเดินมาหาบ้านได้แล้วพ่อนำไปปล่อยอีกครั้งหนึ่งที่นี้ลูกว่านั้นซื่อหาได้ไม่แต่ว่ามีพระยายักษ์ผู้หญิงเห็นนางทั้งสิบสองสิ้นกำลังเหมือนหนึ่งจะตายแล้วเรียกมาบ้านมันบอกว่าบ้านนี้สะบายนัก ะ

ฝ่ายพระยายักษ์ผู้หญิงคนหนึ่งนี้ชื่อนางสนทมาเป็นม่ายผัวตายแต่ว่ามีลูกหญิงอยู่คนหนึ่งมาถึงแล้วจึ่งใช้ยักษ์ให้ตกแต่งเย่าเรือนให้งดงามให้นางสิบสองอยู่แล้วให้ยักษ์รักษาคอยดูนางสิบสองด้วยอย่าให้หนีด้วยว่ายักษ์มันหยากจะกินทีหลัง ะ

เมื่อนางสิบสองอยู่เมืองยักษ์นั้นมานานนางสิบสองโตใหญ่เป็นสาวงามแล้วนางสนทมาคิดจะใช้ยักษ์ให้ฆ่านางผู้ใดคนหนึ่งครั้นใช้เสร็จแล้วก็จับผีฆ่าจองออกไปในที่ป่าเพราะหยากจะกินเมื่อขณะนั้นมีหนุ่มชาวรู้ว่ายักษ์หยากกินนางสิบสองนั้นหนุ่มชาวจึ่งลุกขึ้นไปก็ม้วนผันวังทำเป็นหนทาง

ให้นางหนีไปก็ตุกทางเสร็จแล้วเรียกนางสิบสองมานี่เมื่อนางสอนมาออกบ้านไปเที่ยวป่านั้นหนู
ตาบอกให้นางสิบสองหนีตามทางที่ตุกนั้นไปหาย ะ
เมื่อนางสอนตกมากลับมาจากป่าครั้นมาถึงบ้านก็หานางสิบสองทางเห็นไม่ในใจเคืองนักจึงถ่ากอ
เจ้ยผีบักขีที่ให้อยู่เฝ้ารักสาบ้านไม่ดีนางสิบสองหนีหายไม่รู้แล้วใช้ยักข์มากให้ไปตามหา
ลูกของคนที่ฟันไม้นั้น ะ

ที่หลังนั้นนางสอนตกมาได้ยินว่าค่าของข้าวมากักน้ำอยู่ที่บ่อเห็นนางสิบสองนั้นสิ้นกำลังนัก
นอนอยู่บนบอกไม้ใหญ่เมื่อคืนนี้ชายคนนั้นก็สิ่งกลับไปทูลท้าว ๆ ก็ออกมาดูเห็น
รูปนางสิบสองนั้นงามนักท้าวให้เอาเข้าไปในวังทำเป็นเมียรักษ ะ
ท้าวยักข์ได้ยินข่าวว่าอย่างนั้นจึงให้ลูกอยู่เฝ้าเรือนแล้วให้ยักอยู่รักษาลูกด้วยแล้วท้าวยัก
ษ์ผู้หญิงก็มาจำแลงกายเป็นสตรีสาวสวยมานั่งอยู่ค่างปากบ่อเสมือนนางทั้งสิบสองอยู่ก่อน
คณะนั้นมีคนเขาเห็นหญิงที่นั่งอยู่ปากบ่อนั้นรูปร่างงามชายคนนั้นก็นำหญิงนั้นเข้าไปถวาย
พระท้าว ๆ ก็มีความเสน่หายกนางขึ้นเป็นพระมะเหษีแล้วพระท้าวก็อย่ากังนางสิบสอง
แล้วพระท้าวสิ่งกองพระลิโรทให้เอานางสิบสองไปทิ้งในบ่อน้ำ ะ
เมื่อนางสอนตกมาเห็นเพ็จฉายนำนางสิบสองไปทิ้งในบ่อน้ำดังนั้นนางสอนตกมาจึงใช้เพ็จฉายให้
ควักเอาลูกในตานางสิบสองมาให้เมื่อนางสอนตกมาใช้เพ็จฉายให้ควักลูกในตานางสิบ
สองนั้นพระท้าวหาตกทักไม่ ะ

เมื่อเพ็ชฌายนำนางสิบสองไปทิ้งในบ่อนั้นนางสิครบันทั้งสิบสองคนแก่นางสอนทมามีจิตรคิดสิ่งนาง
สิบสองคิดแล้วก็สั่งเพ็ชฌายว่าอย่าให้อาหารนางสิบสองกินอิ่มนักเลยเมื่อใกล้นางจะคลอดบุตร
นางสอนทมาจึงสั่งกำชับแก่เพ็ชฌายว่าอย่าให้อาหารนางสิบสองกินเลยนางสิบสองก็ได้ความลำ
อดหยากเป็นที่สุดที่แล้วครั้นได้เพลานางผู้พี่ก็คลอดบุตรออกมาแล้วจับฉีกแหกแจกเนื้อลูกสู่
กันกิน ฯ

แต่นางสุดทองนั้นรักษาลูกไว้ดีหาเป็นอันตรายไม่แล้วบอกกับพี่ว่าลูกของฉันตายแต่ในท้อง
เมื่อคลอดออกมากลิ่นเหม็นภัยกาญนักแล้วนางก็หยิบเอาแขนลูกของพี่ที่แจกมาให้เมื่อครั้ง
ก่อนนั้นก็ยื่นให้ไปพี่ ๆ ก็รับเอามาดมกลิ่น ๆ ก็เหม็นพี่หาสินไม่ ฯ

เมื่อเพ็ชฌายควักเอาลูกในตานั้นเห็นที่นางสุดทองจะหลอกลวงเพ็ชฌายจึงได้ลืมควักลูกในตานาง
ค่างหนึ่งเหตุฉะนี้นางสุดทองจึงได้ลูกในตาค่างขวาไว้ค่างหนึ่งภอได้ช่วยผู้พี่ทุกวันพี่ก็มีความรักษ
ใคร่นางสุดทองเป็นที่สุดที่แล้วฝ่ายนางสอนทมาคิดว่าลูกนั้นตายหมดแล้วนางก็ให้เอาอาหารมาให้
กินอีกนางสุดทองจึงบอกกับผู้พี่ว่าลูกของฉันยังเป็นอยู่หาตายไม่นางผู้พี่ทั้งหมดด้วยกันก็ยินดี
มีความสะบายใจนักนางผู้พี่ทั้งหมดด้วยกันสู้อด ๆ หยาก ๆ สินหาสู้อิ่มท้องไม่ให้แต่
นางสุดทองกินบริบูรณ์จะได้มีน้ำนมให้รับประทาน ฯ

นางทั้งสิบสองคนให้นามลูกชื่อว่าฤทธิเสนเมื่อฤทธิเสนเติบโตขึ้นก็ออกไปจากบ่อเที่ยวเดิน
เล่นเมื่อฤทธิเสนเดินกลับมาสู่บ่อนั้นหามีผู้หนึ่งผู้ใดเห็นไม่ ฯ

วันหลังฤทธิเสนไปยเล่นสะบ้ากับเด็ก ๆ ลูกชาวบ้านพนันกันชะนะได้เงินเอาไปซื้อไก่อู
ตัวหนึ่งแล้วเอาไก่อูไปชนพนันชะนะเด็ก ๆ ลูกชาวบ้านทุกวันเมื่อชนไก่ชะนะก็ได้เงิน
แล้วเอาเงินไปซื้อของกินเอาไปแจกมาะการบ์ประทาน ะ

ครั้นนานมาอยู่ในบ่อนั้นมีเต่าปลาอาหารมากได้รับประทานบริบูรณ์เป็นนิจนิรันกรมาวันหนึ่งนาง
สอนทมาอยู่ในเรือนได้ยินสำเนียงเสียงเด็กพูดจากังนางสอนทมาจึงเปิดหน้าต่างแลดูไป
เห็นฤทธิเสนกำลังชนไก่แล้วนึกว่าเด็กคนนี้เหมือนหนึ่งจะรู้จักแต่ลืมไปนางสอนทมาจึงใช้
ให้คนเดินตามไปดูเด็กนั้นบ้านช่องของมันจะอยู่ที่ไหนคนใช้จึงบอกนางสอนทมาว่าเด็กคนนั้น
มันอยู่ในบ่อนางสอนทมาจึงสั่งว่าพรุ่งนี้ให้มันมาหาเมื่อฤทธิเสนมาถึงวังนางสอนทมาจึงบอกว่า
ฉันมีหนังสือเป็นจรการสำคัญจะให้นำไปเมืองไกลถ้าแม้นเองทำการในครั้งนี้สำเร็จก็คงจะมีลาภ
ใหญ่โต ะ

พูดจัดการเสร็จแล้วนางสอนทมาให้คนใช้ไปเอาเครื่องประดับนุ่งห่มอย่างชาวสำรับหนึ่งมาให้ฤทธิ
เสน ๆ ก็จัดจี่มาไปแต่คนเดียววันหนึ่งฤทธิเสนเหนื่อยอ่อนกำลังลงจึงลงจากหลังม้านอน
ใต้ต้นไม้คะนะนั้นมีฤาษีเดินตามมรคาแลไปเห็นฤทธิเสนแล้วจึงแก้เอากะบอกไม้ไผ่จากคอ
ม้าแล้วเปิดออกดูเห็นหนังสือมีอักษรเป็นใจความว่านางสอนทมาให้เปลี่ยนลูกผู้หญิงที่อยู่ในเมือง
ยักษ์ข้อความในหนังสือนั้นไม่มีมากมีถ้อยคำนิดหน่อย ะ
ถ้าแม้นเด็กคนนี้มาถึงให้จับฆ่าเสีย ะ
ฤาษีก็ฉีกหนังสือเก่านั้นทิ้งเสียทำหนังสือใหม่ใส่เปลี่ยน ะ

ถ้าแม้นลูกท้าวองค์นี้มาถึงเมื่อใดให้นางรับเขาเป็นผัว ะ

ฤๅษีปักผฝึกหนังสือไส่ในกะบอกแล้วผูกคอม้าเหมือนดั่งก่อนแล้วฤๅษีก็เดินตามมะคาไป ะ

ลูกสาวนางสอนทมาชื่อนางเมรีกำลังรุ่นสาวรูปร่างสะสวยอยู่เฝ้าบ้านสิ่งเพลาจะชมสวนเที่ยวชมได้แต่
สวนในวังจะไปเที่ยวเล่นต่างนอกนั้นหาได้ไม่เพระมียักษ์คอยรักษานางอยู่ทุกวัน ะ
เมื่อฤทธิเสนไปถึงบ้านนางสอนทมานั้นมียักษ์ตักขวางไว้หมีให้เข้าฤทธิเสนจักเคืองยักษ์แล้ว
พูดเสียงอันดังนางเมรีได้ยินก็ออกมาดูเห็นฤทธิเสนรูปร่างงดงามในใจนางคิดเชื่อผชายผัก
ฤทธิเสนเห็นนางเมรีเชื่อผชายดั่งนั้นก็นิ่งเสียแล้วก็ลงจากหลังม้าไหว้จึงหยิบหนังสือวางบนถาน
ทองที่คนถือแล้วนางเมรีเดินนำฤทธิเสนเดินหลังไป ะ
ครั้นถึงบ้านนางเมรีก็เชิญฤทธิเสนนั่งก็มีน้ำจิตระคิดรักษกันทั้งสองฝ่ายต่างคนต่างแลดูกันนานสืม
ตัวไม่หยากฟังหนังที่ผู้แก่อ่านนั้นเลยแต่พวกยักษ์ทั้งหมดเขาได้ฟัง ะ
ครั้นอ่านหนังสือเสร็จแล้วนางเมรีก็มีความดีใจจึงกราบไหว้ผัวหล่าวพวกยักษ์ก็ภากันมารับทาทุกตัว
คน ะ
เมื่อแต่งงานนางเมรีกับฤทธิเสนนั้นปีกยาวเนิ่นนานนักครั้นเสร็จแล้วนางเมรีก็ภาฤทธิเสน
ไปชมสวนนางสอนทมาระต่สวนใหญ่กว้างมีสระมีบ้านเรือนหลายชะนิดหลายหย่างนางเมรีบอก
ผัวชมดูให้สะบายใจ ะ
ครั้นชมสวนแล้วนางเมรีก็หยุดยืนอยู่หน้าประตูคลังในกางจิตระคิดประมานัก ะ

นางเมรีบอกกับผัวว่าคลังนี้มารดาสั่งว่าอย่าให้ฉันชี้บอกกับใครว่าเข้าของมีในคลังนี้เลยถ้าแม้นบอกให้เขารู้ความเราสองคนแม่ลูกจะได้ความลำบากจะฆ่ากันตายทั้งหมดนางเมรีคิดกลัวตัวสั่นเพราะมือถือลูกกุญแจฤทธิเสนเห็นนางกลัวตัวสั่นจึงบอกนางว่าอย่าตกใจไปเลยพี่ไม่เปิดประตูออกแต่นางได้เมตตาช่วยบอกพี่ว่าในคลังมีของสิ่งใดบ้างเมื่อมารดาบอกกับเจ้าพี่หาอยู่ไม่ถ้าแม้นพี่อยู่มารดาก็จะบอกให้พี่รู้เหมือนกัน ะ

นางเมรีเข้านั่งชิดผัวแล้วบอกว่าที่บนโต๊ะในคลังนั้นมีถาดเงินกะหล่ายทองในถาดนั้นใส่ลูกตาหญิงสิบสองคนที่ริมถาดนั้นมีขวดแก้วขวดหนึ่งในขวดนั้นใส่ยาตาถ้าแม้นใครในตาบอดฤๅลูกตาแตกประทุถ้าเอายาในขวดนั้นรักษาตาแล้วตานั้นก็เห็นดีเหมือนดังเดิม ะ

ทั้งสองข้างซ้ายขวาวางถาดวางขวดที่หว่างกลางนั้นวางไม้กระบองมารดาฉันว่าถ้าแม้นตีให้ลูกตากับยาติดกันได้ ะ

ฤทธิเสนได้ฟังนางเมรีเล่าบอกทุกประการแล้วก็โศกโศกีชลนาหลั่งไหล ะ

นางเมรีเห็นสวามีเศร้าโศกโศกีนางจึงทูลถามว่าพระมาโศกาอยู่ฉะนี้เหตุเป็นประการใดฤๅว่าฉันบอกว่ามีลูกตาหญิงสิบสองคนอยู่ในคลังพระจึงได้โศกาถ้าแม้นฉันไม่ทูลฉะนี้พระหาโศกาไม่ ะ

ฤทธิเสนก็รู้ว่าลูกตาของมารดากับลูกตาเราในดวงจิตรฤทธิเสนเคืองแค้นเป็นที่สุดที่แล้วแต่ทว่าสู้สะกดอกใจไว้หาได้พูดประการใดกับนางเมรีไม่ครั้นเสื่อมสร่างพระโศกาก็พานางเมรีกลับเข้าห้อง ะ

ครั้นเย็นถึงเพลากินเข้าฤทธิเสนให้พวกยักษ์ทั้งหมดด้วยกันกับนางเมรีกินเหล้าเมาด้วยกัน

เมื่อนางเมรีกับพวกยักษ์ทั้งหลายเมาเหล้านอนหลับกวัยกันทั้งหมดฤทธิเสนลอบจูบนางเมรีแล้วก็ลักเอาลูกกุญแจไปไขประตูคลังเอาลูกตามารดากับลูกตาของป้าทั้งขวดยาและไม้กระบองไก้แล้วก็ออกจากบ้านนางสอนกมาขึ้นขี่ม้ารีบหนีไป ะ

เมื่อนางเมรีตื่นจากที่นอนรู้เต็มใจว่าผัวหนีนางก็เรียกพวกยักษ์มามากมายแล้วนางก็ขึ้นขี่ม้าติดตามผัวไป ะ

เมื่อฤทธิเสนหนีไปจากบ้านนางสอนกมาพบฤาษี ะ

ฤาษีรู้ว่าฤทธิเสนหนีนางเมรีฤาษีจึงบอกฤทธิเสนว่าแม้นเมียตามมากันมันร้องเรียกให้หยุดอย่าหยุดเลยให้รีบเหาะไปที่เดียวฤทธิเสนอย่าลืมไม้กระบองอันนี้ภาตัวเหาะไก้เหมือนใจคิดถ้าแม้นหนีให้นางเมรีตามไปไก้ให้เอากิ่งไม้อันนี้ขว้างไปที่ดินเล่าบอกข้อความสำคัญเสร็จแล้วฤาษีก็เดินไป ะ

นางเมรีขี่ม้าเร็วนักไปกวับกันกับพวกบริวานไปวันเดียวก็ทันฤทธิเสนตั้งใจคิด ะ

เมื่อฤทธิเสนเห็นนางเมรีตามมาทันมือขวาถือกระบองเหาะขึ้นไปเบื้องบนแล้วกลับม้าเหลียวหน้ามาสั่งนางเมรีว่านางอย่าตามฉันเลยเชิญนางกลับไปบ้านเสียฉันขอลาไปเมืองแล้ว ะ

นางเมรีไก้ฟังคำผัวสั่งแล้วลาไปในทรวงนางแทบจะแตกแล้วร้องไห้คิดเสียดายผัวเป็นที่สุดที่แล้วนางจึงวอนว่าขอพระองค์จงเมตตาเอานองยาไปกวัยถ้าแม้นพระองค์ไม่เอานองไปน้องจะสู้ก้มหน้าเดินไปในกระป่าถ้าว่าชีวิตจะหาไม่ ะ

ฤทธิเสนหาจะพูดอะไรก็ไม่ออกเสร้โสกโสกาเพราะรักษใคร่ดวงจิตรคิดอาไลนางเมรีนั้นมากนักแล้วเข็งใจชักมากลับเหาะขึ้นไปเบื้องบนแล้วหยิบกิ่งไม้ที่ฤๅษีให้นั้นขว้างไป ฯ

กิ่งไม้ตกลงถึงดินแล้วดินนั้นก็ซุดตั้งแต่หัวนางเมรีไปไกลนักก็บังเกิดเป็นน้ำนั้นจะไหลไปค้างไหนหาได้ไม่ไหลมาประมูลกันอยู่แต่ในดินซุดเสีกเป็นชะเลใหญ่กั้นหน้าไว้นางเมรีจะข้ามไปหาได้ไม่ ฯ

เมื่อฤทธิเสนถึงเมืองแล้วก็เข้าเฝ้าพระราชบิดาให้ทรงทราบว่าเป็นบุตร์นางสิบสองแล้วให้พระองค์ทรงทราบว่านางสนทมานั้นเป็นยักษ์แล้วฤทธิเสนเอาไม้กระบองชี้หน้านางสนทมาก็กลับกายกลายเป็นยักษ์แล้วฤทธิเสนเอาไม้กระบองตียักษ์ตาย ฯ

ครั้นเสร็จแล้วฤทธิเสนก็ไปยังบ่อแล้วเอาลูกตากับยาใส่ให้มารดาตาก็สว่างแลเห็นเหมือนดังก่อนแล้วพาแม่เข้าไปในวังเฝ้าพระราชบิดาทรงทอดพระเนตรเห็นนางสิบสองพระองค์ดีพระไทยนักก็ทรงพระเมตตาเหมือนดังแต่ก่อน ฯ

พระองค์มีพระราชบุตรแต่ฤทธิเสนองค์เดียวเธอจะมอบพระราชสมบัติให้แก่ฤทธิเสนนั้นหาหยากได้พระราชสมบัติไม่หยากจะลาบิดามารดาไปบวช ฯ

ฝ่ายนางเมรีหยุดยืนร้องเรียกผัวอยู่บนฝั่งชะเลครั้นนานไม่เห็นผัวมาแล้วนางก็พาพวกอสุรียักษ์สั่งให้กลับไปยังบ้านเสีกครั้นสั่งกับยักษ์บริวานเสร็จแล้วนางก็ตีอกชกใจพลัดตัวกลิ้งเกลือกเสือกกายล้มสลบอยู่ที่ใต้ต้นไม้ใหญ่ ฯ

LES DOUZE JEUNES FILLES

(Texte Laotien

[illegible]

[illegible]

[illegible]

[illegible]

[illegible]

[illegible]

[illegible]

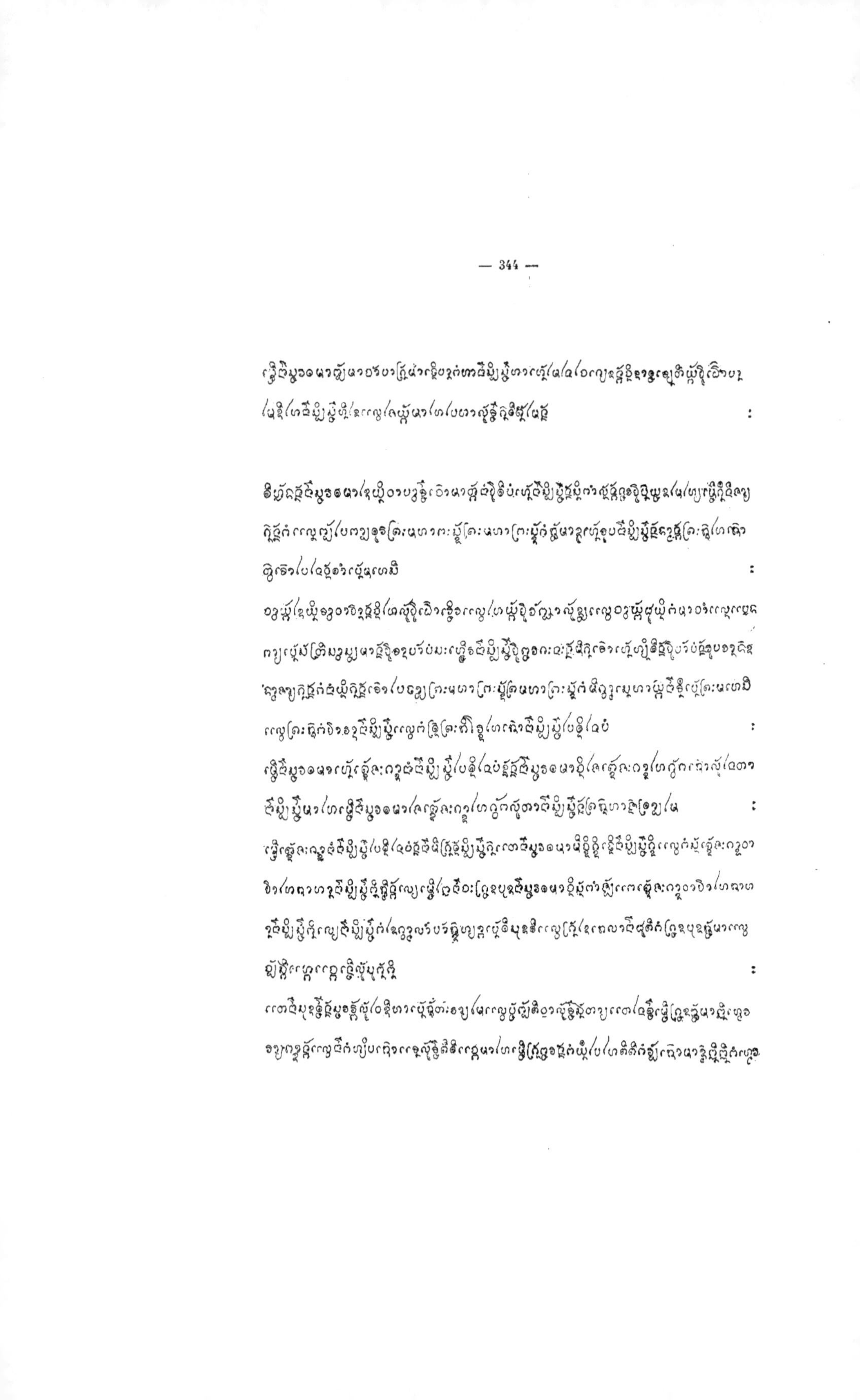

[illegible] :

[illegible] :

[illegible] :

[illegible] :

[illegible] :

[illegible] :

[illegible]

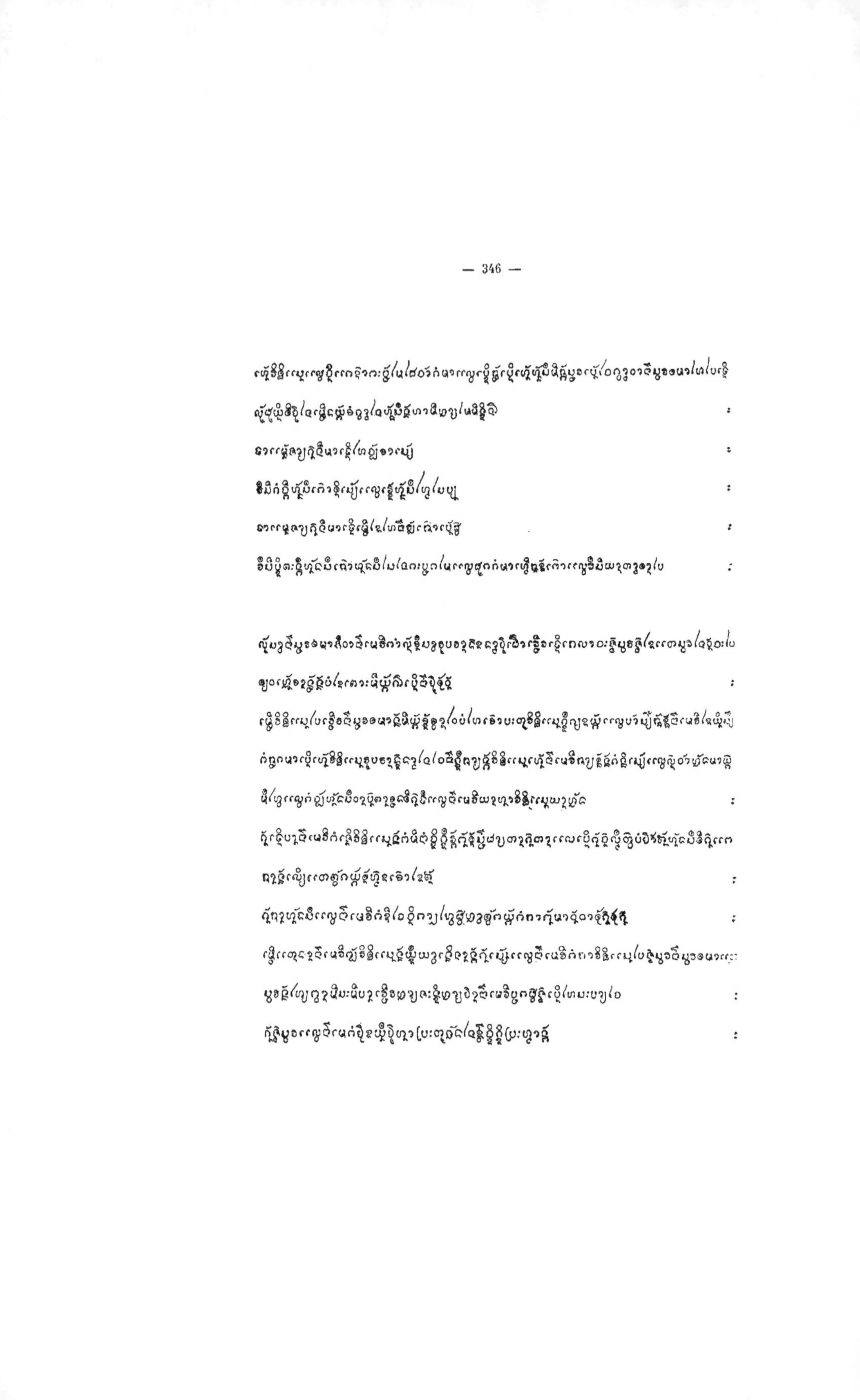

[illegible]
[illegible] :
[illegible] :
[illegible] :
[illegible] :
[illegible] :

[illegible]
[illegible] :
[illegible]
[illegible]
[illegible] :
[illegible]
[illegible] :
[illegible] :
[illegible]
[illegible] :
[illegible] :

[illegible]

[illegible]

[illegible]

[illegible]

[illegible]

[illegible]

[illegible]

[illegible]
[illegible] :

[illegible] :

[illegible]
[illegible]
[illegible] :

[illegible] :

[illegible]
[illegible] :

[illegible]
[illegible]
[illegible] :

[illegible]
[illegible] :

[illegible]
[illegible]
[illegible] :

[illegible]

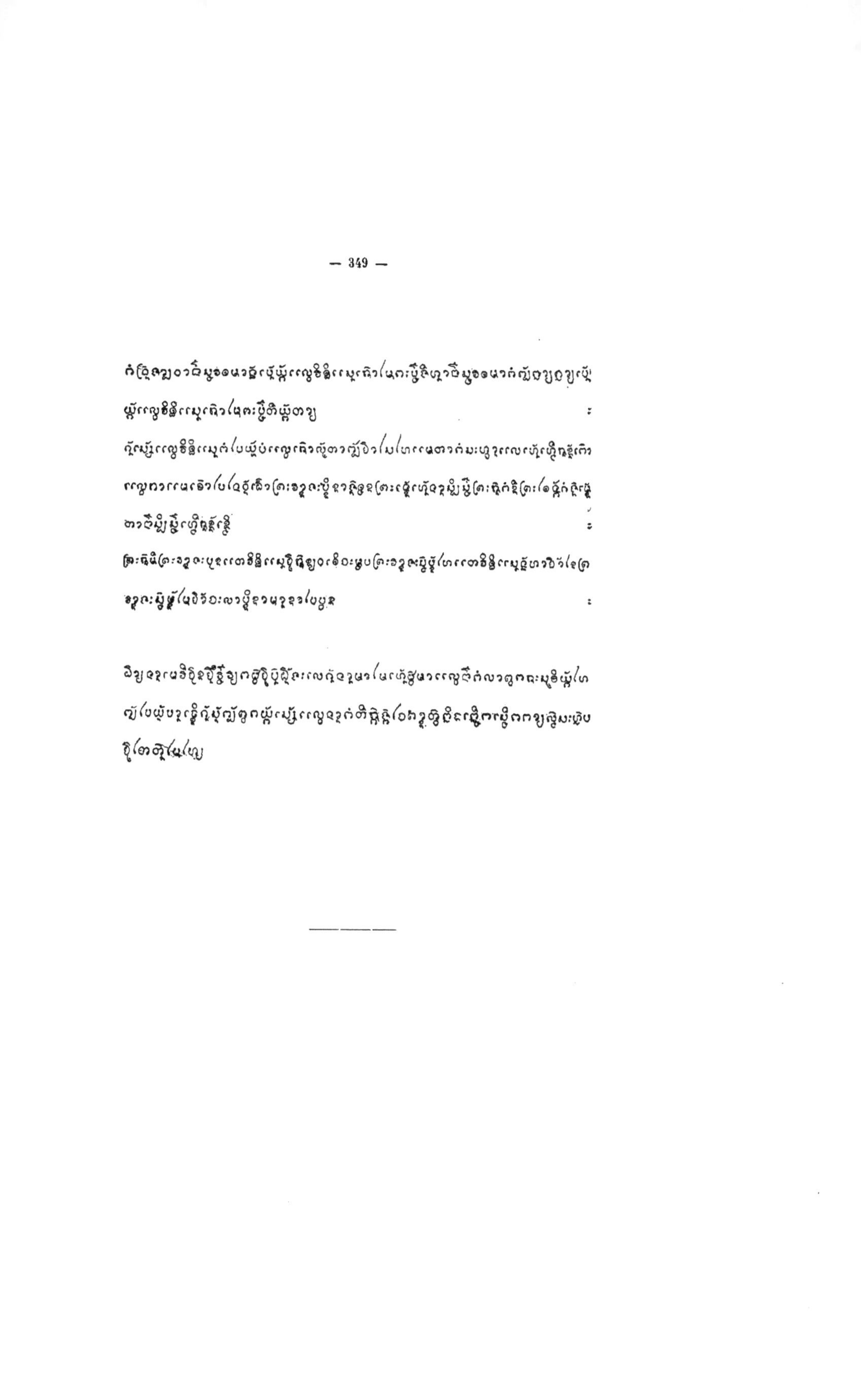

[illegible] :

[illegible] :

[illegible] :

[illegible]

NÉANG-KAKEY

(Texte Cambodgien)

រឿងនាងកាកី

កាលព្រះពោធិសត្វយកជាតិជាស្ដេចព្រហ្មទត្តគង់នៅឋានសិម្ពលៈល្បីលើកក្នុងលោកមានព្រះស្ត្រីមួយហៅយ មានជំនាញក្របាច់កាច់រាំទាំងពីរមានល្បែងស្ដេចតែងលាញក្រុងព្រះរាជហាំរៀងរាំដែលក្រៀងនឹងភ្លឿ ហើយស្ដេចតែងចូលលេងតៀត្រីក្បារ ការិយៈថ្ងៃរណោះហាសៀរតែរលេងក្បៀរឯស្ដេចគ្រុឌ នោះចេះហោះក្បាលវាវទៅព្រហ្មមានសំណាក់ឥតស្ដេចហាត់ឯស្ដីមាសេរនឹងស្ដេចគ្រុឌនោះក្នុងក្បៀ ហើយក៏ឡាញវាទៅមកតែងតែងចូលលេងបាល្បាររឹងស្ដេចព្រះប្រាជ្ញបានក្ដក្ដិមុខលេងក្បៀរស្ដេចចូល លេងអស់កាលព្រះវិក្ស ៖

កាលស្ដេចគ្រុឌហោះមកលេងនឹងព្រះវិស្រៀរហើយស្ដេចគ្រុឌក្បាលមកឃើញនៅមានក្លិនជើងកាត់ ពីផ្ទៃងទៀបព្រះរាជរាំងស្ដេចព្រះបាទព្រហ្មទត្ត ឯស្ដេចព្រះបាទព្រហ្មទត្តបានឃើញទៀ មានក្លិនដូច្នោះហើយស្ដេចក៏មានបន្ទូលហៅទៅបួមកាលចូលតាក្ដារនឹងព្រះអង្គ ៖

កាលនោះមានក្លិនជើងក្បៀរលម្អព្រះរាជវាំងស្ដេចព្រះបាទព្រហ្មទត្តឯស្ដេចព្រះព្រហ្មទត្តក៏ហៅ ឲ្យមានក្លិនមកលេងតាក្ដារនឹងព្រះអង្គលុះនៅមានក្លិនលេងល្បារក្បៀតម្ដងហើយឃើញនាងកាកីយពិត ក្ដិប្រាំនាងតែះល្អរលើសល្បៀបផងគ្រប់ស្ដនឹងរាក្រៀរឯលាមកឃ្លីមាសសេរនឹងនាងកាកីនោះក្នុងក្បៀយក្ដុំ ជាតែល្បៀរមនុស្សលោកគេះល្បៀរល្អក៏ក៏មិនល្អបាន្ទះ ក៏កក្ដុះនោះកមានចិត្តស្រឡាញ់នាងកាកី

ឯតាដំបងក្រញូងក៏មានបំរើព្រឹទ្ធាចារ្យ តាំងមានគ្នាបំរើម៉ាត់គ្នាលេងបាល្ហករនិងព្រះបាទព្រៃនគរគួរណ
ឱ្យប្រាំស្បាយវិលត្រឡប់មកខ្ញុំដើមព្រះវិញវិញតា ហើយក៏ប្រាប់ព្រាហ្មណ៍ស្តេចព្រហ្មវិលត្រឡប់ទៅក្រុងបាត
ដំបងក្រញូងនាំផ្គាប់ព្រះបាទព្រៃនគរគាប់ចិត្ត ៕

កាលស្តេចព្រហ្មចូលមកស្ដាប់តាដំបងក្រញូងក៏ដោះតែកំណាព្យចិញ្ចៀនមាសក្រាម្ទាំងចាស់បលាក្តៀចាំង
សម្លុះល្បឿ ហៅព្រះព្រះបាទបុត្រមកភាគីឯមសព្វហើយ លាមបរិក្ខាមានជើងពីពីរត្រ ព្រហ្មរាជ្យល្ម
ះប្រាស្តាស្តេចគ្រប់ក្រងព្រះវង្សតាដំបងក្រញូងចាត់អំពីត្រូវសារព្រះបាទព្រៃនគរផ្ទាល់ស្តេចលោកស្លាយព្រះអ
ម្ចាស់ល្បឿរាជ្យសារលេចក្តីលហ្គាក្រោកអំពីព្រះអង្គផ្ទាល់ស្តេចមានព្រះរាជបញ្ជាព្រះពុទ្ធព្រះអង្គម្ចាស់ល្បឿ
តែរលត់ឱ្យត្រូវដែលចាប់ហើយ

កាលស្តេចព្រហ្មតឹតតាដំបងក្រញូងនោះកាកញ្ចាំមាត្រៀវលហ៊ានសម្តះលីតាវ៉ក៏មានស្តេចព្រហ្មហើយ
ឱ្យយកសិរលើងអំពីរលែងដែលស្តេចកងគៅទៅខ្សែសាព្យក្រុងព្រះអង្គនិងមានឲ្យយកីការក្សៀក៏តាន
ឯតាដំបងក្រញូងនិងពីតពួកព្រះបាទព្រៃនគរកាត់ទៅស្វាមីដែលស្តេចកាន់ទៅក្រុងតោរតារនេរក្សៀរតោះឥត
អង្គុយមានហើយ តាំងក្លោចតៀសាបាទក៏មានព្រៃត្បារ ៕

កាលស្តេចព្រហ្មនោះមកដលចាត់ក៏មានសម្តះល្បឿទៅវិស្សារការបៀស្តេចលលើងអំពី
ចាត់ក៏មានព្រៃបតាដំបងក្រញូងទៅលេចក្តីសោយរាជ្យព្រឹទ្ធាចារ្យចាតាដកុំព្រួចបំព្រកុំអាឱ្យព្រះពុ
ត្រៃមកកាន់ដែលតៅចាំមនុស្សលោកមិនបានលោញ្យញួចក៏មានស្លូវលេះហើយ ស្តេចព្រហ្មនឹងយ
យចាំងនោះហើយក៏ស្បងលោមតាដំបងក្រញូងបានជួបលេចក្តីយល់ប្រាថ្នា ៕

កាលស្តេចព្រះបាទព្រៃនគរគុំពីតលប់ឱ្យក្រងនិងស្តេចព្រហ្មនៅក្នុងដៃតាក៏ល្បងយកាលេចក្តីក្រោបទូល

ស្ដេចព្រះបាទស្រីធម្មរាជាព្រះអង្គបានទ្រង់ជ្រាបហើយ ស្ដេចព្រះអង្គនឹងយាងមកដល់ព្រះលានក្រុមសេនាបតី
ទាំងនឹងត្រៀមរៀបសារពោះមាសស្ដេចព្រះពេញលេញសព្វគ្រប់ ក្រុមសេនាបតីទាំងនឹងលើការព្យុះជីងក្នុងលោក
ក្ដីហៀរក្រុមសេនាបតីទាំងនឹងវិលព្រៀបមកក្រុងភ្លាស្ដេចស្រុកទ្រង់ព្រះបាទព្រះរាជបញ្ជាថ្វៃ ៕
កាលស្ដេចព្រះអង្គទាំងការកំពែងក្រោយលើងថ្ងៃ មើលភ្នំមេឃភ្លឺបរិការមើលព្រៃម្ដងទៀតព្រឹក្ខ
មើលចាំលើស្លាកាត់តែក្រោយលេខរៀបព្រះបាទមោតលើស្ដេចអាំមតាងទៀលលងកុំឲ្យគេព្រះកាយ
ពងលាញ្ជនឹងអង្គព្រះទ្វារតាលស្ដេចព្រះស្ងៀមម្នោះលេងលោកថ្ងៃ ស្ដេចក៏វិលព្រៀបប្ដូរ
មកស្នាក់សម្ការលើយវិញ ៕
កាលស្ដេចព្រះបាទលោកការកំពែងមំពៀរឆ្លងសម្ការឲ្យស្ដេចចេញទៀតពីរគាត់ស្ទឹងកើត
រលៀងយកនឹងស្ដេចព្រះឬព្រៃមកាត់កាលស្ដេចព្រះនឹងហោះត្រៀតោះមន្ទីរកាត់មហាក្សត្រ
គោះនេក្ខារយាញ្ញតីព្យាវតីក្ដីយនឹងពុំសោរគោះគូរបន្ទៀយកនឹងស្ដេចព្រះហោះតៅដលគកំ
កាភនីរលើយ ៕
កាលស្ដេចបោះពលក្ដៀងដើមព្រះឆ្ញើរបៀរស្ដេចព្រៃព្រៃទ្វារតាំងទៅមាតុក្ដដោះកាត់ពង្រីងក្ដៀ
ងម្ភារព្រះរាជវាំងឲ្យយោធានឹងលេងបាត្តារកើតលេីងយកនឹងស្ដេចព្រះបាទព្រៃមកាត់មិនឲ្យស្ដេ
ចព្រៃមគត់លើងយកក្នុងព្រះរាជបារមីក៏រត់ទៀតតទៀយ ៕
កាលទៅមាតុក្ដលេងបាត្តារ នឹងស្ដេចព្រះបាទព្រៃមគាត់ ក្នុងអង្គយបាំងមើលទៅ
មាតុក្ដតាព្រៃចប្រទាមនុស្ស ក្នុងចងជីងដើមសេចក្ដីយឆុះគោលាហលស្ដេចព្រៃទាវល
ព្រៀបបន្ទៀតាំងសម្ការលើយវិញ ៕

កាលចៅមាសត្កដើរក្បៀលលើមព្រះផ្ទៃហើយ ហ៊ុឡាជាស្តេចព្រៃឯកក្នុងលោកកាលនោះ លក្ខណាររឿងលជ្រក់ឆ្ងាយលារភោមព្រៃតោបលចាំតលិម្ពះល្បីយើញតាមការក្បៀរតោភ្នំឯជ្រៃ លាបក្នុងកវីតុនតោភ្នំចាំតស្តេចព្រៃជាស្តេចព្រៃជាកីញាំស្រុយជាក្នុងលែបាញ្យលារក្បៀ ៖

កាលស្តេចព្រៃ និងក្នុងក្បៀលហ្លាតលិម្ពះល្បីហើយ ស្តេចព្រៃក៏រលារតាមក្បៀលេង ផ្ទៃព្រះបាម្ចាត់រករប៉ះឆ្កើរឈើក្បែរតាងលោយ ក្បៀរតោះក្នុងយើញស្តេចព្រៃ ចេញទៅលេងផ្ទៃព្រះហើយ ក្នុងក៏ចង់តាមការក្បៀរតាតព្វក្រលចបិតលិត្ថាំ ៖

កាលស្តេចព្រៃប៉ះបាតឆ្កើរឈើរ យកមកក្បែរតាមការក្បៀហើយ ស្តេចព្រៃលារតាម តោតក៏រតាកតល្បឿ ប្រយោជលេងបាល្ការកើតវៃយតិងព្រះបាតក្លៀមតាត់ រឿង ក្នុងក៏រលបញ្ជលារ ប្រក់តឹងភោមព្រៃតាក្បៀ ៖

កាលស្តេចព្រៃ បោះមកបលលើមព្រះផ្ទៃហើយ ហ៊ុឡារចាំចៅមាសត្ក ក្នុងក៏គ្លុតតៅ ផ្ទៃ មិនឲ្យចៅមាសត្កយើញ ឯចៅមាសត្តក៏ដើរកាត់ជម្រង់ក្បៀបប្រលាជព្រះ តាតក្លៀមគ្នាត់ ស្តេចឃើញចៅមាសត្កមកក្បែរនោះស្តេចមានព្រះបន្ទូលឲ្យគាបុគយក ក្តារបាល្ការមកហើយស្តេចទ្រង់ក្រាលល និងចៅមាសត្កក្នុងកាលមន្ត ៖

កាលស្តេចលេងបាល្ការនិងចៅមាសត្ក ក្នុងឃើញចៅមាសត្កលេងបាល្ការនឹងព្រះតាតក្លៀមគ្នាត់ ដូច្នោះក្នុងយកក្តុមកចេញហើយ ផ្លែកក្បៀងលលើជិចាំកំពឿតាមការក្បៀរ បែលមានត្តក៏តក្រៀអូប ដូចក្បៀអបក្ការចាប់មកនិងក្នុងបាចហ៊ើក្នុលវៃឲ្យហើយ មិនបោះបាតភ្លឺត ហើយក្រៀងឡាកាចំតៅឲ្យស្តេ ចព្រៃចាំកាលតៅចាំតលិម្ពល្បីចាំនិភីមាតព្រៃ ៗ ដោយឯឃុញយើងក្រឯងវៃឲ្យហើយក្នុងក្រៀង

សឹមលើកអំពៀរថាតព្រៀងរដែលបានគេដោយស្ដេចព្រៃនគរដឹងប្រោះទឹងឡើងហើយបែកទ្រឹង កាលដៅមានគ្គវីលអំពៀព្រៃសាធ ព្រះបាទព្រៃមគុមកាដលដើមព្រះវៀងហើយ ដៅមានគ្គព្រៃវានោះ ខ្មៅដាស្ដេចព្រៃន ពោះកាត់កំមរ្គទ្រង់ព្រមុជព្រម្ហលដាំមកាដលដែលនាគរមានសិម្ហហ្វីវិតា ៕

កាលស្ដេចព្រៃនបោះមកាដលថាតសិម្ហហ្វីយហើយ ស្ដេចទាល់ដឹងនាងការពារស្ដេចដោរព្យាលឱ្យ ថាម្យ៉ាងដងបីព្រៃអាព្រៀក អញត្រៀលដល្ការនឹងព្រះបាទព្រៃមគ្គុត កន្ទក់ត្រៀងថាបានមការម សែបការនឹងបាងដង ម្យ៉ាងដងដាំព្រឹយបិព្រៃអាព្រៀក មានព្រៃលាព្រៃឌទ្រុបោះអាកានឹងយក ហាងដងខ្មៅឲ្យព្រះបាទព្រៃមគត្តវិតា ៕

កាលស្ដេចព្រៃនតស្រគាងការពារ បោះមកាដលតស្រតាកាតឹល្បីយដែលស្ដេចព្រៃនមកស្ដេចគាងកា ហើយអំពៀរព្រះបាទព្រៃមគុគ្គុហើយ ស្ដេចព្រៃនដាកគាងការហើយដៅកងព្រៃមុកព្រះរាជវាំងរ ស្ដេចព្រះបាទព្រៃមគត់ ស្ដេចព្រៃនកវិលព្រៃឡប់ ត្រៀថាតរាមានសិម្ហលីយវិតា ៕

កាលស្ដេចព្រះបាទព្រៃមគត់ ស្ដេចតាំងក្ដុងតស្រតាកាតឹល្បី ស្ដេចទ្រង់កាត់ព្រះរាជបោះខ្សែរ ចក្ដីយសែបតីអំពៀរតាងការហើយ ដែលដាំអគ្គម្ហលប្បីព្រះអង្គ តាំងកោះវិយារទួចព្រៃគំបូង ស្ដេចក៏កាត់ព្រះខ្សែតាំមានអាខ្សែយខ្សៀយ ៕

កាលអាម្មាតយើញគាងការហើយ ដៅមុកព្រះរាជវាំងហើយ អាម្មាតក៏ចាប់គាងការហើយ ដាក់ព្រៃវាំកត់មខ្មៅញ្ញស្ដេចព្រះបាទព្រៃមគត់ ស្ដេចទាល់ទ្រង់ព្យាលញ៉ាលហើយស្ដេច បញ្ជាប់អាម្មាតឲ្យទៀវគោងព្យ បន្តែតនឹងព្រមុជាធ្លលបងស្បាតខ្មៅ ៕

កាលអាម្មាតទ្រូលព្រះបន្ទូល ស្ដេចព្រះបាទព្រៃមគ្គុតហើយ អាម្មាត់ទៀវគោងព្យដាកត

ឯការហើយបើព្រួលបន្តិចទៀត ឯស្រីម្នាក់ក្រោកគាងយំមរលោកភាក្សាយ៉ាងចៀវ
ខ្លួនចាស្ញីតែរម្ទាក់ឃើង ៖

កាលគាងការហើយ អន្តែតកោងតាស្រមៀងស្រីម្នាក់ក្រោក គាងឃើញចាងមន្ត្រីក្រើរឡើងជាពីរ
ឯផងថែហលក្នុងស្រីម្នាក់ គាងវត្តគកើតហើយ មាតខ្យល់លា ហេកគោងគាយបាត
សីចក្នុងស្រីម្នាក់ ឲ្យយល់មារទៀត ៕

NÉANG-KAKEY

(Texte Siamois)

เรื่องนางกากีย์

ครั้งเมื่อพระโพธิสัตเสวยชาติเป็นพระยาครุฑเนาสิมพลีฉิมภาลีบนยอดเขาพระสุเมรุมีปรางมะหาประสาท
พิมานสวรรค์เสวยได้ความสุขในพระกฤษฎีเทเจ้าก็จักแจงแต่งองค์เที่ยวประพาสไพรแสวงหาผลไม้เสวย
ฤกฤกครีย์ฝ่ายพระยาครุฑนั้นรู้จักจำแลงแปลงกายเป็นเทพบุตรมีอำนาจหามีกระษัตริย์องค์ใดเสมอไม่แล้วพระ
ยาครุฑก็จำแลงแปลงกายเป็นมานพไปเล่นสกากับพระยาพรมมะทัตเจ็ดวันพระยาครุฑไปเล่นสกากับพระ
ยาพรมมะทัตครั้งหนึ่ง ๚ะ

เมื่อพระยาครุฑเหาะมาถึงต้นพระไทรแล้วก็จำแลงแปลงกายเป็นมานพเดินดัดตรงเข้าไปยังพระราชวังพระยา
พรมมะทัตทรงทอดพระเนตรเห็นมานพก็ตรัสทักทักเรียกมานพมาเล่นสกากับพระองค์ ๚ะ

ครั้นเล่นสกานานไปพระยาครุฑก็แลเห็นนางกากีย์พระยาครุฑจึงคิดแต่ในใจว่านางคนนี้งามกว่าหญิงทั้งปวง
จะหาหญิงใดมาเปรียบเสมอนั้นหาหามิได้ก็อย่าว่าแต่หญิงในเมืองมนุษยเลยถึงหญิงในเมืองสวรรค์ก็ไม่งาม
เหมือนคิดฉะนั้นแล้วพระยาครุฑก็มีจิตรสมัครรักษ์นางกากีย์ฝ่ายนางกากีย์ก็มีจิตรคิดรักษ์มานพฝ่ายมานพ
เล่นสกากับพระยาพรมมะทัตจนตะวันบ่ายก็กลับหลังไปยังต้นพระไทรแล้วมานพก็กลับกายเป็นพระยา
ครุฑกลับไปลักเอานางกากีย์จากพระยาพรมมะทัต ๚ะ

เมื่อพระยาครุฑเข้าไปลักเอานางกากีย์แล้วอุ้มเหาะกลับเขาข้ามพระมหาสมุทสีทันดรเจ็ดชั้นถึงฉานฉิม
ภาลีย์ฝ่ายพระยาพรมมะทัตกับนางสนมทั้งหลายบริวารคิดกระหนกตกใจกลัวด้วยลมพระยาครุฑเพลา
พลบค่ำจึงได้ทรงทราบว่านางกากีย์หายไปจากพระมหาประสาทพระยาพรมมะทัตก็ทรงพระชาไลย

ในพระมะเหสีเพราะว่านางพรัดพรากจากพระองค์น้ำพระไทยคิดถึงพระอัครมะเหสีอยู่ทุกวันมิได้ขาด ฯ

เมื่อพระยาครุฑอุ้มนางกาสีย์เหาะข้ามเขาจนถึงฉิมภาลีย์เป็นที่วิมานของพระยาครุฑ ๆ จึงบอกกับนางกาสีย์ว่าวิมานเรานี้เป็นที่สบายในพระไทยนักหามีข้อรำคาญไม่ฝ่ายนางกาสีย์ซึ่งจะคิดกลับไปหาพระยาพรหมทัตผู้เป็นสวามีที่อยู่นครพาราณสีหาได้คิดไม่นางก็เพลิดเพลินใจเพราะได้วิมานครุฑ ฯ

เมื่อพระยาครุฑเหาะมาถึงวิมานฉิมภาลีย์แล้วชวนหยอกบอกนางกาสีย์ด้วยความเสน่หาว่านางอย่าช้าไปพระยาพรหมทัตที่อยู่ในมนุษย์โลกนั้นหามีความสุขสบายเหมือนกับวิมานเราไม่พระยาครุฑพูดแล้วก็ประโลมลวงนางกาสีย์ก็ได้ชมสมปรารถนา ฯ

เมื่อพระยาพรหมทัตคิดสงไสยด้วยพระยาครุฑแล้วคนทัพพระพี่เลี้ยงเอาเนื้อความนี้มากราบบังคมทูลพระยาพรหมทัตว่าพระองค์ทรงคอยสักเท่าใดทีพระยาครุฑจะมาเล่นสกาข้าพเจ้าจะเข้าแซรกอยู่ในขนพระยาครุฑไปวิมานฉิมภาลีย์ข้าพเจ้าจะไปสืบส่วนดูให้รู้การแล้วข้าพเจ้าจะกลับมากราบบังคมทูลให้พระองค์ทรงทราบพระไทย ฯ

เมื่อพระยาครุฑพานางกาสีไปเที่ยวชมเขาสัตตะบริภัณฑ์พระมะหาสมุทรทั้งเจ็ดดูวิมานสวรรค์กับสถานไกรลาศและป่าหิมพานพระองค์นำนางไปเที่ยวเล่นพอแก้รำคาญพระไทยนางก็มีความสบายใจกับพระยาครุฑผู้สามีครั้นสายัณห์ตะวันเย็นพระองค์ก็กลับมาสู่วิมานฉิมพาลี ฯ

เมื่อพระยาครุฑลานางกาสีไปจากวิมานฉิมภาลีย์ออกไปนครพาราณสีไปแก้ความสงไส

กับพระยาทพรมมะทักเมื่อพระยาครุฑจะเหาะไปนั้นเสกมนตร์คมไส่ช้างเจ้าทุกะวาลถึงเวาขกาแถะ ยักษ์ทั้งเพ็ททพยาธรก็ดีจะไปกฎเจานั้นหมีซอกเลยแล้วพระยาครุฑก็เหาะไปนครพาราณะสี ะ

เมื่อพระยาครุฑเหาะไปถึงต้นพระไทรแล้วก็จำแลงแปลงกายเป็นมาณพเดินถักคำลงไปที่นาพระภชวังหมายประโหยกจะเล่นสะกาแก้สงไสกับพระยาทพรมมะทักอย่าให้สงไสพระไทต้อไป ะ

เมื่อมาณพเล่นสะกากับพระยาทพรมมะทักคนทันนั่งคอยดูมานจะเป็นครุฑฤามนุษคนทันหยากจะรู้เหตุครั้นเพลาเยนพระยาครุฑก็กลับไปยังพิมานฉิมภาลีย์ ะ

ครั้งเมื่อมาณพถึงต้นพระไทรแล้วก็กลับกายเป็นพระยาครุฑฝ่ายคนทันก็จำแลงแปลงกายเป็นตัวเล็นเค่าแซรกอยู่ขนพระยาครุฑไปถึงพิมานฉิมภาลีย์จึงเห็นนางกาสีย์อยู่ในพระมะหาประสาทคนทันซ่อนตัวอยู่ในพิมานครุฑ ๗ หาทราบว่าคนทันเดินสานมากับตัวไม่ ะ

เมื่อพระยาครุฑกับคนทันไปถึงพิมานฉิมภาลีย์แล้วพระยาครุฑก็ลานางไปเที่ยวป่าหิมพานหาผลไม้ให้นางกินอยู่ฝ่ายหลังคนทันเห็นพระยาครุฑออกไปเที่ยวป่าแล้วคนทันก็เกี้ยวภานางกาสีย์ได้กั่งใจปรถนา ะ

เมื่อพระยาครุฑเก็บได้ผลไม้แล้วเอามาให้นางกาสีย์แล้วพระยาครุฑก็ลานางไปนครพาราณะสีหมายประโหยกเล่นสะกาแก้สงไสกับพระยาทพรมมะทักแล้วคนทันก็ลอบเดินสานสอ้น

ตัวเข้าอยู่ในขนพระยาครุฑไป ะ

เมื่อพระยาครุฑเหาะมาถึงกันพระไตรแล้วก็จำแลงแปลงกายเป็นมานพคนทันก็เข้าซ่อนตัว
อยู่ในขนไม่ให้มานพเห็นมานพก็เดินต่อไปประสาทพรมมะทัดพระองค์ทรงทอดพระเนตร
เห็นมานพมาก็ทำหรักครักใช้ทำหมากให้เอากระดานทอดสะกาแล้วก็ทรงเล่นสะกากับมา
นพเหมือนแต่ก่อน

เมื่อพระองค์ทรงเล่นสะกากับมานพคนทันแลเห็นมานพเล่นสะกากับพระองค์คนทัน
ก็หยิบเอาขี้นมาศึกสีเป็นเพลงแล้วขับร้องว่านางกาศีย์มีกลิ่นหอมเหมือนเอาอบปรุง
ด้วยเกสรดอกไม้กลิ่นติดตัวพี่มาเจ็ดวันแล้วยังหาหายกลิ่นนางไม่แล้วขับร้องหลอก
หลอนว่าเปรียบเทียบให้พระยาครุฑว่าเมื่อในการฉิมภาลีย์เป็นที่พิมานครุฑ ๗ นอน
กลางคืนเกินนอนกลางวันแล้วคนทันขับร้องต่อไป ะ

แล้วคนทันขับร้องว่าในพิมานครุฑาที่ได้ไปถึงพระยาครุฑรู้ชะนั้นก็จักเคืองแทบทรวงแยก ะ

เมื่อครั้งมานพกลับมาจากประสาทพระบาทพรมมะทัดมาถึงกันพระไตรแล้วมานพจำแลงแปลง
กายเป็นพระยาครุฑเหาะกักเอาด้ามพระมะหาสมุทเจ็ดชั้นมาถึงที่ถานพิมานฉิมภาลีย ะ

เมื่อครั้งพระยาครุฑเหาะกลับมา พิมานฉิมภาลีย์พระยาครุฑมีความแค้นเคืองกริ้ว
โกรธแล้วชี้หน้าด่าตอติเตียนนางกาศีย์ว่ามึงเป็นหญิงไม่ดีไปเล่นสะกากับพระบาทพรม
มะทัดคนทันมันขับร้องว่าได้มาร่วมรศเสน่หากับมึง ๗ เป็นหญิงแพรศยามีพิศดามากการทั้ง
นี้กูจะเอามึงไปให้พระบาทพรมมะทัก ะ

เมื่อพระยาครุฑอุ้มนางกาศีย์เหาะมาถึงนครพาราณสีที่พระยาครุฑมาลักเอานางกาศีย์ จากพระยาพรหมทัตไปแล้วพระยาครุฑก็วางนางกาศีย์ที่หน้าพระราชวังพระยา พรหมทัตพระยาครุฑก็กลับไปพิมานฉิมภาลีย์ ฯ

เมื่อพระยาพรหมทัตอยู่ในพระนครพาราณสีพระองค์ทรงคักพระไทในการเสน่หา นางกาศีย์ที่เป็นพระอัคระมะเหษีของพระองค์หมิได้คงศิริยาเหมือนหญิงทั้งปวงพระ องค์ก็สละพระไทหมิได้อาไลยนางกาศีย์เลย ฯ

เมื่ออำหมาตเห็นนางกาศีย์อยู่ที่หน้าพระราชวังอำหมาตก็จับตัวนางกาศีย์ทำกรวนแล้ว นำเข้าไปถวายพระยาพรหมทัต ๆ ทรงทอดพระเนตรเห็นนางกาศีย์พระองค์ก็ทรงพระ โกรธาเป็นที่สุดสิ้นแล้วแล้วพระองค์ทรงใช้อำหมาตให้ทำแพใส่นางกาศีย์ลอยไปในพระมหา สมุท ฯ

เมื่ออำหมาตรับพระราชบัญฑูลพระยาพรหมทัตครั้นทำแพเสร็จแล้วก็เอานางกาศีย์ใส่ในแพ แล้วก็ผลักแพออกลอยไปตามพระมะหาสมุทนางเปลี่ยวใจเป็นที่สุดก็โศกาก่ำไร ฯ

เมื่อนางกาศีย์ลอยแพไปถึงพระมะหาสมุทใหญ่นางแลเห็นฉลามราเข้เหราปลามังกรเหวก ว่ายในพระมะหาสมุทนางก็สะดุ้งตกใจทั้งคลื่นลมก็จัดพัดเอาแพนางจมไปในท้องพระมะหา สมุทนางกาศีย์ก็สิ้นชีวาไลย ฯ

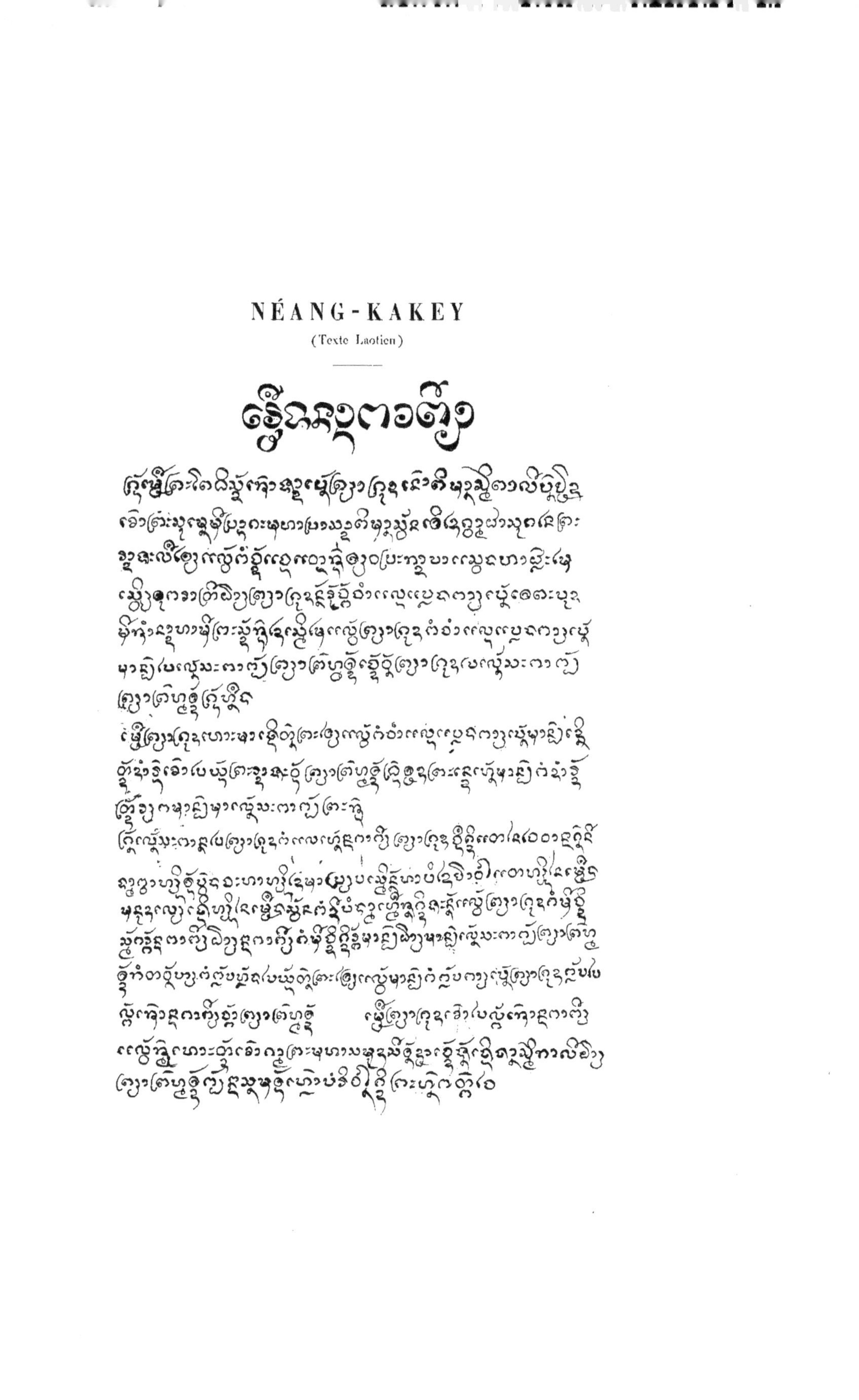

NÉANG-KAKEY

(Texte Laotien)

[illegible]

[illegible] :

[illegible] :

[illegible] :

[illegible] :

[illegible] :

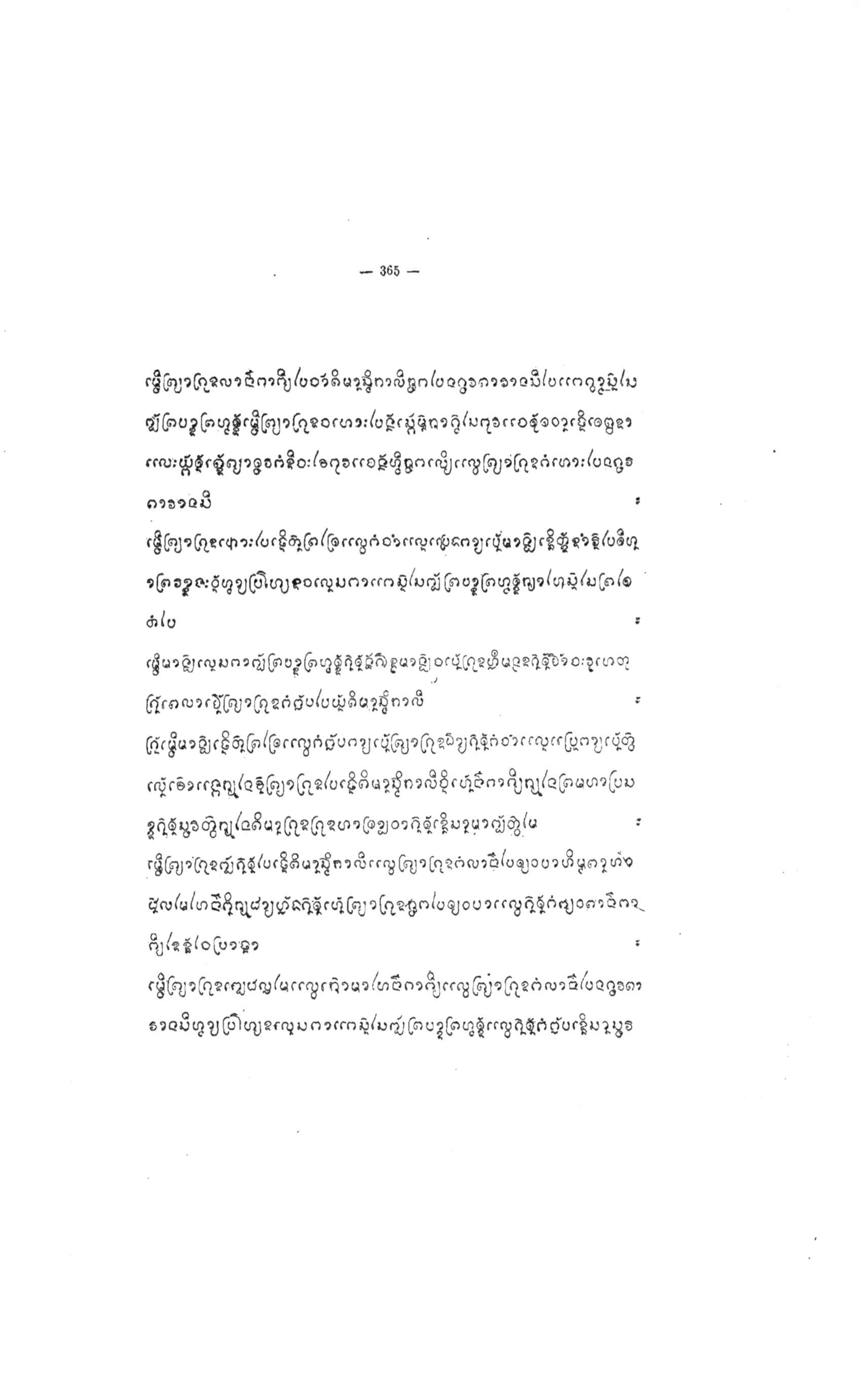

[illegible] :

[illegible] :

[illegible] :

[illegible] :

[illegible] :

[illegible]

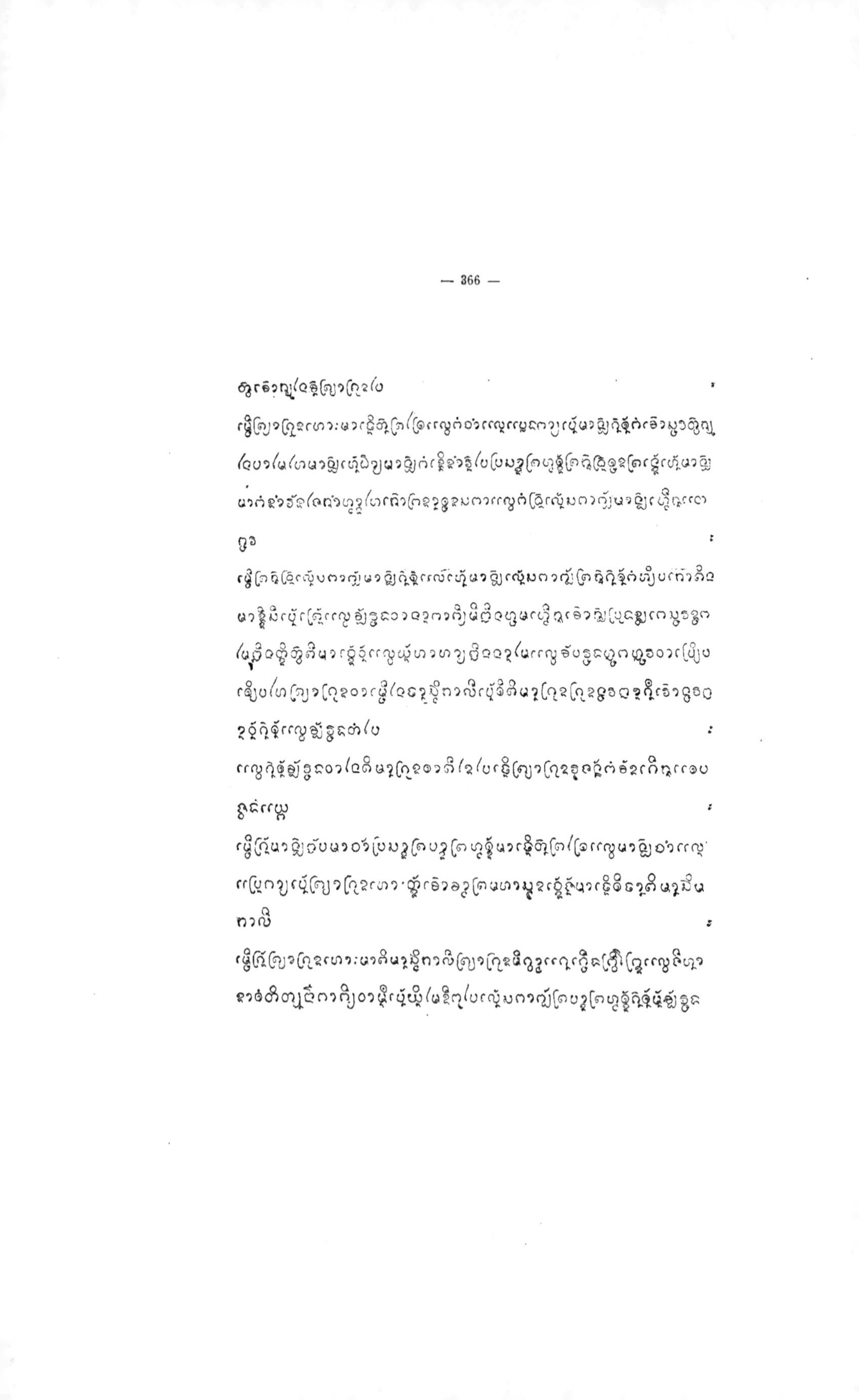

[illegible] :

[illegible] :

[illegible] :

[illegible] :

[illegible] :

[illegible]

[illegible] :

[illegible] :

[illegible] :

[illegible] :

[illegible] :

[illegible] :

TABLE DES MATIÈRES

CHARTRES. — IMPRIMERIE DURAND, RUE FULBERT.

www.ingramcontent.com/pod-product-compliance
Lightning Source LLC
Chambersburg PA
CBHW070532230426
43665CB00014B/1659
9782013742887